U0182387

新型雷达遥感应用丛书

海洋雷达遥感方法与应用

邵　芸　田　维　卞小林　刘　杨　张风丽　滕启治 等　著

科 学 出 版 社
北　京

内 容 简 介

本书总结了作者近年来应用雷达遥感技术在海洋环境保护监测、海洋油气资源前期勘测、近海水下地形反演等应用领域取得的研究成果。通过机理研究、技术开发与应用案例分析的方式，展示了合成孔径雷达遥感技术在海洋环境保护、海洋资源勘探以及海事安全等领域的应用能力。

本书内容丰富，图文并茂，可为雷达海洋遥感应用领域的科研工作者、技术人员以及高等院校师生提供技术参考与应用案例。

图书在版编目（CIP）数据

海洋雷达遥感方法与应用 / 邵芸等著. —北京：科学出版社，2022.1

（新型雷达遥感应用丛书）

ISBN 978-7-03-071325-4

Ⅰ. ①海… Ⅱ. ①邵… Ⅲ. ①雷达—应用—海洋遥感—研究 Ⅳ. ①P715.7

中国版本图书馆 CIP 数据核字（2022）第 015098 号

责任编辑：王 运 张梦雪 / 责任校对：张小霞

责任印制：吴兆东 / 封面设计：北京图阅盛世

科学出版社 出版

北京东黄城根北街 16 号

邮政编码：100717

http://www.sciencep.com

北京中科印刷有限公司 印刷

科学出版社发行 各地新华书店经销

*

2022 年 1 月第 一 版 开本：787×1092 1/16

2022 年 1 月第一次印刷 印张：13 3/4

字数：326 000

定价：189.00 元

（如有印装质量问题，我社负责调换）

丛书序

合成孔径雷达（synthetic aperture radar，SAR）具有全天时、全天候对地观测能力，并对表层地物具有一定的穿透特性，对于时效性要求很高的灾害应急监测、农情监测、国土资源调查、海洋环境监测与资源调查等具有特别重要的意义，特别是在多云多雨地区发挥着不可替代的作用。我国社会发展和国民经济建设的各个领域对雷达遥感技术存在着多样化深层次的需求，迫切需要大力提升雷达遥感在各领域中的应用广度、深度和定量化研究水平。

2016 年，我国首颗高分辨率 C 波段多极化合成孔径雷达卫星的成功发射，标志着我国雷达遥感进入了高分辨率多极化时代。2015 年，国家发布的《国家民用空间基础设施中长期发展规划（2015—2025 年）》，制订了我国未来“陆地观测卫星系列发展路线”，明确指出“发展高轨凝视光学和高轨 SAR 技术，并结合低轨 SAR 卫星星座能力，实现高、低轨光学和 SAR 联合观测”是我国“十三五”空间基础设施建设的重点任务。其中，L 波段差分干涉雷达卫星星座已经正式进入工程研制阶段，国际上第一颗高轨雷达卫星“高轨 20m SAR 卫星”也已经正式进入工程研制阶段。与此同时，中国的雷达遥感理论、技术和应用体系正在形成，将为我国国民经济的发展做出越来越大的贡献。

随着一系列新型雷达卫星的发射升空，新型雷达遥感数据处理和应用研究不断面临新的要求。SAR 成像的特殊性使得 SAR 图像的成像原理与人类视觉系统和光学遥感有着本质差异，因此，雷达遥感图像在各个领域中的应用和认知水平亟待提高。

本丛书包括六个分册，是邵芸研究员主持的国家重点研发计划、国家自然科学基金重点项目、国家自然科学基金面上项目等多个国家级项目的长期研究成果结晶，代表着我国雷达遥感应用领域的先进成果。她和她的研究团队及合作伙伴，长期以来辛勤耕耘于雷达遥感领域，心无旁骛，专心求索，锐意创新，呕心沥血，冥思而成此作，为推动我国雷达遥感科学技术发展和服务社会经济建设贡献智慧和力量。

本丛书侧重于罗布泊干旱区雷达遥感机理与气候环境影响分析，农业雷达遥感原理与水稻长势监测方法，海洋环境雷达遥感应用，雷达地质灾害遥感监测技术，星载合成孔径雷达非理想因素及校正，微波目标特性测量等六个方面，聚焦于高分辨率、极化、干涉 SAR 数据处理技术，涵盖了基本原理、算法模型和应用方法，全面阐述了高分辨率极化雷达遥感在多个领域的应用方法与技术，重点探讨了新型雷达遥感数据在干旱区监测、农业监测、海洋环境监测、地质灾害监测中的应用方法，展现了在雷达遥感应用方面的最新进展，可以为雷达遥感机理研究和行业应用提供有益借鉴。

在这套丛书付梓之际，笔者有幸先睹为快。在科技创新不断加速社会进步和地球科学发展的今天，新模式合成孔径成像雷达也正在展现着科技创新的巨大魅力，为全球的可持续发展发挥越来越重要的作用。相信读者们阅读丛书后能够产生共鸣，期待各位在丛书中寻找到雷达遥感的力量。祈大家同行，一起为雷达遥感之路行稳致远贡献力量。

2020 年 12 月 31 日

前　言

在全球经济迅猛发展和生态环境问题日益突出的背景下，世界上几乎所有的沿海国家都把开发海洋作为基本国策，并作为加快经济发展、增强国力的战略选择。进入20世纪七八十年代，特别是联合国第三次海洋法会议通过《联合国海洋法公约》以来，国际上关于海洋划界、海洋权益的问题日趋尖锐和复杂。进入21世纪，海洋成为世界更为关注的焦点，在我国战略层面的地位也空前提高。

2013年，习近平总书记创造性地提出了符合欧亚大陆经济社会发展规律的“一带一路”（丝绸之路经济带与21世纪海上丝绸之路）倡议。2017年，习近平总书记在十九大报告中明确提出“坚持陆海统筹，加快建设海洋强国”。2018年，习近平总书记在青岛海洋科学与技术试点国家实验室考察时强调：“发展海洋经济、海洋科研是推动我们强国战略很重要的一个方面，一定要抓好。关键的技术要靠我们自主来研发，海洋经济的发展前途无量。”

雷达遥感技术可广泛应用于海洋环境监测、海上目标监察、海岛海岸带制图以及海洋动力环境与水文监测等，对于我国自然资源普查、海洋环境保护和防灾减灾等具有十分重要的应用推广意义。2015年10月26日，国家发展改革委、财政部、国防科工局会同有关部门研究编制了《国家民用空间基础设施中长期发展规划（2015—2025年）》。预计到2025年，我国将新增88颗遥感卫星，包括20颗科研卫星和68颗业务卫星，并最终建成通信卫星、导航卫星、遥感卫星三大系统，以及与之配套的、国际先进水平的国家民用空间基础设施。

本书系统总结了邵芸研究员及其研究团队在雷达海洋遥感机理与应用研究方面的系列成果，重点介绍了合成孔径雷达在海洋溢油污染物监测、海洋绿潮监测、海底自然烃渗漏探测，以及在浅海水下地形探测等方面的研究进展、应用现状以及典型案例。本书也是邵芸研究员及其研究团队多年研究成果和科研经验的分享，期盼能为从事相关领域业务工作的同仁提供专业的科学参考数据，为有志于从事相关领域科研工作的研究生和学者提供启发性的科学研究素材。

全书共6章。第1章概述了海洋资源与环境领域的雷达卫星遥感监测需求，并介绍了国内外先进的SAR卫星计划。第2章介绍了雷达海洋遥感机理，主要包括粗糙海面电磁散射机理；海面大、小尺度波浪谱模型；常用的海面斜率的概率分布模型以及海面微波散射模型等。第3章阐述了海洋溢油污染物的雷达遥感探测机理，海面油膜雷达后向散射特性的仿真结果与验证分析，研究了典型海洋溢油污染的极化SAR图像特征，最后分析了几个典型海洋溢油污染物SAR图像遥感监测案例。第4章阐述了海洋绿潮的雷达遥感探测机理，对比分析了海面浒苔在SAR图像和多光谱图像中的成像特征异同，介绍了基于极化分解理论的海面复杂污染物SAR图像分类方法，最后分析了几个典型大规模海洋绿潮污染物的雷达遥感监测案例。第5章介绍了海洋自然烃渗漏雷达遥感探测方法，主要包括海洋自然烃渗漏形成机制分析，海洋自然烃渗漏油膜的 SAR 图像识别方法及其可靠性评价，基于多时相 SAR 图像的海面油膜扩散规律分析，并分析了一些典型海洋烃渗漏的 SAR 遥感探测案例等。第 6 章阐述了浅海水下地形雷达遥感探测技术，主要包括 SAR 浅海水下地形探测机理分析，多时相 SAR 浅海水下地形探测方法，极化 SAR 浅海水下地形探测技术及相关案例分析。

本书第 1 章由邵芸、田维、卞小林、张庆君、唐治华、倪崇编写；第 2 章由邵芸、田维、卞小林编写；第 3 章由邵芸、田维、原君娜、张风丽编写；第 4 章由田维、王晓晨、邵芸、张风丽、原君娜编写；第 5 章由刘杨、邵芸、田维、张风丽、原君娜编写；第 6 章由卞小林、邵芸、滕启治、张庆君编写。全书由邵芸、田维统稿。此外，叶舒、刘致曲、孙萌鑫等参与了全书校对工作。

本书是国家自然科学基金重点项目“可控环境下多层介质目标微波特性全要素测量与散射机理建模”（41431174）和中国航天科工集团有限公司项目“SAR 卫星时变散射特性试验”（Y6H1890034）系列研究成果的总结，相关研究工作得到了中国科学院空天信息创新研究院、中国航天科技集团有限公司第五研究院总体部、浙江省微波目标特性测量与遥感重点实验室的大力支持，得到了郭华东院士、李晓明先生的悉心指导和鼓励，在此表示由衷感谢。同时，感谢所有关心本书撰写出版的同仁。疏漏和不妥之处，敬请读者批评指正。

邵　芸
2020 年 9 月 4 日
于北京中国科学院奥运村科技园

目　录

第1章　绪　　论

雷达作为一种主动式微波成像传感器，能够不受天气、气候以及光线的影响，可以全天时、全天候地成像，是一种不可或缺的对地观测工具。

随着我国雷达遥感事业的发展，2012年11月19日，我国发射了第一颗民用S波段合成孔径雷达（synthetic aperture radar，SAR）卫星——环境与灾害监测小卫星星座的环境一号C（HJ-1C）卫星。2016年8月10日，我国首颗空间分辨率高达1m的C频段多极化合成孔径雷达成像卫星高分三号（GF-3）成功发射，并于2017年1月23日交付使用。此外，《国家民用空间基础设施中长期发展规划（2015—2025年）》预计发射若干颗高分辨率SAR卫星，形成多波段、全极化、高分辨率SAR卫星的组网运行，实现高重访频率的卫星遥感对地观测能力。如何发挥国产SAR遥感卫星的应用潜力，提高国产SAR遥感卫星数据的应用效能，是我国卫星遥感应用领域从业人员面对的重要挑战之一。

我国是世界上海岸线最长的国家之一，拥有丰富的海洋资源。为实现中华民族的伟大复兴，保障我国国民经济的可持续发展，亟须全面开展高时效、大范围、高精度、系统性的海洋资源与环境遥感监测。本章主要从海洋溢油污染物雷达遥感探测、海洋绿潮雷达遥感探测、海底烃渗漏雷达遥感探测和浅海水下地形雷达遥感探测等几个方面分析海洋资源与环境的雷达卫星遥感监测需求。

1.1　海洋资源与环境的雷达卫星遥感监测需求

1.1.1　海洋溢油污染物雷达遥感探测需求

海面溢油是常见的海洋污染之一，是破坏海洋环境和海洋生态平衡的主要污染源，严重制约了我国海洋生态环境的可持续发展。随着海洋石油开采业和海洋运输业的迅猛发展，溢油事故屡见不鲜，导致海洋环境严重污染，以及海洋鱼类、鸟类、海藻和海洋哺乳动物的大量死亡。海上石油开采活动中操作不当、海底输油管道老化破裂、石油开采设施遭人为损坏等时常导致海上溢油事故的发生，尤其是海洋石油资源储量丰富的渤海油气开发区，已成为海洋石油开发主产区和溢油事故高发区。据统计，全世界每年泄漏入海的石油及石油产品超过600×10^4t，其中油船溢油超过200×10^4t，这些大吨位油船泄漏海难或石油平台溢油事故往往造成大面积海洋污染。如1996年“胜海8井”溢油事故；1998年

CB6A井架倒伏溢油事故；2006年3月，中国渤海湾滦河河口以南，曹妃甸附近某海底输油管道破裂造成了严重的海面溢油事故；2007年12月7日，一艘韩国浮吊船在韩国西部海域与一艘中国香港籍油轮“HEBEI SPIRIT”擦碰，导致万余吨原油泄漏，造成大面积海域污染事故；2008年8月中下旬，涠洲岛附近海域海底输油管道发生原油泄漏，造成广西壮族自治区北部湾海域大面积溢油污染事故；2011年6月，渤海“蓬莱19-3”石油钻井平台大规模海洋溢油污染泄漏事故等。海洋溢油事故给海洋环境带来了巨大的生态灾难，也给石油生产企业带来了巨大的经济损失。

因此，研究海洋溢油污染物雷达遥感识别与检测方法，对于及时、准确地发现海洋溢油现象以及溢油事故发生后的应急处理和溢油污染灾后评估和问责，有着非常重要的科学意义、社会效益和经济效益。

1.1.2 海洋绿潮污染物雷达遥感探测需求

近年来，我国黄海海域每年4~6月频繁发生大规模漂浮浒苔聚集的污染事件。尤其是2008年6月中下旬，青岛及周边海域暴发大面积浒苔灾害，严重影响了奥运会帆船比赛区的训练和青岛市作为奥运会帆船比赛举办城市的国际形象。2021年7月，青岛海域出现史上最大规模的浒苔暴发，这也是自2007年以来，青岛海域连续第15年遭受绿潮灾害。

浒苔是绿藻门石莼科的一属，由多细胞构成，其植物体非常纤细，呈绿色细丝状。浒苔虽然无毒，但是大规模暴发也会遮蔽阳光，影响海底藻类的生长；死亡的浒苔也会消耗海水中的氧气；有研究表明，浒苔分泌的化学物质很可能还会对其他海洋生物造成不利影响。国际上，将浒苔等大型绿藻暴发称为“绿潮”，视作和赤潮一样的海洋灾害。

海面上漂浮的浒苔改变了海面粗糙度，通常会导致海面雷达后向散射回波信号改变。基于上述原理，合成孔径雷达可以应用于大面积浒苔识别、漂移扩散监测等业务化工作，是重要的海洋污染物卫星遥感监测手段之一。

1.1.3 海底烃渗漏雷达遥感探测需求

石油天然气是关系到我国经济发展、社会稳定、国家安全和全面建成小康社会的重要战略性资源。据统计，占地球表面2/3的海洋蕴藏着全球石油资源总量的1/3。常规的地震剖面探测技术应用于大范围的海洋油气资源勘探，难度大、效率低。通过对地下渗漏到地表的烃类物质的探测进行油气勘探的方法由来已久。现普遍为大多数学者所接受的油气藏烃类渗漏机制指出：“埋藏于地下深部，处于动态平衡状态下的油气藏，其内部具有很大压力，与地表间存在着巨大的压力差，油气藏中的烃类物质及其伴生化合物势必沿着压力梯度的方向垂直向地表运移，从而产生微渗漏。”相应地，海面油膜的形态特征可大致分为以下两类：①对于存在众多微小裂缝的海底石油盖层结构，较为轻质的烃类沿着这些裂缝渗漏出来，在海面扩散后形成近圆形、面状的海面油膜；②对于存在地质断裂的海底石油盖层结构，海底石油沿着裂缝漂移到海面，经海面风场和海流等作用形成细线状油膜。对海面烃渗漏油膜遥感图像做多时相序列解译分析，有助于海洋石油勘探初期对目标区域的筛选，亦有助于与航磁、地震等物探结果做对比分析，可提高海底石油勘探、开发效率，节约开采成本。

传统烃渗漏检测方法，如地震、声呐、地球化学采样等方法在实际勘探过程中具有重要作用，但在海洋油气勘探中，受到可进入区域及操作困难限制。卫星遥感技术为海洋表面油膜的区域性检测，提供了有效的无接触远距离观测平台。因此，开展海底烃渗漏雷达遥感探测，有助于海洋油气勘探前期有利区带的分析与评价。

1.1.4 浅海水下地形雷达遥感探测需求

海洋环境资料对海洋资源的开发、海上工程设计和海上现场作业有着十分重要的意义。浅海油气勘探与开采、海底油气管道与通信电缆的埋设、海上交通运输与海洋捕养业等都离不开水深和水下地形资料。进入20世纪七八十年代，特别是联合国第三次海洋法会议通过《联合国海洋法公约》以来，国际上关于海洋划界、海洋权益的问题日趋尖锐和复杂。在这一背景下，我国海洋权益也面临着越来越严峻的挑战。为了充分发挥海军在保卫领土主权和海洋权益中的力量，更要求对浅海海域充分了解。

浅海地形和水深是海洋环境的重要因素。传统的水深测量采用声呐技术，测量精度高，但是现场测量周期长，范围小，而且对船只无法到达或有争议的海域则无法进行测量，这些不足大大制约了广大浅海海域的水下地形测量。为了弥补现场测量的不足，提出了采用遥感手段进行浅海水下地形测量的方法，包括星载多光谱技术和SAR技术。这些技术具有覆盖区域大、费用少、周期短、便于进行动态监测等优势。采用星载多光谱技术也存在不足之处，如可见光无法穿透云层，仅能在白天进行，而且只能用于水色清澈的区域。

星载SAR获取的浅海水深、水下地形、海浪等资料，尤其是那些调查船及飞机难以进入的海域，以及可见光和红外遥感器因受天气影响无法获得的资料，可直接用于我国海洋资源的开发、海上工程的设计和海上现场作业，支持国家和地方政府部门进行管理、检测和保护广大沿岸浅海区域；亦可以用于我国与周边国家谈判解决领土争端，保卫领土主权和海洋权益，在经济上、军事上、战略上都具有十分重要的意义。

1.2 星载SAR卫星概况

随着世界各国对多元空间信息的日益重视，星载SAR越来越成为对地观测领域的研究热点。近年来，SAR卫星正向多波段、多极化、多模式、高空间分辨率和短重返周期方向快速发展。本章将主要介绍国内外已经发射的主要民用星载SAR卫星。

1.2.1 国外 SAR 卫星简介

1.2.1.1 RADARSAT-1/2 卫星

RADARSAT-1 卫星是加拿大发射的第一颗商业运作模式雷达观测卫星，由加拿大航天局于 1989 年开始研制。该卫星有一个兼顾商用和科学研究用途的雷达系统，主要目的是监测地球环境和自然资源变化。与其他 SAR 卫星不同，RADARSAT-1 卫星首次采用了可变视角的扫描成像（ScanSAR）模式，以 500km 的幅宽每天可以覆盖北极区一次，几乎覆盖整个加拿大，每隔三天覆盖一次美国和其他北纬地区，全球覆盖只需 5 天。

RADARSAT-1 卫星于 1995 年 11 月发射成功，于 1996 年 4 月正式工作。RADARSAT-1 卫星采用 C 波段，HH 极化模式，空间分辨率和入射角因不同成像模式为 10 ~ 100m 不等。RADARSAT-1 卫星可用于海冰监测、地质地形、农业、水文、林业、海岸测图等领域，该卫星基本参数如表 1-1 所示，雷达成像模式如表 1-2 所示。

表 1-1 RADARSAT-1 卫星基本参数

参数名称	参数值
发射时间	1995 年 11 月 4 日
轨道高度	793 ~ 821km
轨道类型	太阳同步轨道
频率	5.3GHz（C 波段）
极化方式	单极化：垂直极化（HH）
重复周期	24 天
带宽	30MHz
侧视方向	右侧视

表 1-2 RADARSAT-1 卫星雷达成像模式

成像模式	波束位置	入射角/(°)	分辨率/m	幅宽/(km×km)
精细模式	Fl-F5	37 ~ 48	10	50×50
标准模式	Sl-S7	20 ~ 49	30	100×100
宽模式	Wl-W3	20 ~ 45	30	150×150
窄幅 ScanSAR 模式	SNl	20 ~ 40	50	300×300
	SN2	31 ~ 46	50	300×300
宽幅 ScanSAR 模式	SWl	20 ~ 49	100	500×500
超高入射角模式	Hl-H6	49 ~ 59	25	75×75
超低入射角模式	Ll	10 ~ 23	35	170×170

RADARSAT-2 卫星于2007 年12 月14 日在哈萨克斯坦的拜科努尔航天发射基地成功发射，是目前世界上最先进的商业卫星之一。作为 RADARSAT- 1 卫星的后续星，RADARSAT-2 卫星除延续了 RADARSAT-1 卫星的拍摄能力和成像模式外，还增加了3m 分辨率超精细模式和8m 全极化模式，并且可以根据指令在左视和右视之间切换，由此不仅缩短了重访周期，还增加了立体成像的能力。此外，RADARSAT-2 卫星可以提供11 种波束模式及大容量的固态记录仪等，并将用户提交编程的时限缩短到4～12h，这些都使 RADARSAT-2 卫星的运行更加灵活和便捷。RADARSAT-1 号和 RADARSAT-2 号双星互补，加上雷达全天候、全天时的主动成像特点，可以在一定程度上缓解卫星数据源不足的问题，并推动雷达数据在各个领域的广泛应用和发展。RADARSAT-2 卫星基本参数如表1-3 所示，雷达成像模式如表1-4 所示。

表1-3　RADARSAT-2 卫星基本参数

参数名称	参数值
发射时间	2007 年12 月14 日
轨道高度	798km
轨道类型	太阳同步轨道
频率	5.405GHz（C 波段）
极化方式	单极化/双极化/四极化
重复周期	24 天
带宽	100MHz
侧视方向	左右侧视

表1-4　RADARSAT-2 卫星雷达成像模式

成像模式	极化	入射角/(°)	分辨率/m		幅宽/(km×km)
			距离向	方位向	
超精细模式	可选单极化（HH/VV/HV/VH）	30～49	3	3	20×20
多视精细模式		30～50	8	8	50×50
精细模式	可选单 & 双极化 (HH/VV/HV/VH) & (HH&HV/VV & VH)	30～50	8	8	50×50
标准模式		20～49	25	26	100×100
宽模式		20～45	30	26	150×150
四极化精细模式	四极化（HH&VV&HV&VH）	20～41	12	8	25×25
四极化标准模式		20～41	25	8	25×25
高入射角模式	单极化（HH）	49～60	18	26	75×75
窄幅扫描模式	可选单 & 双极化 (HH/VV/HV/VH) & (HH&HV/VV&VH)	20～46	50	50	300×300
宽幅扫描模式		20～49	100	100	500×500

1.2.1.2 ALOS-1/2 卫星

先进陆地观测卫星（advanced land observing satellite，ALOS）是由日本宇宙开发事业集团机构研发的，于2006年1月发射成功。ALOS-1卫星采用了先进的陆地观测技术，能够获取全球高分辨率陆地观测数据，可应用于测绘、区域环境遥感、灾害监测、资源调查等领域。平台搭载了三个传感器：全色遥感立体测绘仪传感器、先进可见光与近红外传感器和相控阵L波段合成孔径雷达（PALSAR）传感器。PALSAR可实现全天候观测，对应卫星基本参数如表1-5所示，雷达成像模式如表1-6所示。2011年4月22日该卫星由于供电问题，停止运行。

表1-5 ALOS-1卫星基本参数

参数名称	参数值
发射时间	2006年1月24日
轨道高度	691.65km
轨道类型	太阳同步轨道
频率	1.27GHz（L波段）
极化方式	单极化/双极化/四极化
重复周期	46天
侧视方向	左侧视

表1-6 ALOS-1卫星雷达成像模式

<table>
<tr><td>成像模式</td><td colspan="2">高分辨率模式</td><td>扫描模式</td><td>极化（实验模式）</td></tr>
<tr><td>极化</td><td>单极化
（HH/VV）</td><td>双极化
（HH&HV/VV&VH）</td><td>单极化
（VV/HH）</td><td>四极化
（HH&HV&VV&VH）</td></tr>
<tr><td>带宽/MHz</td><td>28</td><td>14</td><td>14/28</td><td>14</td></tr>
<tr><td>入射角/(°)</td><td>8~60</td><td>8~60</td><td>18~43</td><td>8~30</td></tr>
<tr><td>分辨率/m</td><td>7.0~44.3</td><td>14.0~88.6</td><td>100</td><td>24.1~88.6</td></tr>
<tr><td>幅宽/km</td><td colspan="2">40~70</td><td>250~350</td><td>30</td></tr>
</table>

2014年5月24日日本宇宙航空研究开发机构（Japan Aerospace Exploration Agency，JAXA）成功发射了陆地观测技术卫星ALOS-2卫星。ALOS-2卫星是一个L波段的高分辨率合成孔径雷达，该卫星能很好地用于监测地壳运动和地球环境，能够不受气候条件和时间的影响获得观测数据。相对于上一代ALOS卫星，拍摄范围提高了3倍，雷达传感器的拍摄模式也有显著增加，可以获取1~100m多种不同分辨率图像。ALOS-2卫星基本参数如表1-7所示，雷达成像模式如表1-8所示。

表 1-7 ALOS-2 卫星基本参数

参数名称	参数值
发射时间	2014 年 5 月 24 日
轨道高度	628km
轨道类型	太阳同步轨道
频率	1.2GHz（L 波段）
极化方式	单极化/双极化/四极化/紧致极化
重复周期	14 天
侧视方向	左右侧视

表 1-8 ALOS-2 卫星雷达成像模式

<table>
<tr><th colspan="2">成像模式</th><th>分辨率/m</th><th>幅宽/km</th><th>入射角/(°)</th><th>极化方式</th><th>波段宽度/MHz</th></tr>
<tr><td colspan="2">聚束模式</td><td>1×3</td><td>25</td><td rowspan="6">8 ~ 70</td><td>单极化</td><td>84</td></tr>
<tr><td rowspan="3">条带模式</td><td>超精细</td><td>3</td><td>50</td><td>单极化/双极化</td><td>84</td></tr>
<tr><td>高敏感</td><td>6</td><td>50</td><td rowspan="2">单极化/双极化/全极化/紧致极化（实验模式）</td><td>42</td></tr>
<tr><td>精细</td><td>10</td><td>70</td><td>28</td></tr>
<tr><td colspan="2" rowspan="2">扫描模式</td><td>100</td><td>350</td><td rowspan="2">单极化/双极化</td><td>14/28</td></tr>
<tr><td>60</td><td>490</td><td>14</td></tr>
</table>

1.2.1.3 COSMO-SkyMed 卫星星座

高分辨率雷达卫星 COSMO-SkyMed（constellation of small satellites for mediterranean basin observation）是意大利航天局和意大利国防部共同研发的 COSMO-SkyMed 高分辨率雷达卫星星座的卫星。COSMO-SkyMed 高分辨率雷达卫星星座由 4 颗 X 波段合成孔径雷达卫星（COSMO-SkyMed-1 ~4）组成，整个卫星星座的发射任务于 2010 年底前完成，于 2011 年 5 月进入全系统工作模式。在常规条件下卫星间距 90°相位，均匀分布在轨道面上，可实现 1 天 2 次对同一地区的观测。COSMO-SkyMed 卫星星座是一个可服务于民间、公共机构、军事和商业的两用对地观测系统，意大利航天局（ASI）为科研机构提供技术和运营管理，e-Geos 公司负责系统的商业化运营。

COSMO-SkyMed 卫星星座具有宽扫描成像模式、条带扫描模式和聚束成像模式三种扫描工作模式。作为全球第一颗分辨率高达 1m 的雷达卫星星座，COSMO-SkyMed 以全天候、全天时对地观测的能力、高重访周期、1m 高分辨率等优势，将广泛应用于农业、林业、城市规划、灾害管理、地质勘测、海事管理、环境保护等领域。COSMO-SkyMed 卫星基本参数如表 1-9 所示，雷达成像模式如表 1-10 所示。

表 1-9 COSMO-SkyMed 卫星星座基本参数

参数名称	参数值	
发射时间	COSMO-SkyMed-1	2007 年 6 月 8 日
	COSMO-SkyMed-2	2007 年 12 月 8 日
	COSMO-SkyMed-3	2008 年 10 月 24 日
	COSMO-SkyMed-4	2010 年 11 月 5 日
卫星高度	619.6km	
轨道类型	近极地太阳同步	
频率	9.6GHz（X 波段）	
极化方式	单极化/双极化	
重复周期	14 天	
侧视方向	左右侧视	

表 1-10 COSMO-SkyMed 卫星星座雷达成像模式

成像模式		分辨率/m	幅宽/km	入射角/(°)	极化方式
聚束模式		1	10×10	20～60	单极化（HH/VV）
条带模式	HIMAGE	3	40×40	20～60	可选单极化（HH/VV/HV/VH）
	PINGPONG	15	30×30		双极化（HH&VV/HH&HV/VV&VH）
扫描模式	宽幅	30	100×100	20～60	可选单极化（HH/VV/HV/VH）
	超宽幅	100	200×200		

1.2.1.4 TerraSAR-X 卫星

陆地合成孔径雷达卫星 TerraSAR-X 是德国新一代的高分辨率雷达卫星，也是世界上第一颗分辨率达到1m 的商用雷达卫星，于 2007 年 6 月 15 日成功发射。TerraSAR-X 卫星由 EADS Astrium 公司建造，德国航空航天中心（DLR）的任务是把数据应用于科学目的，同时负责任务的设计、执行以及卫星控制。TerraSAR-X 卫星的长期目标是通过雷达为科学和工业用户提供远程数据收集。研究人员对数据的分析也将得到 DLR 遥感数据中心的支持与合作，通过这种模式，商业和科学用户都可以获取实用的观测服务。

TerraSAR-X 卫星的一个出色特征是高空间分辨率、超常规雷达系统，具有多极化、多入射角和精确的姿态及轨道控制能力，采用 3cm 的 X 波段合成孔径雷达，可以进行全天时、全天候的对地观测，并具有一定地表穿透能力，同时还可进行干涉测量和动态目标的检测，因此，开展 TerraSAR-X 卫星的数据应用研究具有十分广阔的发展前景。TerraSAR-X 卫星基本参数如表 1-11 所示，雷达成像模式如表 1-12 所示。

表 1-11 TerraSAR-X 卫星基本参数

参数名称	参数值
发射时间	2007 年 6 月 15 日
轨道高度	514.8km
轨道类型	太阳同步轨道
频率	9.65GHz（X 波段）
极化方式	单极化/双极化/四极化
重复周期	11 天
侧视方向	右侧视

表 1-12 TerraSAR-X 卫星雷达成像模式

成像模式	分辨率/m	幅宽/km	入射角/(°)	极化方式
聚束模式	1×1～2×1	5×10～10×10	20～55	单极化（HH/VV） 双极化（HH&VV）
条带模式	3×3	30×50	20～45	单极化（HH/VV） 双极化（HH&VV/HH&HV/VV&VH） 四极化（HH&VV&HV&VH）
宽幅扫描模式	16×16	150×100	20～45	单极化（HH/VV）

2010 年 6 月 21 日，TanDEM-X 卫星成功发射，与 2007 年发射的 TerraSAR-X 卫星基本相似，TanDEM-X 卫星在轨道上与 TerraSAR-X 卫星协同工作，通过相距 250～500m 的编队飞行，将以符合 HRTI-3 规范的精度生成全球数字高程模型。此外，TanDEM-X 提供了一个可重构的平台用于 SAR 新技术和应用的示范。

1.2.1.5 ENVISAT 卫星

欧洲环境卫星 ENVISAT（environmental satellite）是欧洲航天局发展的对地观测卫星，用于综合性环境观测，是欧洲遥感卫星（European remote sensing satellite，ERS）的后继型号，是极轨对地观测卫星系列之一，也是美国地球观测系统（earth observing satellites，EOS）的组成之一，于 2002 年 3 月 1 日成功发射。2012 年 5 月 9 日，欧洲航天局宣布 ENVISAT 卫星任务终止，在轨服务 10 年。

ENVISAT 卫星上载有 10 种探测设备，其中 4 种是 ERS-1/2 所载设备的改进型，所载最大设备是先进的合成孔径雷达（advanced synthetic aperture radar，ASAR），可生成海洋、海岸、极地冰冠和陆地的高质量图像，为科学家提供更高分辨率的图像来研究海洋的变化。ENVISAT 卫星成像模式可以在侧视 10°～45°范围内，提供 7 种不同的入射角成像。ENVISAT 卫星基本参数如表 1-13 所示，雷达成像模式如表 1-14 所示。

表 1-13 ENVISAT 卫星基本参数

参数名称	参数值
发射时间	2002 年 3 月 1 日
轨道高度	768 km
轨道类型	太阳同步轨道
频率	5.4GHz（C 波段）
极化方式	单极化/双极化/四极化
重复周期	35 天
侧视方向	右侧视

表 1-14 ENVISAT 卫星雷达成像模式

模式	Image（图像）	Alternating Polarisation（交替极化）	Wide Swath（宽刈幅）	Global Monitoring（全球监测）	Wave（波）
幅宽	最大 100km	最大 100km	约 400km	约 400km	5km
极化方式	单极化（VV/HH）	双极化（HH&VV/HH&HV/VV&VH）	单极化（VV/HH）	单极化（VV/HH）	单极化（VV/HH）
分辨率/m	30	30	150	1000	10

1.2.1.6 Sentinel-1 卫星

哨兵 1 号（Sentinel-1）卫星是欧洲航天局哥白尼计划中的地球观测卫星，由欧盟投资并由欧洲航天局负责研发。Sentinel-1 卫星星座包含两颗卫星（Sentinel-1A 卫星和 Sentinel-1B 卫星），其中 Sentinel-1A 卫星于 2014 年 4 月 3 日发射，Sentinel-1B 于 2016 年 4 月 25 日发射。

Sentinel-1 卫星星座在 ERS、ENVISAT 卫星基础上进行了大量改进，如改进的波模式、改进的多普勒估计、更系统的双极化和全新的逐行扫描合成孔径雷达地形观测（terrain observation by progressive scans synthetic aperture radar，TOPSAR）模式。Sentinel-1A 卫星基于 C 波段的成像系统采用 4 种成像模式，具有双极化、短重访周期、快速产品生产的能力，可精确确定卫星位置和姿态角。Sentinel-1A 卫星与 Sentinel-1B 卫星在同一轨道平面内，相位相差 180°，任务提供了一种可以使用雷达独立连续测绘地图的能力，拥有更高的重访频率（对地观测重访周期将缩至 6 天）、更好的覆盖能力、更好的时效性和可靠性。Sentinel-1 卫星基本参数如表 1-15 所示，雷达成像模式如表 1-16 所示。

表 1-15 Sentinel-1 卫星基本参数

参数名称	参数值	
发射时间	Sentinel-1A	2014 年 4 月 3 日
	Sentinel-1B	2016 年 4 月 25 日

续表

参数名称	参数值
轨道高度	693km
轨道类型	近极地太阳同步轨道
频率	5.4GHz（C 波段）
极化方式	单极化/双极化
重复周期	12 天
侧视方向	右侧视

表 1-16 Sentinel-1 卫星雷达成像模式

观测模式	入射角/(°)	分辨率/m	幅宽/km	极化方式
条带模式	18.3 ~ 46.8	5×5	80	单极化（HH/VV） 双极化（HH&HV/VV& VH）
干涉宽幅模式	29.1 ~ 46.0	5×20	250	单极化（HH/VV） 双极化（HH&HV/VV& VH）
超幅宽模式	18.9 ~ 47.0	20×40	400	单极化（HH/VV） 双极化（HH&HV/VV& VH）
波浪模式	21.6 ~ 25.1 34.8 ~ 38.0	5×5	20×20	单极化（HH/VV）

1.2.1.7 SAOCOM-1 卫星

阿根廷微波地球观测系列卫星（SAOCOM）是由阿根廷国家航天活动委员会（CONEA）和 INVAP 公司联合研发的，由阿根廷航天局负责管理和运行的 L 波段极化 SAR 卫星星座。其中 SAOCOM-1 卫星包含两颗 SAR 卫星（SAOCOM-1A 和 SAOCOM-1B），分别于 2018 年 10 月 7 日和 2020 年 8 月 30 日在美国加利福尼亚范登堡空军基地和美国南部海岸的卡纳维拉尔角（Cape Canaveral）成功发射并投入运行。

SAOCOM-1 卫星所搭载的 L 波段 SAR 载荷（SAR-L）可以提供 7 ~ 100m 空间分辨率和 50 ~ 100km 幅宽的多种成像模式 SAR 数据产品。此外，卫星搭载了大容量固态存储器，具备高达 50 ~ 100Gbit 的图像数据存储能力，以及高达 300Mbit/s 的下行速率传输能力。SAOCOM-1 卫星基本参数如表 1-17 所示，雷达成像模式如表 1-18 所示。

表 1-17 SAOCOM-1 卫星基本参数

参数名称	参数值	
发射时间	SAOCOM-1A	2018 年 10 月 7 日
	SAOCOM-1B	2020 年 8 月 30 日
轨道高度	620km	
轨道类型	近极地太阳同步轨道	

续表

参数名称	参数值
频率	1.25GHz（L 波段）
极化方式	单极化/双极化/全极化
重复周期	16 天
侧视方向	右侧视

表 1-18 SAOCOM-1 卫星雷达成像模式

观测模式	入射角/(°)	分辨率/m	幅宽/km	极化方式
条带模式	17.6～50.2	10×5 10×6	15～65	双极化（HH&HV/VV& VH） 全极化（HH&HV&VH&VV）
TOPSAR 窄幅模式	17.6～47.1	10×30 10×50	100～150	单极化（HH/VV）/双极化（HH&HV/VV& VH） 全极化（HH&HV&VH&VV）
TOPSAR 宽幅模式	17.6～48.1	10×50 10×100	200～350	单极化（HH/VV）/双极化（HH&HV/VV& VH） 全极化（HH&HV&VH&VV）

1.2.2 国内 SAR 卫星简介

近年来，我国陆续发射了几颗合成孔径雷达卫星，其中包括环境一号 C 卫星（HJ-1C 卫星）和高分三号卫星（GF-3 卫星）。

1.2.2.1 环境一号 C 卫星

HJ-1C 卫星于 2012 年 11 月 19 日成功发射，将与已经发射的 HJ-1A/B 形成第一阶段的卫星星座。SAR 工作模式分为基本工作模式和缺省工作模式，基本工作模式为高空间分辨率条带成像工作模式、宽刈幅 SCANSAR 成像工作模式；缺省工作模式为天线转角 36°情况下的高分辨率条带成像工作模式。HJ-1C 卫星工作模式包括实时传输模式、记录模式、回放模式、擦除模式，该卫星上载有两台容量为 32GB 的固态存储器，数传通道数量为 2 个，码速率为每个通道 160Mbit/s。

HJ-1C 卫星具有一定的穿透力，可以全天时、全天候工作，特别适合恶劣气候条件下的应用。利用 HJ-1C 卫星数据，可对生态环境和灾害发展变化趋势进行快速预测、评估，为紧急救援、灾后救助和重建工作提供科学依据；还可以与地面监测手段相结合，提高环境和灾害信息的观测、采集、传送和处理的能力，为提高我国的减灾和环境保护能力提供有力的保障。HJ-1C 卫星基本参数如表 1-19 所示，雷达成像模式如表 1-20 所示。

表 1-19 HJ-1C 卫星基本参数表

参数名称	参数值
发射时间	2012 年 11 月 19 日
轨道高度	499.226km
轨道类型	太阳同步轨道
重复周期	31 天
波段	S 波段
天线形式	网状抛物面
常规入射角	25°~47°
侧视	正侧视
极化方式	垂直极化（VV）

表 1-20 HJ-1C 卫星雷达成像模式

成像模式	空间分辨率/m	幅宽/km
条带模式	5（单视）	40（单视）
扫描模式	25（距离向 4 视，方位向单视）	100（距离向 4 视，方位向单视）

1.2.2.2 高分三号卫星

高分三号卫星是我国首颗 C 波段多极化高分辨率 SAR 卫星，具备单极化、双极化和全极化等多极化的工作能力，是目前世界上成像模式最多的 SAR 卫星。高分三号卫星由中国航天科技集团公司所属中国空间技术研究院研制，在轨设计寿命 8 年。

高分三号卫星于 2016 年 8 月发射，能够全天候实现全球海洋和陆地信息的监视监测，并通过左右姿态机动扩大对地观测范围和提升快速响应能力，其获取的 C 频段多极化微波遥感信息可以用于海洋、减灾、水利及气象等多个领域，服务于我国海洋、减灾、水利及气象等多个行业及业务部门，是我国实施海洋开发、陆地环境资源监测和防灾减灾的重要技术支撑。GF-3 卫星基本参数如表 1-21 所示，雷达成像模式如表 1-22 所示。

表 1-21 GF-3 卫星基本参数表

参数名称	参数值
轨道高度	755km
轨道类型	太阳同步回归晨昏轨道
波段	C 波段
天线类型	波导缝隙相控阵

续表

参数名称	参数值
平面定位精度	无控优于 230m（入射角 20°～50°）
常规入射角	20°～50°
扩展入射角	10°～60°

表 1-22　GF-3 卫星雷达成像模式

成像模式		分辨率/m	幅宽/km	极化方式
滑块聚束模式		1	10	单极化
条带成像模式	超精细条带	3	30	单极化
	精细条带 1	5	50	双极化
	精细条带 2	10	100	双极化
	标准条带	25	130	双极化
	全极化条带 1	8	30	全极化
	全极化条带 2	25	40	全极化
扫描成像模式	窄幅扫描	50	300	双极化
	宽幅扫描	100	500	双极化
	全球观测成像模式	500	650	双极化
波成像模式		10	5	全极化
扩展入射角模式	低入射角	25	130	双极化
	高入射角	25	80	双极化

第 2 章　雷达海洋遥感机理

2.1　概　　述

2.1.1　雷达后向散射截面

雷达是一种主动式微波对地观测系统，通过雷达散射截面描述地物目标的雷达回波信号强度。地物目标的雷达散射截面 σ 的物理意义可以解释为从远处观察目标物的散射强度，可以利用表面面积度量，其大小为以入射场强度的球散射体在该观察点处截得功率与散射场相同时所需截面的大小（郭华东等，2000），具体表示如下：

$$\sigma = \frac{4\pi r^2 S_{\mathrm{r}}}{S_{\mathrm{i}}} \tag{2-1}$$

式中，S_{r} 为返回电磁波的能量密度；S_{i} 为入射电磁波的能量密度。

当目标为分布目标时，σ 具有统计定义，引入归一化雷达散射截面 σ^0。σ^0 是无量纲散射系数，表示为

$$\sigma^0 = \frac{\langle \sigma \rangle}{A_0} \tag{2-2}$$

式中，$\langle \sigma \rangle$ 为对 σ 统计平均；A_0 为照射面积。雷达散射截面 σ（对应 σ^0）是入射场方向、散射场方向的函数，并且与入射波和散射波的极化有关：

$$\sigma = \sigma^{pq}(\theta_{\mathrm{i}}, \varphi_{\mathrm{i}}; \theta_{\mathrm{s}}, \varphi_{\mathrm{s}}) \tag{2-3}$$

式中，p 为入射波极化；q 为散射波极化；(θ_{i}，φ_{i}）为入射波方向；(θ_{s}，φ_{s}）为散射波方向。当表面较粗糙或入射角非常小时，对应 σ^0 就大；反之，当表面较为光滑或入射角较大时，对应 σ^0 就小。由于雷达后向散射系数经常呈现的动态范围较大，为了便于定量化分析，σ^0 通常以分贝形式表示：

$$\sigma^0[\mathrm{dB}] = 10\lg(\sigma^0) \tag{2-4}$$

在自然界中，大部分地物目标的归一化雷达散射截面都是负值，其大小受地物目标的物理特性、雷达波长、介电特性、极化信息与入射角等影响（Jackson and Apel，2004）。雷达对海洋进行观测时，受海水介电常数的影响，对海水的穿透能力较弱。对于频率范围 1～10GHz（对应波长范围为 30～3cm）的电磁波，其在海水中的穿透深度小于 1cm，因此，雷达的后向散射几乎全部发生在海面。

2.1.2 海面微波散射机制

对于海洋微波遥感来说，雷达图像包含丰富的海表信息，反映出不同海洋现象（风、浪、流、内波、水下地形、油膜等）以不同方式改变海洋表面的粗糙度，通常由波长为几厘米到几十厘米的海表面微尺度波引起。电磁波照射到海水表面光滑分界面上的反射，称为镜面反射，可以通过菲涅尔反射定律描述；当电磁波入射到海水粗糙表面的分界面时，在镜向的一部分称为反射，其余方向均为散射。

微波散射受海表面粗糙度的影响（图 2-1），当海面光滑时，电磁波以镜面反射为主，基本没有后向散射，因此在雷达图像上呈现很暗的特征；当海面中等粗糙时，仅有一部分电磁波返回，而大部分电磁波离开雷达，后向散射部分较小；当海面较粗糙时，散射方向图展布很宽，到达雷达的后向散射能量增加。一般而言，雷达后向散射与海表面粗糙度成比例，海表面越粗糙，雷达图像的亮度越大。对于不同的雷达波长与入射角，海面粗糙度也不尽相同。为了定量地描述海面粗糙度，可以采用 Rayleigh 判据的二分法，如果满足如下条件（朗，1983；斯图尔特，1992），则海面为光滑海面，否则为粗糙海面

$$h_r \cos\theta < \lambda_r / 8 \tag{2-5}$$

式中，h_r 为海面起伏的垂直高度；λ_r 为雷达波长；θ 为入射角。此外，罗滨逊提出了三分法，当 h_r 满足

$$h_r < \lambda_r \cos\theta / 25 \tag{2-6}$$

时为光滑海面；当 $h_r > \lambda_r \cos\theta / 4$ 时为粗糙海面；当 h_r 介于两者之间时，则表示中等粗糙海面（罗滨逊，1989）。

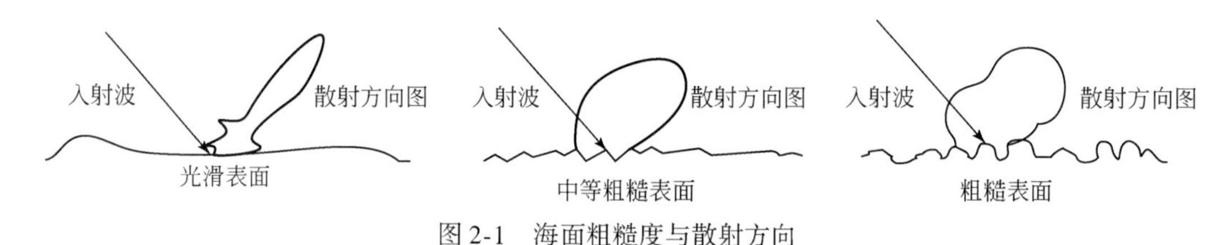

图 2-1 海面粗糙度与散射方向

2.2 海面大尺度波浪的谱描述

海浪是最重要的宏观海洋现象之一，通常指风浪与涌浪。海浪由海面风激励生成，并受重力调制。风的作用远比重力复杂，表现为海面上波浪高低不齐、长短不一。海浪具有明显的随机性，这使得以单一的数学物理函数描述随机起伏的海面几乎成为不可能。传统的海浪要素观测方法是通过现场观测海面高度随时间的变化情况，然后进行波高、周期等海浪要素的统计分析。大量的观测实验表明，将自然界看似杂乱无章、无法描述的随机海

面波动分解为不同频率、不同方向传播而来的、具有随机变化的振幅和相位的简单正弦波动是一种描述海面随机起伏的有效办法，并且经典流体力学理论也将得以应用。因此，类似于电磁波信号频谱分析的海浪谱分析方法在海洋学研究领域得到了广泛的应用。在SAR海面成像过程中，对雷达后向散射起主要贡献的小尺度毛细重力波（波长从几毫米至数十厘米）受海面大尺度的波浪（波长从几米至数百米，波高从数厘米至数十米）控制，因此，海面大尺度波浪对本书的研究亦有重要的参考作用。下面就应用最广泛的几种海浪谱模型来介绍（文圣常和余宙文，1984；董庆和郭华东，2005）。

2.2.1　Neumann 谱

Neumann 谱是20世纪50年代由Neumann最先提出的一种海浪谱模型。该模型于20世纪五六十年代应用最广。此谱是根据实验观测到的不同风速下的波高与周期的关系，并做出一些假定后推导出来的半理论、半经验模型，适合于深水中充分成长的风浪。其具体形式为

$$A^2(\omega) = C\,\frac{\pi}{2}\,\frac{1}{\omega^6}\exp\left(-\frac{2g^2}{U_{7.5}^2\,\omega^2}\right) \tag{2-7}$$

式中，ω 为角频率；$C=3.05\text{m}^2/\text{s}^5$；$U_{7.5}$ 为海面上7.5m高度处的风速；g 为重力加速度。深水中充分成长的海浪状态仅决定于风速，因此，Neumann谱中只包含风速 U 参数。不同风速下的Neumann谱示意图如图2-2所示。

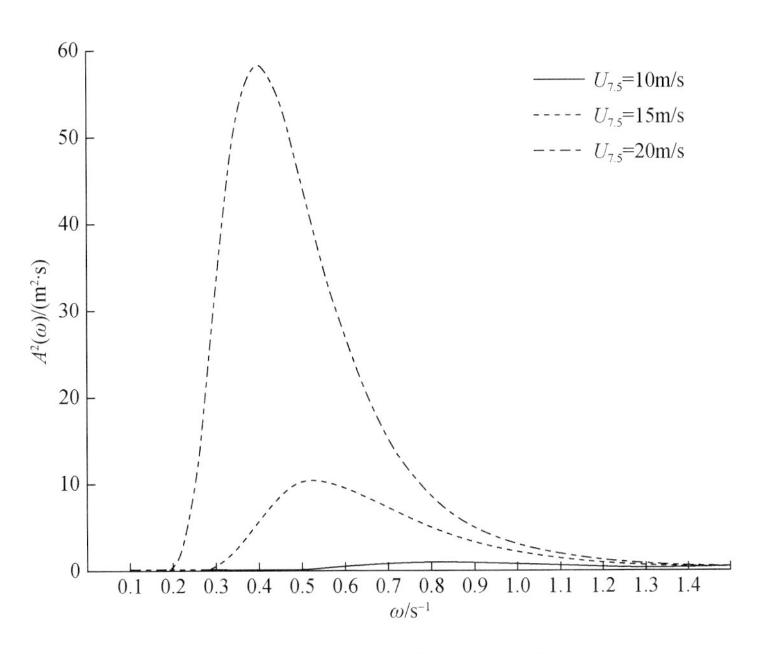

图2-2　不同风速下的Neumann谱

由图2-2可知：

（1）Neumann 谱的峰值部分集中于一个狭小的频段范围内（角频率 ω 介于 0.2 ~ 0.8s^{-1}）。

（2）对于未充分成长的海面，Neumann 谱截止于某一最低频率。

（3）随着风速的增加：①Neumann 谱峰值急剧增大，说明海面上主波浪波高急剧增大；②谱线覆盖的面积增大，谱的显著部分涉及的频率范围也相应增大；③海面总能量增大，海况变高；④谱的显著部分向低频方向移动，并且式（2-7）极大值如下所示：

$$\omega_{\mathrm{m}} = \sqrt{\frac{2}{3}}\,\frac{g}{U_{7.5}} \tag{2-8}$$

2.2.2 Pierson-Moskowitz 谱

Moskowitz 于 1964 年对北大西洋 1955 ~ 1960 年的观测资料进行谱分析，Pierson 与 Moskowitz 又将所得分析结果无因次化，并以不同形式的无因次谱进行拟合，最后得到有因次的 Pierson-Moskowitz 频谱如下所示：

$$A^2(\omega) = \frac{\alpha g^2}{\omega^5}\exp\left[-\beta\left(\frac{g}{U_{19.5}\omega}\right)^4\right] \tag{2-9}$$

式中，无因次常数 $\alpha = 8.10\times10^{-3}$，$\beta = 0.74$；$U_{19.5}$ 为海面上 19.5m 处风速。

Pierson-Moskowitz 代表充分成长的海浪，不同风速下的 Pierson-Moskowitz 谱如图 2-3 所示。

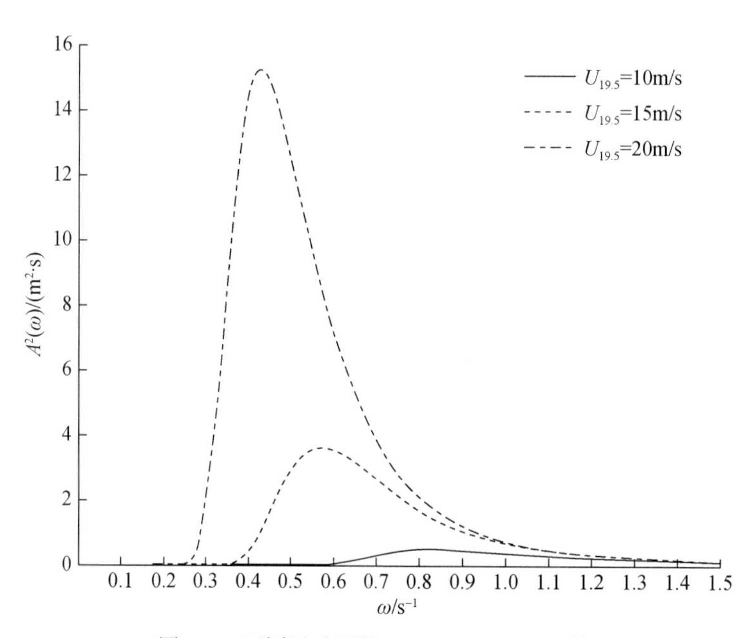

图 2-3　不同风速下的 Pierson-Moskowitz 谱

由图 2-3 可知：

（1）与 Neumann 谱类似，Pierson-Moskowitz 谱中仅包含海面风速参量 $U_{19.5}$；

（2）随风速的增长，Neumann 谱比 Pierson-Moskowitz 谱增长快；

（3）与 Neumann 谱类似，Pierson-Moskowitz 谱极值所对应的频率为

$$\omega_m = \sqrt{\frac{2}{3}}\frac{g}{U_{19.5}} \tag{2-10}$$

2.2.3 JONSWAP 谱

1968～1969 年，英国、荷兰、美国、德国等开展了联合北海波浪计划（Joint North Sea Wave Project，JONSWAP），在北海海域进行了系统的海浪观测，并提出了如下形式的风浪频谱：

$$A^2(\omega) = \alpha g^2 \frac{1}{\omega^5}\exp\left[-\frac{5}{4}\left(\frac{\omega_0}{\omega}\right)^4\right]\gamma^{\exp\left[-\frac{(\omega-\omega_0)^2}{2\sigma^2\omega_0^2}\right]} \tag{2-11}$$

式中，γ 为峰升高因子；σ 为峰形产量；g 为重力加速度；ω_0 为谱峰频率；α 为无因次风区 $\tilde{x} = gx/U_{10}^2$（x 为风区）的函数。当 $\tilde{x}$ 介于 10^{-1}～10^5时

$$\alpha = 0.076\,\tilde{x}^{-0.22} \tag{2-12}$$

当 $\tilde{x}$ 介于 10^2～10^4时

$$\alpha = 0.076\,\tilde{x}^{-0.4} \tag{2-13}$$

γ 为峰升高因子，定义为

$$\gamma = \frac{E_{max}}{E_{max}^{PM}} \tag{2-14}$$

式中，E_{max} 为 JONSWAP 谱峰值；E_{max}^{PM} 为 Pierson-Moskowitz 谱峰值。γ 的观测值为 1.5～6，平均值为 3.3；σ 为峰形参量，其值为

$$\sigma = \begin{cases} 0.07, & \omega \leqslant \omega_0 \\ 0.09, & \omega > \omega_0 \end{cases} \tag{2-15}$$

比较式（2-9）～式（2-11）可知，当 $\gamma = 1$ 时（对应大的风区）JONSWAP 谱与 Pierson-Moskowitz 谱近似；当 $\gamma = 3.3$ 时，JONSWAP 谱比 Pierson-Moskowitz 谱峰值显著增大，平均 JONSWAP 谱与 Pierson-Moskowitz 谱比较，如图 2-4 所示。

海面上不同高度处风速换算模型有很多种，应用较为普遍的为对数风速廓线模型（斯塔尔，1991）：

$$U_z = \frac{U_*}{0.4}\ln\left(\frac{z}{z_0}\right) \tag{2-16}$$

式中，z 为海面以上高度；U_z 为海面以上 z 高度处风速；U_* 为摩擦风速；z_0 为空气动力学粗糙长度，其计算方法为

$$z_0 = \frac{0.00156\,U_*^2}{g} \tag{2-17}$$

式中，U_* 为摩擦风速，在已知海面上 10m 高度处风速的情况下，其计算方法为

$$C_D = \left(\frac{U_*}{U_{10}}\right)^2 \tag{2-18}$$

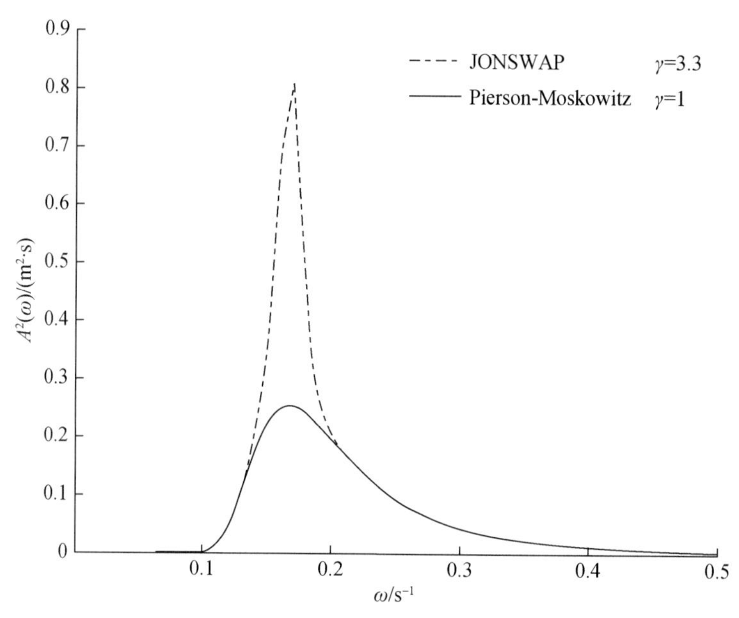

图 2-4 平均 JONSWAP 谱与 Pierson-Moskowitz 谱比较

式中，C_D为无因次的海面阻力系数，结合式（2-17）、式（2-18），经曲线拟合后可得

$$C_D = 0.00044\, U_{10}^{0.55} \tag{2-19}$$

至此，在已知海面上 10m 高度处风速的情况下，可以计算海面上其他高度处的风速大小。

以上三种海浪谱模型适用于描述已充分成长的海洋波浪。但是，海洋物理学的研究表明（Wu，1972；Phillips，1985；Shemdin et al.，1988；Apel and Jackson，2004）：海面较大尺度的波浪调制了较小尺度的海面粗糙度。而且根据 Wright 等（Wright，1966，1968；Valenzuela，1967）关于海面 Bragg（布拉格）共振散射理论，对入射雷达波产生主要贡献的是海洋表面张力波或短波长的重力波。因此，还应对海面小尺度的短表面波——毛细重力波（纹波）进行谱描述。

2.3 海面小尺度波浪的谱描述

2.3.1 毛细重力波的本征参量

根据流体力学理论，在两层流体的界面上或同一层流体的自由表面上，存在着由分子间的相互作用而产生的表面张力。表面张力的大小取决于所考虑的流体介质的种类和温度。在表面张力作用下出现的波动称为毛细波，在表面张力和重力共同作用下产生的波动称为毛细重力波。

对于深水中的重力波，有以下频率弥散关系：

$$\omega_g^2 = k_g g \tag{2-20}$$

式中，ω_g 为重力波角频率；g 为重力加速度；k_g 为重力波波数。再利用相速度计算公式 $C = \omega/k$，可得深水重力波相速度大小：

$$C_g = \sqrt{g/k_g} \tag{2-21}$$

可见深水重力波波速随波数增加而减小。

对于海面毛细波，有以下频率弥散关系：

$$\omega_c^2 = g\,k_c + \frac{\tau\,k_c^3}{\rho_w} \tag{2-22}$$

式中，k_c 为毛细波波数；τ 为海水表面张力；ρ_w 为海水密度。利用 $C = \omega/k$，可得海面毛细波相速度大小为

$$C_c = \left(\frac{g}{k_c} + \frac{\tau\,k_c}{\rho_w}\right)^{0.5} \geqslant \left(\frac{4g\tau}{\rho_w}\right)^{0.25} \tag{2-23}$$

当波数 k_c 较大时，重力作用可以忽略，由式（2-23）知，对于波数较大的海面毛细波，波速随波数的增加而增加，且毛细波最小相速度为

$$C_{cm} = \left(\frac{4g\tau}{\rho_w}\right)^{0.25} \tag{2-24}$$

式（2-24）当且仅当 $\frac{g}{k_c} = \frac{\tau\,k_c}{\rho_w}$ 时成立，在 20℃时，海水表面张力按 0.0742N/m 计，海水密度按 $1.007\times10^3\mathrm{kg/m^3}$ 计，可得海面毛细波的最小波数为

$$k_{cm} = \sqrt{\frac{g\rho_w}{\tau}} = 3.63\mathrm{rad/cm} \tag{2-25}$$

相应地，海面毛细波的最大波长为

$$\lambda_{cm} = 2\pi/k_{cm} = 1.73\mathrm{cm} \tag{2-26}$$

因此，对于海水短表面波，当波长小于 1.73cm 时，海水表面张力起主导作用，产生毛细波；当波长大于 1.73cm 时，波动受海水表面张力和短重力的共同作用，产生毛细重力波。随着波长的增加，表面张力作用迅速减弱，短重力波占主导地位。

2.3.2　基于 Phillips 共振理论的海面毛细重力波生成机制

根据海洋风浪生成理论（文圣常和余宙文，1984）和物理海洋学波动理论（富永政英，1984），海面风浪的产生、发展、传播以至消亡主要来源于（大）气-（海）水之间，以及波（浪）-波（浪）之间的相互作用。前者涉及风能与风成波浪之间的能量传递，用以解释风浪的生成机制；后者涉及风浪间的能量分配与转移，用以解释风浪的发展机制。根据现有的 SAR 图像海面溢油检测经验以及具体的海面观测实验（Hovland et al.，1994；Gade et al.，1998；Espedal and Wahl，1999；Fiscella et al.，2000；Jones，2001；Lu，2003；Torres et al.，2006），根据海面油膜性质、厚度、覆盖海面面积等特征的不同，适合 SAR 图像检测海面油膜的海面风速应小于 15m/s，当海面充分成长时，由于波浪的破碎作用，

海面油膜被破碎的海浪驱散；海浪破碎时产生海面泡沫又加剧了海面油膜的乳化、溶解过程。同时，海面破碎波在SAR图像上呈现出的高雷达后向散射，也使得海面油膜在SAR图像上被高亮的海杂波（sea cluster）信号所遮蔽以致无法被识别。因此，SAR图像海面油膜的检测主要适用于中低海况。Phillips于1957年提出的“共振”模型是比较有代表性的用于解释风浪生成的理论之一。根据Phillips共振理论，在风波生成的初始阶段，水面上出现不同频率的波动，其中波速和风对流速度相等的水波通过共振作用开始生长。设风对流速度为 U，风向与风生海面波的传播方向夹角为 α，风生海面波波数为 k，Phillips通过推导证明当式（2-27）成立时，最有利于风波的生长：

$$U\cos\alpha = \left(\frac{g}{k} + \frac{\tau k}{\rho_w}\right)^{0.5} \tag{2-27}$$

比较式（2-27）和式（2-23）可知，只有波速大小与风在该方向上投影风速大小相等的波动才能得以生长。这就是所谓的Phillips共振效应。由式（2-23）可知，对于式（2-27）存在以下关系式：

$$0 \leqslant \alpha \leqslant \cos^{-1}\left(\frac{4g\tau}{\rho_w U^4}\right)^{0.25} \tag{2-28}$$

另外，波的生成须由气流的压力起伏提供足够的能量，小尺度的涡动气流迅速被分子黏性所消耗（第3章将对海面油膜分子运动黏滞耗散作具体讨论），只有较大的尺度的涡动才能产生表面波动，因此，存在某一波数上限 k_{max}，Phillips（1957）经过计算证明，此波数上限 $k_{max}=3.63\text{rad/cm}$，即波长小于1.73cm时，表面波（毛细波）无法通过共振机制由风对流产生。根据Phillips共振理论，在风波生长的初始阶段，由小尺度的风压力起伏激发短波长的海面波比大尺度的风压力起伏激发长波长的海面波更为有效。因此，在海面风波的产生初期，首先产生了短重力波。Phillips通过研究还证明，在其后的风浪成长阶段共振效应依然存在，即波速等于海面风场对流速度的组成波也具有最有利的成长状态。

通过上述分析可知，在风浪成长初期，由于风通过对流向海面传递了能量，原本光滑的海面变得粗糙。而雷达正是利用了其对海面不同粗糙度的敏感而对海面进行侧视成像的。因而找到一种描述海面粗糙度的方法并将其与雷达后向散射特性相联系，是进行雷达图像海洋现象检测与识别的关键。

2.3.3 基于风波增长率模型的海面毛细重力波谱

由2.3.2节分析可知，海面毛细重力波的生成主要与海面风速、风向有关，并受海面状态影响。因此，海面毛细重力波的两个重要参量——波数、方向与海面风场的关系是研究海面毛细重力波谱的关键。Larson和Wright（1975）、Phillips（1985）、Plant（1986）、Donelan和Pierson（1987）等进行了一系列海洋短表面波波谱的相关研究工作。研究表明海面毛细重力波谱分布与海面风生毛细重力波增长率有关。因此，毛细重力波谱的大量研究工作是围绕风波增长率建模展开的。Plant风波增长率模型在短重力波区域与实测结果拟合较好，但在毛细波区域拟合结果不佳。Liu和Yan（1995）发现在考虑了黏滞损耗与海面风场扰动的情况下，可以弥补Plant风波增长率模型的不足，并进一步细分了黏滞损耗效应的两种不同情况：一种是在低风速条件下起主要作用的“分子运动黏滞损耗”；另一种是来自高波数海面波的“涡动黏滞损耗”。

Liu 和 Yan（1995）通过比较 Miles（1959）、Plant（1986）提出的三种风波增长率模型，认为在只考虑分子黏滞损耗的前提下，风波增长率应满足以下关系：

$$\frac{\beta}{\omega}=0.04\left(\frac{U_*}{c}\right)^2-\frac{4\nu k^2}{\omega} \tag{2-29}$$

式中，β 为风波增长率因子，s^{-1}；ω 为风波角频率；U_* 为摩擦风速；c 为风波相速度；ν 为分子运动黏滞系数；k 为风波波数。式（2-29）右边第一项表示风速对毛细重力波增长率的“正”贡献，第二项由于海水分子黏滞耗散效应对毛细重力波增长率的“负”贡献，这与 Lamb（1932）的短波耗散率物理方程吻合。因此，由分子黏滞损耗引起的风波增长率减少量（B_m）可以表示为

$$\frac{\beta_m}{\omega}=-\frac{4\nu k^2}{\omega} \tag{2-30}$$

式（2-29）形式简洁、物理机理清晰，在不考虑涡动黏滞效应和风生表面流以及风场抖动作用的前提下，可以比较好地用来描述风波增长率与波数等所涉及的各物理参数间的约束关系。由式（2-29）可知，欲使海面毛细重力波得以生长，即 $\beta>0$ 的最小摩擦风速 U_0 可以表示为

$$U_0=\left(\frac{4\nu kc}{0.04}\right)^{0.5} \tag{2-31}$$

对于涡动黏滞损耗，根据文圣常和余宙文（1984）关于涡动黏滞损耗的计算方法，Liu 和 Yan（1995）提出了一种与分子黏滞损耗表达式形式一致的，用于涡动黏滞损耗引起的风波增长率衰减的表达式：

$$\frac{\beta_e}{\omega}=-\frac{4\nu_e k^2}{\omega} \tag{2-32}$$

式中，ν_e 为涡动黏滞损耗系数，结合式（2-30）、式（2-32）可得分子黏滞损耗和涡动黏滞损耗引起的风波增长率变化 β_{m+e} 为

$$\frac{\beta_{m+e}}{\omega}=-\frac{4(\nu+\nu_e)k^2}{\omega} \tag{2-33}$$

因此，式（2-31）中最小摩擦风速 U_0 可以表示为

$$U_0=\left[\frac{4(\nu+\nu_e)kc}{0.04}\right]^{0.5} \tag{2-34}$$

根据 Banner 和 Phillips（1974）的流体运动破碎理论，当自由表面上流体粒子的运动速度大于其相速度时，流体处于运动学不稳定状态。这种不稳定状态是引起波浪破碎的原因。据此波浪破碎理论可知，处于长波波峰处的海面毛细重力波遇到速度大于其波速的、由长波引起的表面流时，海面毛细重力波的部分能量将被该表面流消耗。Liu 和 Yan（1995）进一步的研究发现由长波引入的表面流速与长波轨道速度成正比，并提出了一种由风生表面流引起的风波（负）增长率模型：

$$D=1-\exp\left[\frac{-c^2}{(\alpha_1\cos^2\phi+\alpha_2\sin^2\phi)m_0}\right] \tag{2-35}$$

式中，ϕ 为海面毛细重力波与平均风向的夹角；α_1 是无量纲常数，数量上等于沿风向方向长波引入的表面流速与长波轨道速度之比（以 a 表示），与长波引入的表面流中未参与水平对流部分所占比例（以 b 表示）之积的倒数（$1/ab$），对于上、下风向，α_1 值稍有不同；α_2 与 α_1 意义类似，为与风向正交方向上的作用系数；m_0 为长波轨道速度方向谱的零阶矩。Liu 和 Yan（1995）给出的经验公式为

$$m_0 \propto \begin{cases} U_{10}^2 & \text{对于开阔海域} \\ (U_* - 5\text{cm/s})^2 & \text{对于风洞} \end{cases} \tag{2-36}$$

结合式（2-33）、式（2-35）、式（2-36），对于开阔海域，同时考虑了分子黏滞损耗、涡动黏滞损耗、风生表面流以及平均风场扰动等对风波增长率的影响，并将大尺度的风场扰动平均到小尺度局地区域，Liu 和 Yan 提出了一种风波增长率模型

$$\frac{\beta}{\omega} = 0.04\left(\frac{U_*}{c}\right)^2 \exp\left[-\frac{4(\nu+\nu_e)k^2\gamma}{0.04\left(\frac{U_*}{c}\right)\omega}\right] \times \left\{1 - \exp\left[\frac{-c^2}{(\alpha_1\cos^2\phi + \alpha_2\sin^2\phi)\,m_0}\right]\right\} \tag{2-37}$$

式中，ω 为风生海面波浪角频率；γ 为控制分子黏滞耗散与涡动黏滞耗散程度的参量，与局地摩擦风速方差有关，Liu 和 Yan（1995）给出的经验公式为

$$\gamma = 0.12\omega^{0.5} \tag{2-38}$$

根据流体力学（潘文全，1982）理论，涡动黏滞耗散只有在高波数的毛细重力波存在的情况下才发生显著黏滞耗散作用，且最低波数满足式（2-25），即只有波长小于 1.73cm 的毛细重力波才具有明显的涡动黏滞耗散效应。由 Bragg 共振散射理论可知，在平均入射角为 30°的情况下，只有当入射波长小于 1.73cm，即入射雷达波频率约为 17.3GHz（Ku 波段）时，才发生显著的涡动黏滞损耗效应。目前，暂无业务化运行的此波段星载 SAR，因此，涡动黏滞损耗效应暂不在本书研究范围之内。此时，式（2-37）简化为

$$\frac{\beta}{\omega} = 0.04\left(\frac{U_*}{c}\right)^2 \exp\left[-\frac{4\nu k^2\gamma}{0.04\left(\frac{U_*}{c}\right)\omega}\right] \times \left\{1 - \exp\left[\frac{-c^2}{(\alpha_1\cos^2\phi + \alpha_2\sin^2\phi)\,m_0}\right]\right\} \tag{2-39}$$

为了替换分子运动黏滞损耗因子 ν，Liu 和 Yan（1995）采取了一种经验公式以简化运算，将式（2-38）改写为以下形式：

$$\frac{\beta}{\omega} = 0.04\left(\frac{u_* - \delta}{c}\right)^2 \times \left\{1 - \exp\left[\frac{-c^2}{(\alpha_1\cos^2\phi + \alpha_2\sin^2\phi)\,m_0}\right]\right\} \tag{2-40}$$

式中，δ 为产生毛细重力波的最小摩擦风速（摩擦风速阈值），且有

$$\delta = \begin{cases} 3.0\text{cm/s} & \text{对于 } C \text{ 波段} \\ 5.0\text{cm/s} & \text{对于 } Ku \text{ 波段} \end{cases} \tag{2-41}$$

可见，通过引入经验参数 δ 替代了分子黏滞损耗效应，降低了运算复杂度。但是，本书的研究对象涉及海面油膜，其运动黏滞系数与海水相比差异较大［20℃时水的运动黏滞系数为 $1.007\times10^{-6}\text{m}^2/\text{s}$（潘文全，1982），通常石油分子运动黏滞系数为 $n\times10^{-6}\text{m}^2/\text{s}$，$n$ 为 1～5000］。后面将对由于油膜与海水分子运动黏滞系数间的差异产生的海面雷达后向

散射差异做进一步分析。

综合式（2-30）、式（2-40），通过能量平衡方程（Hasselmann，1962，1963；Kitaigorodskii，1983），可以得到 Liu 和 Yan（1995）提出的海面毛细重力波方向谱如下所示：

$$\Phi(k,\phi) = m\,k^{-4}\left(\frac{U_* - \delta}{c}\right)^2 \times \left\{1 - \exp\left[\frac{-c^2}{(\alpha_1 \cos^2\phi + \alpha_2 \sin^2\phi)\,U_{10}^2}\right]\right\} D_w(\phi) \quad (2\text{-}42)$$

式中，k 为毛细重力波波数；ϕ 为海面平均风场方向与毛细重力波方向之间的夹角；m 为毛细重力波谱的传播系数，是一个无量纲的经验常数；$D_w(\phi)$ 为风场方向的传递函数。

$$m = \frac{1}{280} \quad (2\text{-}43)$$

$$D_w(\phi) = \sec h^2(h\phi) \quad (2\text{-}44)$$

$$h = 1.4 \quad (2\text{-}45)$$

并且，

$$\alpha_1 = \begin{cases} 0.0003 \times 1.2^2 & \text{长波浪背风侧} \\ 0.0006 \times 1.2^2 & \text{长波浪迎风侧} \end{cases} \quad (2\text{-}46)$$

$$\alpha_2 = 0.00005 \times 1.2^2 \quad (2\text{-}47)$$

式（2-42）中涉及的其他各参量计算方法如下：

摩擦风速 U_* 依式（2-18）、式（2-19）计算；

δ 依式（2-41）计算；

c 依式（2-23）计算。

2.4　海面斜率的概率分布模型

海面斜率的概率分布是粗糙海面电磁波散射模型建立的基础，因此，选择合理的海面斜率概率密度函数是进行海面雷达后向散射估计的关键。本节讨论了几种经典的海面斜率概率分布模型，分析了其特点与应用条件。

2.4.1　高斯分布

海面斜率服从正态分布时的海面称为高斯（Gaussian）分布海面。一般地，设迎风与侧风方向上海面斜率分别为 ζ_u 与 ζ_c；均方斜率（mean square slope，即斜率方差）分别为 σ_u^2 与 σ_c^2，则高斯分布海面的波面斜率概率密度函数可表示为（Valenzuela et al.，1971；Liu et al.，2000）：

$$f(\zeta_u,\zeta_c) = \frac{1}{\sqrt{2\pi}\,\sigma_u\,\sigma_c}\exp\left[-\frac{1}{2}\left(\frac{\zeta_u^2}{\sigma_u^2} + \frac{\zeta_c^2}{\sigma_c^2}\right)\right] \quad (2\text{-}48)$$

当 $\sigma_u = \sigma_c$ 时，海面为各向同性的高斯分布；当 $\sigma_u \neq \sigma_c$ 时，海面为各向异性的高斯分布。

关于波面均方斜率，前人进行了较多的研究。例如，徐德伦和于定勇（2001）取风速为 14m/s，风区为 200km，利用 Hasselmann 方向谱计算的结果表明，海面服从各向同性的高斯分布，且波面均方斜率近似为0.019；而利用 Donelan 谱计算的结果表明，海面服从各向异性的高斯分布，且 $\sigma_u = 0.026$，$\sigma_c = 0.011$。此外，比较有代表性的海面均方斜率模型还包括：

（1）Hasselmann 等（1973）根据充分成长海浪的 JONSWAP 谱（见2.2.3节）提出了一种波面均方斜率经验模型（Hasselmann et al.，1973；Liu et al.，1997）

$$\begin{aligned}\sigma_g^2(K, U_{10}) &= \sigma_{gu}^2 + \sigma_{gc}^2 \\ &= [0.0033 + 0.0088\ln U_{10}] \\ &\quad + 0.00219\left[\ln\frac{K^2}{K^2 + 100^2} - \ln\frac{(6\pi)^2}{(6\pi)^2 + 100^2}\right]\end{aligned} \tag{2-49}$$

（2）Phillips（1977）基于充分成长海面重力波谱提出的一种不考虑毛细波覆盖的“光滑”海面的波面均方斜率模型

$$\sigma_g^2 = \sigma_{gu}^2 + \sigma_{gc}^2 = 0.0046 + 0.0092\ln U_{10} \tag{2-50}$$

（3）Wu（1994）通过实验观测提出的海面均方斜率模型：

$$\sigma_g^2 = \sigma_{gu}^2 + \sigma_{gc}^2 = 0.009 + 0.012\ln U_{10} \tag{2-51}$$

（4）Liu 等（2000）等结合 Cox 和 Munk（1954）的观测数据，提出了一种无表面膜覆盖的非“光滑”海面波面均方斜率经验模型

$$\sigma_g^2 = \sigma_{gu}^2 + \sigma_{gc}^2 = 0.0103 + 0.0092\ln U_{10} \tag{2-52}$$

对于以上模型均有

$$\sigma_{gc}^2 = 0.9\,\sigma_{gu}^2 \tag{2-53}$$

高斯分布适合于描述低海况条件下的海面斜率分布（董庆和郭华东，2005），当海浪由低海况向高海况发展时，波面高度（从而波面斜率）越来越不符合高斯分布。

2.4.2 Gram-Charlier 分布

大尺度海面波浪上分布的小尺度寄生毛细重力波通常会造成海面斜率的非正态分布。Cox 和 Munk（1954）通过对实验观测结果的分析，认为迎风向与侧风向上波面斜率分布与波面高度一样，服从 Gram-Charlier 分布。并且利用航拍海面阳光耀斑（sun glitter）的方法，给出了该分布的具体形式：

$$f(\zeta_x, \zeta_y) = \frac{1}{2\pi S_x S_y}\exp\left[-\frac{1}{2}\left(\frac{\zeta_x^2}{S_x^2} + \frac{\zeta_y^2}{S_y^2}\right)\right] \times F(\zeta_x, \zeta_y) \tag{2-54}$$

式中，x、y 分别为迎风向和侧风向，且有

$$\begin{aligned}F(\zeta_x, \zeta_y) = 1 &- \frac{1}{2}C_{21}\left(\frac{\zeta_y^2}{S_y^2} - 1\right)\frac{\zeta_x}{S_x} - \frac{1}{6}C_{03}\left(\frac{\zeta_x^3}{S_x^3} - 3\frac{\zeta_x}{S_x}\right) + \frac{1}{24}C_{40}\left(\frac{\zeta_x^4}{S_x^4} - 6\frac{\zeta_y^2}{S_y^2} + 3\right) \\ &+ \frac{1}{4}C_{22}\left(\frac{\zeta_y^2}{S_y^2} - 1\right)\left(\frac{\zeta_x^2}{S_x^2} - 1\right) + \frac{1}{24}C_{04}\left(\frac{\zeta_x^4}{S_x^4} - 6\frac{\zeta_x^2}{S_x^2} + 3\right)\end{aligned} \tag{2-55}$$

其中

$$
\left.\begin{aligned}
C_{21} &= (0.01 - 0.0088\,U_{10}) \pm 0.03 \\
C_{03} &= (0.04 - 0.034\,U_{10}) \pm 0.12 \\
C_{40} &= (0.40 \pm 0.23) \\
C_{22} &= (0.12 \pm 0.06) \\
C_{04} &= (0.23 \pm 0.41) \\
S_x^2 &= 0.005 + 0.78 \times 10^{-3}\,U_{10} \\
S_y^2 &= 0.003 + 0.84 \times 10^{-3}\,U_{10}
\end{aligned}\right\} \tag{2-56}
$$

当海面斜率较小时，Gram-Charlier 分布可以在一定程度上改善海面小尺度毛细波对大尺度波浪分布的影响。但是当海面斜率较大时（或者入射角较大时），高斯分布与 Gram-Charlier 分布在描述海面斜率分布时误差较大（Liu et al.，1997）。

2.4.3　Liu 分布

Liu 等（1997）针对 Cox 和 Munk 波面斜率概率密度函数模型的不足，参考 Longuet-Higgins（1963）的波幅、周期概率分布理论，结合 Cox 和 Munk（1954）的测量结果以及 ERS 散射计反演算法，提出了一种基于谱峰度系数、斜度系数的波面斜率概率密度函数模型（Liu et al.，1997），该模型如下所示：

$$
f(\zeta_x,\zeta_y) = \frac{n}{2\pi(n-1)\,\sigma_{\mathrm{u}}\,\sigma_{\mathrm{c}}} \times \left[1 + \frac{\zeta_x^2}{(n-1)\,\sigma_{\mathrm{u}}^2} + \frac{\zeta_y^2}{(n-1)\,\sigma_{\mathrm{c}}^2}\right]^{-(n+2)/2} + f_{\mathrm{sk}}(\zeta_x,\zeta_y) \tag{2-57}
$$

式中，ζ_x 和 ζ_y 为迎风向和侧风向的波面斜率，σ_{u} 和 σ_{c} 为迎风向和侧风向的均方波面斜率；n 为波面斜率的峰度系数，用于描述重力波区域的非线性波-波交互效应。当 $n=10$ 时，Liu 分布近似为 Gram-Charlier 分布；当 $n\to\infty$ 时，Liu 分布近似为高斯分布。$f_{\mathrm{sk}}(\zeta_x,\ \zeta_y)$ 为波面斜率的斜度系数函数，用于描述海洋短表面波与长波浪的非线性耦合效应，其具体形式为

$$
f_{\mathrm{sk}}(\zeta_x,\zeta_y) = \frac{1}{2\pi\sigma_{\mathrm{u}}\,\sigma_{\mathrm{c}}}\exp\left[-\left(\frac{\zeta_x^2}{2\,\sigma_{\mathrm{u}}^2} + \frac{\zeta_y^2}{2\,\sigma_{\mathrm{c}}^2}\right)\right]\frac{1}{6}\,\lambda_{\mathrm{sk}}\cos\phi\left[\left(\frac{\zeta_x^2}{\sigma_{\mathrm{u}}^2} + \frac{\zeta_y^2}{\sigma_{\mathrm{c}}^2}\right)^{3/2} - 3\left(\frac{\zeta_x^2}{\sigma_{\mathrm{u}}^2} + \frac{\zeta_y^2}{\sigma_{\mathrm{c}}^2}\right)^{1/2}\right] \tag{2-58}
$$

式中，ϕ 为雷达照射方向相对于上风向的方位角（取值$-\pi\sim+\pi$）；λ_{sk} 为斜度系数，根据海面风速的不同取值不同，具体形式为

$$
\text{当}U_{10} = \begin{cases} 3\mathrm{m/s} \\ 10\mathrm{m/s} \\ 17\mathrm{m/s} \\ 24\mathrm{m/s} \end{cases}\text{时},\ \lambda_{\mathrm{sk}} = \begin{cases} -0.001 \\ -0.025 \\ -0.070 \\ -0.150 \end{cases} \tag{2-59}
$$

由于 λ_{sk} 因次较高，近似计算情况下也可以忽略不计。其余参数与式（2-57）相同。

基于 Liu 和 Yan（1995）海面毛细重力波谱密度函数，Liu 等（1997）提出了一种毛细重力波均方波面斜率模型，如下所示：

$$\sigma_{w}^{2}(K,U_{10})=\sigma_{u}^{2}+\sigma_{c}^{2}=0.000012\,U_{10}^{2.1}\times\ln\left(\frac{K^{2}}{25000}+1\right) \tag{2-60}$$

式中，K 为海面毛细重力波波数，对于 C 波段雷达所观测到的海面毛细重力波，$K=111\text{rad/m}$。且迎风向与侧风向上的波面均方斜率 σ_{wu}^{2}、σ_{wc}^{2} 满足如下关系：

$$\sigma_{wc}^{2}=0.5\,\sigma_{wu}^{2} \tag{2-61}$$

综合考虑海面大尺度长波浪和小尺度毛细重力波的综合倾斜效应时，可以认为海面大、小两种尺度的波浪斜率为相互独立的随机变量，因此，海面均方斜率可以表示为（Liu et al.，2000）

$$\sigma^{2}=\sigma_{g}^{2}+\sigma_{w}^{2} \tag{2-62}$$

式中，σ_{g}^{2}、σ_{w}^{2} 分别为海面重力波与毛细重力波的均方波面斜率。

2.5 海面微波散射模型

具有代表性的描述粗糙海面的电磁波散射模型包括：适用于小入射角（0°~20°）的镜点散射模型、适用于小尺度起伏的粗糙表面和中等入射角（20°~70°）的 Bragg 散射模型、适用于不能明确区分尺度起伏的较为复杂粗糙表面的二尺度散射模型与改进的复合表面散射模型。由于 SAR 海面后向散射的过程十分复杂，目前还没有一种能够完全描述海面微波散射特征的模型，目前应用较为广泛的模型是 Bragg 散射模型与改进的复合表面散射模型。此外，星载 SAR 卫星观测海洋的入射角范围一般在 20°~50°，在中等风速海况条件下，Bragg 散射是星载 SAR 海洋观测的主要散射。

2.5.1 镜点散射模型

如果海面曲率半径 R_x、R_y 与入射电磁波波长相比足够大，即

$$(R_{x}^{2}+R_{y}^{2})^{0.5}k\cos^{3}\theta \gg 1 \tag{2-63}$$

式中，k 为入射电磁波波数；θ 为入射角。则可以近似地认为散射发生在海面上每个散射点的正切平面上，散射过程可以用物理光学或 Kirchhoff 近似法求解。根据建立的有限导体随机粗糙表面散射模型（Barrick，1968；Valenzuela，1978），海面单位面积雷达散射截面与粗糙海面斜率的联合概率密度成正比，即

$$\sigma(\theta)=\pi\sec^{4}\theta f(\zeta_{X,}\,\zeta_{Y})\,|\text{SP.}\times|R(0)|^{2} \tag{2-64}$$

式中，θ 为入射角；$f(\zeta_{X,}\,\zeta_{Y})\,|\text{SP.}$ 为海面上与入射电磁波垂直的镜点反射面斜率的联合概率密度，X 为入射方向，Y 与 X 方向正交；$R(0)$ 为法线方向的菲涅尔（Fresnel）反射系数，垂直极化与水平极化的菲涅尔反射系数分别为（Ulaby et al.，1987）

$$R_{VV}(\theta)=\frac{-(\varepsilon_{2}/\varepsilon_{1})\cos\theta+\sqrt{(\varepsilon_{2}/\varepsilon_{1})-\sin^{2}\theta}}{(\varepsilon_{2}/\varepsilon_{1})\cos\theta+\sqrt{(\varepsilon_{2}/\varepsilon_{1})-\sin^{2}\theta}} \tag{2-65}$$

$$R_{HH}(\theta)=\frac{\cos\theta-\sqrt{(\varepsilon_{2}/\varepsilon_{1})-\sin^{2}\theta}}{\cos\theta+\sqrt{(\varepsilon_{2}/\varepsilon_{1})-\sin^{2}\theta}} \tag{2-66}$$

式中，ε_1、ε_2 为分界面上下两层介质的相对电容率（介电常数），当入射空间（上层）介质为空气时，ε_1 取值近似为1。

理论和实验研究证明：镜点散射模型［式（2-64）］主要适用于天顶角附近入射时的雷达后向散射截面估计。例如，Cox 和 Munk（1954）利用太阳光耀斑（sun glitter）现象研究海面斜率分布问题，Stogryn（1967）利用模型［式（2-64）］研究微波海面亮温，以及 Berger（1972）利用卫星雷达高度计研究海面后向散射特性等。但是，当入射角较大时（如大于30°），对入射雷达波后向散射起主导作用的将是海面小尺度的短重力波和毛细重力波。其散射机理可以用 Bragg 共振散射机制解释。不同入射角范围对应的海面电磁波散射模型如图2-5所示。

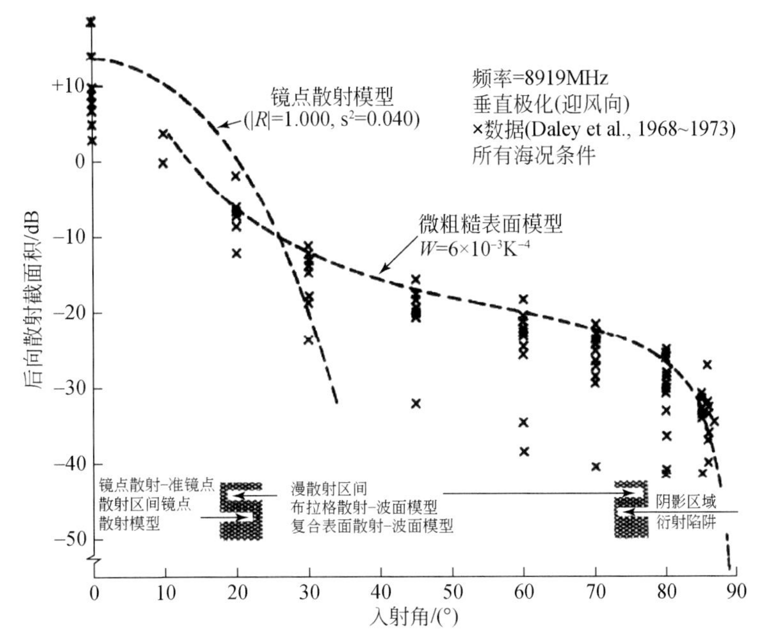

图2-5　不同入射角时海面雷达后向散射截面（以X波段、垂直极化为例）及相应的散射模型（改自 Valenzuela，1978）

2.5.2　布拉格共振散射模型

布拉格（Bragg）散射，又称布拉格共振散射，其物理机制实际上是光学上的光栅原理。由线性海浪理论可知，粗糙海面可以看作多个平面波线性叠加，而电磁波散射也是一个线性过程。因此，粗糙海面中各个不同波分量在远场区（远离海面的情形）相干叠加，进而增强了具有一定尺度的周期性结构的散射，同时削弱了其他周期性结构的散射。当雷达电磁波的路程差等于电磁波波长的整数倍时，就会发生布拉格共振（Wright，1966）。产生布拉格共振的海面波动的波长与入射电磁波的波长满足以下关系：

$$\lambda_B = n\lambda_R \sin\phi / 2\sin\theta \tag{2-67}$$

式中，λ_B 为微尺度波的波长；n 为产生 n 阶布拉格散射，其中一阶对应的布拉格散射回波最强；λ_R 为雷达电磁波波长；ϕ 为波向与雷达波平面所成的角度；θ 为局地入射角。当波向与雷达电磁波面平行时，产生一阶布拉格散射，其海浪波长与电磁波波长满足如下关系：

$$\lambda_B = \lambda_R / 2\sin\theta \tag{2-68}$$

式（2-68）中，波长为 λ_R、入射角为 θ 的电磁波与雷达视线垂直的波长为 λ_B 的微尺度波发生布拉格共振散射（图 2-6），因此，波长为 λ_B 的微尺度波也称为布拉格波。

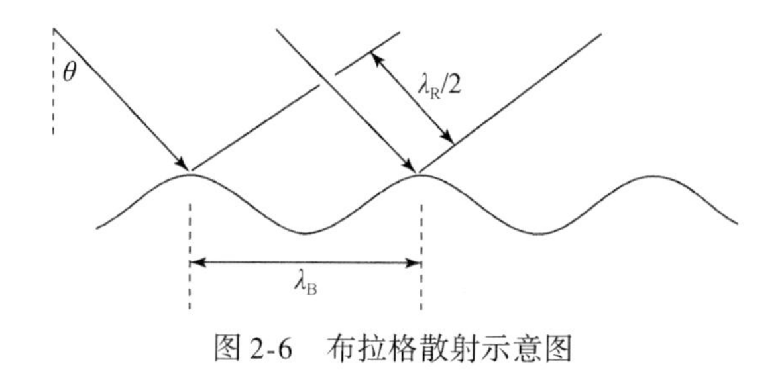

图 2-6　布拉格散射示意图

根据电磁散射扰动理论，在一阶近似条件下，粗糙海面单位面积内对应的后向散射截面可以表示为（Wright，1968）

$$\sigma_0^{(1)}(\theta)_{ij} = 4\pi k^4 \cos^4\theta \, |g_{ij}^{(1)}(\theta)|^2 W(2k\sin\theta, 0) \tag{2-69}$$

式中，$k = 2\pi/\lambda$ 为入射电磁波的波数；θ 为入射角；ij 分别为入射和接收电磁波的极化方式；$W(2k\sin\theta,\ 0)$ 为海面粗糙度的二维波数谱密度；$g_{ij}^{(1)}(\theta)$ 为一阶散射系数。具体可以表示为

$$g_{HH}^{(1)}(\theta) = \frac{\varepsilon_r - 1}{[\cos\theta + (\varepsilon_r - \sin^2\theta)^{1/2}]^2} \tag{2-70}$$

$$g_{VV}^{(1)}(\theta) = \frac{(\varepsilon_r - 1)[\varepsilon_r(1+\sin^2\theta) - \sin^2\theta]}{[\varepsilon_r\cos\theta + (\varepsilon_r - \sin^2\theta)^{1/2}]^2} \tag{2-71}$$

式中，$\varepsilon_r = \varepsilon'_r + i\varepsilon''_r$ 为海水复相对介电常数，与海水表面温度、海水盐度以及电磁波频率有关。当与入射电磁波有关的海面粗糙度振幅逐渐增大时，需要考虑布拉格散射的二阶甚至高阶项对散射的贡献（Valenzuela，1968；何宜军等，2015）。

2.5.3　组合模型

组合模型，又称为复合表面散射模型，该模型同时考虑镜面散射与布拉格共振散射的综合效应，将粗糙海面视为由大小两种尺度复合而成。即组合模型假设海面是由叠加在大振幅长波浪上的无数个微粗糙的小面散射元组成的，小面元受长波浪波面斜率分布的影响发生倾斜。海面净后向散射功率密度由单位海面上大尺度长波浪的镜点散射与微粗糙小面元按长波浪波面斜率分布的布拉格共振散射共同决定，海面雷达后向散射系数可以表示为（Wright，1966；Barrick，1968；Valenzuela，1978；Donelan and Pierson，1987；Apel，1994；Liu et al.，1997）

$$\sigma_0 = \sigma_0^{\mathrm{R}} + \sigma_0^{\mathrm{B}} \tag{2-72}$$

式中，σ_0^{R} 和 σ_0^{B} 分别为基于镜点散射和 Bragg 共振散射的海面雷达后向散射系数。

假设不考虑倾斜调制效应时，小面元为水平面 H，法线方向为 $\widehat{\boldsymbol{n}}_0$；电磁波入射面为垂直面 V，入射角为 θ；与入射面 V 垂直的平面设为 P，且有 $P \perp V = \widehat{\boldsymbol{n}}_0$，如图 2-7 所示。

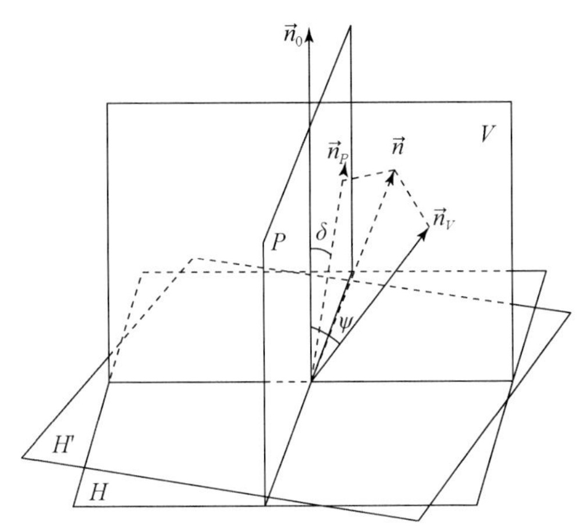

图 2-7 复合表面模型波面倾斜调制几何关系图

当海面存在长重力波时，由于其倾斜调制作用，小面元 H 变为 H'，其法线方向为 $\widehat{\boldsymbol{n}}$。设 $\widehat{\boldsymbol{n}}$ 在面 V 上投影为 $\widehat{\boldsymbol{n}}_{\mathrm{V}}$，在面 P 上投影为 $\widehat{\boldsymbol{n}}_{\mathrm{P}}$，且有

$$\widehat{\boldsymbol{n}}_0 \cdot \widehat{\boldsymbol{n}}_{\mathrm{V}} = \cos\psi \tag{2-73}$$

$$\widehat{\boldsymbol{n}}_0 \cdot \widehat{\boldsymbol{n}}_{\mathrm{P}} = \cos\delta \tag{2-74}$$

则微粗糙小面元 H' 的本地入射角为

$$\theta_i = \cos^{-1}[\cos(\theta + \psi)\cos\delta] \tag{2-75}$$

微粗糙小面元 H' 的单位面积雷达后向散射截面积 $\sigma_0(\theta_i)_{ij}$ 为（Valenzuela，1968；Valenzuela et al.，1971）

对于水平极化：

$$\sigma_0(\theta_i)_{\mathrm{HH}} = 4\pi k^4 \cos^4\theta_i \left| \left(\frac{\alpha\cos\delta}{\alpha_i}\right)^2 g_{\mathrm{VV}}^{(1)}(\theta_i) + \left(\frac{\sin\delta}{\alpha_i}\right)^2 g_{\mathrm{HH}}^{(1)}(\theta_i) \right|^2 \times W(2k\alpha, 2k\sin\delta) \tag{2-76}$$

对于垂直极化：

$$\sigma_0(\theta_i)_{\mathrm{VV}} = 4\pi k^4 \cos^4\theta_i \left| \left(\frac{\alpha\cos\delta}{\alpha_i}\right)^2 g_{\mathrm{HH}}^{(1)}(\theta_i) + \left(\frac{\sin\delta}{\alpha_i}\right)^2 g_{\mathrm{VV}}^{(1)}(\theta_i) \right|^2 \times W(2k\alpha, 2k\gamma\sin\delta) \tag{2-77}$$

对于交叉极化：

$$\begin{aligned}\sigma_0(\theta_i)_{\mathrm{VH}} &= \sigma_0(\theta_i)_{\mathrm{HV}} \\ &= 4\pi k^4 \cos^4\theta_i \left(\frac{\alpha\sin\delta\cos\delta}{\alpha_i^2}\right)^2 \left| g_{\mathrm{HH}}^{(1)}(\theta_i) - g_{\mathrm{VV}}^{(1)}(\theta_i) \right|^2 \\ &\quad \times W(2k\alpha, 2k\sin\delta)\end{aligned} \tag{2-78}$$

其中

$$\alpha_i = \sin\theta_i \tag{2-79}$$

$$\alpha = \sin(\theta + \psi) \tag{2-80}$$

$$\gamma = \cos(\theta + \psi) \tag{2-81}$$

$g_{\mathrm{HH}}^{(1)}(\theta_i)$ 和 $g_{\mathrm{VV}}^{(1)}(\theta_i)$ 如式（2-70）、式（2-71）所示。

根据组合模型，基于布拉格共振散射的海面雷达后向散射系数为

$$\sigma_0^{\mathrm{Sea}}(\theta)_{ij} = \int_{-\infty}^{+\infty} \mathrm{d}(\tan\psi) \int_{-\infty}^{+\infty} \mathrm{d}(\tan\delta)\, \sigma_0(\theta_i)_{ij} P(\tan\psi, \tan\delta) \tag{2-82}$$

式中，$P(\tan\psi,\ \tan\delta)$ 为入射方向 X、与 X 正交方向 Y 上，海面大尺度波浪的波面斜率联合概率密度函数。

2.5.4 改进的复合表面散射模型

为了解决布拉格散射模型与二尺度模型无法描述归一化雷达后向散射截面的相对变化以及顺风与逆风的不对称问题，Romeiser 等（1997）基于布拉格共振散射理论，建立了一种改进的组合散射模型。该模型将归一化雷达后向散射截面在二维海面斜率处泰勒展开，产生非零二阶项，近似表示所有海面波浪对布拉格散射截面单元的几何与水动力调制。归一化雷达后向散射截面随所有海面波浪的波高谱密度的变化而改变，并且依赖于雷达的频率、极化、入射角和视向。

根据布拉格散射理论，对于水平参考面倾斜足够大的面元，其后向散射系数可以表示为

$$\sigma_0 = 8\pi k^4 \cos^4\theta\, |b(\theta)|^2 [\psi(k_{\mathrm{B}}) + \psi(-k_{\mathrm{B}})] \tag{2-83}$$

式中，k 为入射电磁波的波数；θ 为入射角；k_{B} 为布拉格波的波数矢量振幅；b 为复散射系数。对于水平极化 b_{HH} 和垂直极化 b_{VV} 分别表示为（Romeiser et al.，1994）

$$b_{\mathrm{HH}} = \frac{\varepsilon}{(\cos\theta + \sqrt{\varepsilon})^2} \tag{2-84}$$

$$b_{\mathrm{VV}} = \frac{\varepsilon^2(1 + \sin^2\theta)}{(\varepsilon\cos\theta + \sqrt{\varepsilon})^2} \tag{2-85}$$

式中，ε 为相对介电常数。通常情况下，对于具有平行与垂直于雷达视向的斜率分量 s_{p}、s_{n} 的海面微倾斜布拉格散射面元，式（2-83）可以改写为

$$\begin{aligned}\sigma_0^{\mathrm{HH}} &= 8\pi k^4 \cos^4\theta_i [\psi(k_{\mathrm{B}}) + \psi(-k_{\mathrm{B}})] \cdot \\ &\quad \left| \left[\frac{\sin(\theta - s_{\mathrm{p}})\cos s_{\mathrm{n}}}{\sin\theta_i}\right]^2 b_{\mathrm{HH}}(\theta_i) + \left(\frac{\sin s_{\mathrm{n}}}{\sin\theta_i}\right)^2 b_{\mathrm{VV}}(\theta_i) \right|^2 \\ &= T(s_{\mathrm{p}}, s_{\mathrm{n}})[\psi(k_{\mathrm{B}}) + \psi(-k_{\mathrm{B}})]\end{aligned} \tag{2-86}$$

式中，θ_i 为局地入射角，可以表示为

$$\theta_i = \cos^{-1}[\cos(\theta - s_{\mathrm{p}})\cos s_{\mathrm{n}}] \tag{2-87}$$

布拉格波的波数矢量的振幅 k_{B} 和方向 φ_{B} 的表达式分别为

$$k_{\mathrm{B}} = 2k\sqrt{\sin^2(\theta - s_{\mathrm{p}}) + \cos^2(\theta - s_{\mathrm{p}})\sin^2 s_{\mathrm{n}}} \tag{2-88}$$

$$\varphi_B = \varphi_0 + \arctan \frac{\cos(\theta - s_p)\sin(-s_n)}{\sin(\theta - s_p)} \tag{2-89}$$

布拉格波的波高谱密度 ψ 与海面高度 ζ 可以通过如下关系表示：

$$\iint \psi(k)\, d^2k = \langle \zeta^2 \rangle \tag{2-90}$$

入射电磁波的部分能量在面元的几何截面位置处也会随着海面高度 ζ 与斜率 $S=(s_p, s_n)$ 的变化发生改变，即朝向雷达天线方向，具有一定高度或者倾斜的面元具有较大的有效散射面积。Romeiser 等（1994，1997）定义了一校正的局地归一化散射截面 σ 用于区分和 σ_0 之间的差异，使用一个权重函数 w 来解释几何调制：

$$\sigma = w\,\sigma_0 \tag{2-91}$$

其中，权重函数 w 定义为

$$w = \frac{H_0^2}{(H_0 - \zeta^2)} \frac{\cos(\theta - s_p)}{\cos\theta \cos s_p} \tag{2-92}$$

式中，H_0 为雷达天线距离海面的高度。海面斜率 S 与海面高度 ζ 的关系表示为

$$S = (s_p, s_n) = \left(\frac{\partial \zeta}{\partial x}, \frac{\partial \zeta}{\partial y}\right) \tag{2-93}$$

将 σ 在水平参考平面内进行空间和时间平均得到代表参考平面内所有面元贡献的平均值 $\langle \sigma \rangle$。Romeiser 等（1994，1997）推导关于 $\langle \sigma \rangle$ 高阶贡献表达式，将 $\langle \sigma \rangle$ 分解为不同调制机制的六个分量之和，分别表示纯几何调制、倾斜调制和水动力调制二阶近似与一阶纯几何调制、倾斜调制和水动力调制产生的交叉项。

2.6 合成孔径雷达海面成像机理

2.6.1 合成孔径雷达工作基本原理

合成孔径雷达是一种主动微波成像雷达，工作的电磁波波长一般在1cm～1m，利用电磁波的散射进行距离测量与目标探测。SAR 利用脉冲压缩技术实现高距离向分辨率，采用多普勒频移理论和雷达相干为基础的合成孔径技术提高方位向分辨率。SAR 成像的几何示意图如图 2-8 所示。其中，天线的照射方向与卫星飞行方向垂直，从卫星到地面待探测目标的距离称为斜距，斜距到地面的投影称为地距，斜距方向与地面法线方向的夹角称为入射角；与雷达平台飞行方向平行的方向称为方位向，与方位向垂直的方向称为距离向。

2.6.2 合成孔径雷达系统参数

SAR 对地物目标的成像与雷达波的频率、极化和照射几何有关（郭华东等，2000）。对于任一给定的雷达系统，其工作的频率是固定的，尽管其主要系统参数会随着成像模式

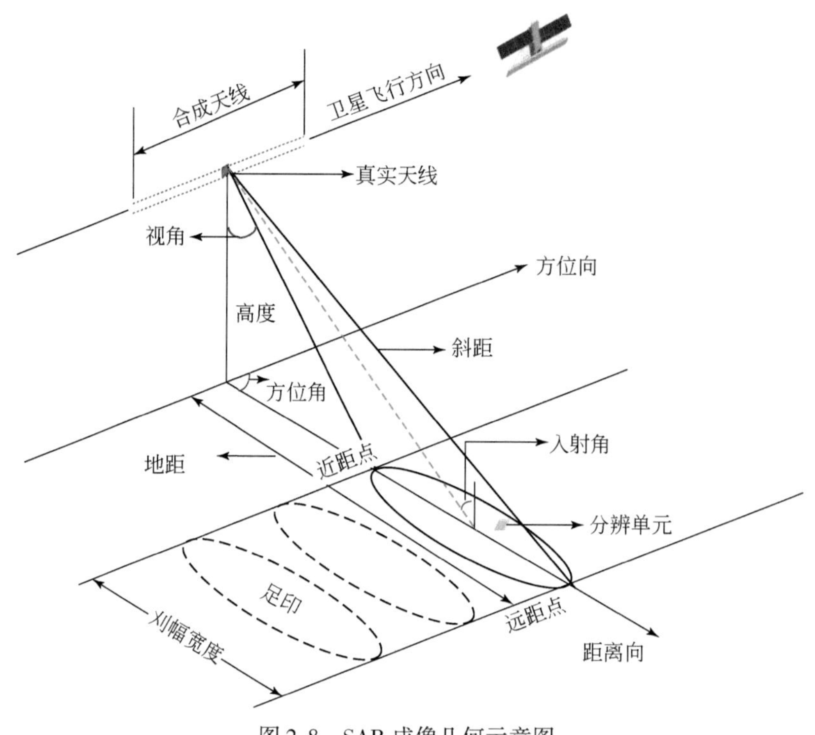

图 2-8　SAR 成像几何示意图

的不同而不同，但其范围是相对确定的。以下将介绍四个常用的系统参数。

1. 频率、波长与波数

雷达的频率、波长与波数是相互联系的，其相互转换关系如下：

$$\lambda = \frac{c}{f} \text{ 或 } f = \frac{c}{\lambda} \tag{2-94}$$

$$k = \frac{2\pi}{\lambda} \tag{2-95}$$

式中，c 为光速（3×10^8m/s）；λ 为波长；f 为频率；k 为波数。

频率、波长与波数是重要的系统参数。短波长雷达系统的空间分辨率高，相应地，能量要求也高。另外，频率/波长也影响了目标粗糙度以及穿透能力的大小，以及这些参数变化引起的后向散射的变化。

2. 极化

所谓极化是指电磁波电场振动方向的变化趋势。电磁波经过传播、反射、散射与绕射后会发生电场矢量的改变，即发生去极化现象。当电磁波的轨迹在垂直于电磁波传播方向为椭圆状时称为椭圆极化，在特殊情况下，可以表征为线极化或者圆极化。不同极化的不同回波是对应电场方向与地物目标相互作用的结果，现有 SAR 系统主要采用线极化波。线极化是指电场方向不随时间的变化，分为水平极化（H）与垂直极化（V）。其中，水平极化是指电场矢量与入射平面垂直，而垂直极化则表示电场矢量与入射平面平行。当发射与接收的都是水平极化或者垂直极化的电磁波，则获取的是同极化（HH 或者 VV），反之，若发射与接收的电磁波的极化方式不同则称为交叉极化（HV 或者 VH）。不同地物目标与地形在同极化与交叉极化图像上存在差异，因此，多极化的雷达图像提供更丰富的信息，便于地物目标的识别与分类。

3. 入射角

雷达入射波束与当地大地水准面垂线间的夹角称为入射角。入射角是影响雷达后向散射及图像上目标物因叠掩或透视收缩产生位移的主要因素（郭华东等，2000）。一般来说，来自分散的散射体的反射率随着入射角的增加而降低。当地表具有一定坡度时，引入本地入射角，本地入射角的改变会影响雷达的后向散射，这取决于目标物的粗糙度和其变化的程度。

4. 雷达视向/地物走向

雷达视向以及地物走向的不同对后散射回波有很大影响。当地物不对称且飞行平行于构造主轴线时，回波很强；当雷达照射方向与地物走向平行时，回波较弱（郭华东等，2000）。

2.6.3 合成孔径雷达脉冲压缩技术

SAR 利用脉冲压缩技术提高距离向分辨率。对于简单的脉冲（单频）发射波，其持续时间 T_p 越短，对应距离向分辨率越高，但如果脉冲持续时间过短，回波信号的平均功率（或能量）过低，信噪比 SNR 达不到要求，不利于在噪声背景下监测信号。假定脉冲重复周期为 T，脉冲峰值功率为 P_p，平均功率 P_{av} 可以表示为

$$P_{av} = \frac{T_p}{T} P_p \tag{2-96}$$

由于峰值功率受器件技术的限制，并且系统费用开支随发射机的功率的增大而增加。因此，在保持平均功率不变的情况下，缩短脉冲时间等价于增大峰值功率。

SAR 系统普遍采用脉冲压缩技术解决发射脉冲持续足够长的时间以维持回波信号的能量，同时不降低距离分辨率的问题。脉冲压缩技术主要是按照波形调制发射脉冲的幅度或相位，在接收端经过压缩处理使得接收脉冲仿佛是由短脉冲产生的。

线性调频脉冲信号技术是高精度 SAR 系统普遍采用的模拟相位编码技术。假定具有线性频率特征的脉冲波形如下：

$$S(t) = \cos(2\pi f_e t + \pi k t^2), \text{其中} |t| \leqslant \frac{T_p}{2} \tag{2-97}$$

式中，k 为调频斜率；t 为时间。其瞬时频率为

$$f = \frac{1}{2\pi}\frac{\partial \varphi}{\partial t} = \frac{1}{2\pi}\frac{\mathrm{d}(2\pi f_e t + \pi K_c t^2)}{\mathrm{d}t} = f_e + K_c t, \text{其中} |t| \leqslant \frac{T_p}{2} \tag{2-98}$$

式中，f_e 为载频；K_c 为脉冲压缩率。$S(t)$ 的频率范围从 $f_e - |K_c|\frac{T_p}{2}$ 到 $f_e + |K_c|\frac{T_p}{2}$，因此，带宽 B 可以表示为

$$B = |K_c| T_p \tag{2-99}$$

信号理论指出，带宽为 B 的信号可以等价处理为持续时间为 $\tau = \frac{1}{B}$ 的脉冲，通过脉冲压缩技术可以达到距离向分辨率为

$$\rho_\tau = \frac{c\tau}{2} = \frac{c}{2B} = \frac{c}{2|K_c|T_p} \tag{2-100}$$

脉冲压缩比（PCR）定义为压缩前简单脉冲对应长度与压缩后等脉冲压缩的比值，即 $\mathrm{PCR} = \frac{T_p}{\tau} = T_p B = |K_c|T_p^2$，它反映脉冲压缩引起的距离向分辨率的改进，这种改进可以达到 10^5。

2.6.4 合成孔径雷达孔径合成技术

在距离向利用脉冲压缩技术提高距离向分辨率的同时，同样需要使用一种技术进行方位向压缩，从而提高方位向分辨率。对于装在匀速飞行平台上的雷达，合成孔径技术利用实际的小天线在飞行中不同位置的回波信号叠加后获得一个等效于大孔径天线所能获得的信号，从而提高方位向分辨率，是 SAR 最根本的技术。

孔径合成的原理主要可以从两个方面来进行理解：一是合成阵列法，二是多普勒合成法，以下分别对这两种方法进行说明。

1. 合成阵列法

雷达平台以匀速 V 飞行时，假设其实际天线长度为 D_s，地面目标 P 从进入波束照射区到离开该波束照射区的时间 T_s（称为合成孔径时间或积分时间）内，其雷达回波的幅度与相位信息均被记录下来，然后通过积分运算合成一个线阵列（图 2-9）。天线在合成孔径时间内移动的距离 $L_s = VT_s$ 为合成孔径长度，相当于一个大的真实孔径雷达的天线长度，等于雷达波束在地面方位向的照射宽度，即 $L_s = \frac{R\lambda}{D_s}$，$\lambda$ 表示雷达波长。

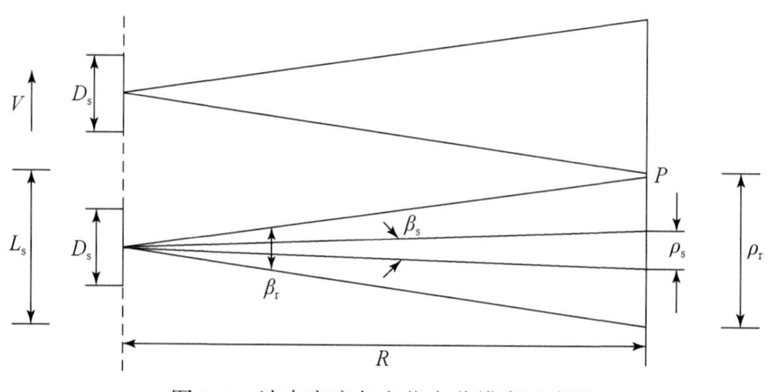

图 2-9　波束宽度与方位向分辨率示意图

由于雷达天线阵同时收发，合成孔径的形成需要双程路径，其方位向有效波束宽度 $\beta_s = \frac{\lambda}{2L_s}$，因此，可以得到 SAR 的方位向分辨率 $\rho_s = \beta_s R = \frac{D_s}{2}$，是 SAR 所能达到的最佳方

位向分辨率。这表明ρ_s与构成合成孔径的天线长度有关，与波长和距离无关，实际天线的长度越小，所能达到的方位向分辨率越高。

2. 多普勒合成法

在频率域分析雷达回波信号，可以发现其频率发生变化，这种频移是由天线和反射目标之间的相对运动造成的，称为多普勒频移。雷达平台以匀速V飞行时，随着地面目标P进入波束，来自P的回波先有一个正的多普勒频移，然后频移逐渐降低为零，随着P慢慢退出波束，频移逐渐变为负值（图2-10）。如果雷达的发射信号的频率为f_0，则来自P的回波谱覆盖$f_0 \pm f_D$频段，其带宽$2f_D$称为多普勒带宽，具体表示为

$$f_D = \frac{2V}{\lambda}\sin\frac{\beta_r}{2} \approx \frac{V\beta_r}{\lambda} \tag{2-101}$$

根据雷达方位向波束宽度$\beta_r = \frac{\lambda}{D_s}$，则$f_D = \frac{V}{D_s}$。考虑目标点$P$与在方位向相邻距离为$x$的目标点多普勒频移特性相同，不同的是只存在一个时间差。理论上，通过对多普勒带宽为$2f_D$的信号进行处理，所能分辨出最短的时间差$t_{min} = \frac{1}{2f_D} = \frac{D_s}{2V}$。于是，最佳的方位向分辨率可以表示为$\rho_s = V t_{min} = \frac{D_s}{2}$，合成阵列法得到的方位向分辨率相同。

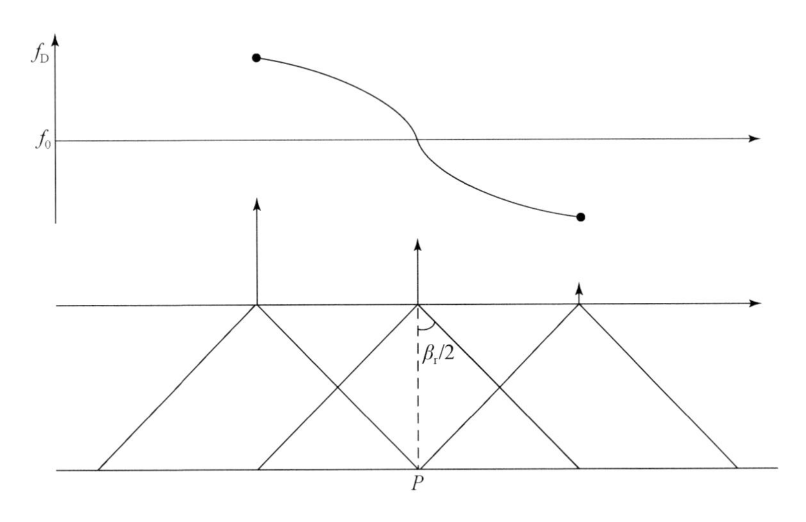

图2-10　目标多普勒频移示意图

在中等风速（5～15m/s）的海况条件和中等入射角（20°～70°）的情况下，星载SAR对海面成像时，接收到来自粗糙海面的每个散射元的后向散射回波主要由微尺度波的布拉格散射机制控制，即长波长的海浪通过对海面微尺度波的调制，从而使海浪在SAR上成像（Alpers et al., 1981；Hasselmann et al., 1985；董庆和郭华东，2005）。上述调制作用包括倾斜调制、水动力调制和速度聚束调制。

2.6.5 冻结海面的成像机理

冻结海面的SAR海浪成像主要包括倾斜调制、水动力调制和距离向聚束调制。倾斜调制是由长波引起的局地入射角的变化，是一种纯几何效应。水动力调制是由于长波改变海洋表面，生成辐聚与辐散区，引起微尺度波振幅的变化。距离向聚束调制是由沿长波的坡度变化引起有效后向散射截面的变化。

倾斜调制作用在任何过程中都存在，其大小与雷达对平均海面的观测角度和微尺度波能量的谱分布有关（图2-11）。倾斜调制是一种线性调制过程，沿距离向传播的海浪调制效果最明显。对于高波数谱和较大介电常数，倾斜调制传递函数 T_k^t 可以近似表示如下（Wright，1968；何宜军等，2015）。

对于垂直极化：

$$T_k^t = 4\mathrm{i}k_{\mathrm{R}}\sin\varphi\cot\theta/(1+\sin^2\theta) \tag{2-102}$$

对于水平极化：

$$T_k^t = 8\mathrm{i}k_{\mathrm{R}}\sin\varphi/\sin2\theta \tag{2-103}$$

式中，θ 为雷达入射角；k_{R} 为雷达入射波数；φ 为长波传播方向与SAR飞行方向的夹角。

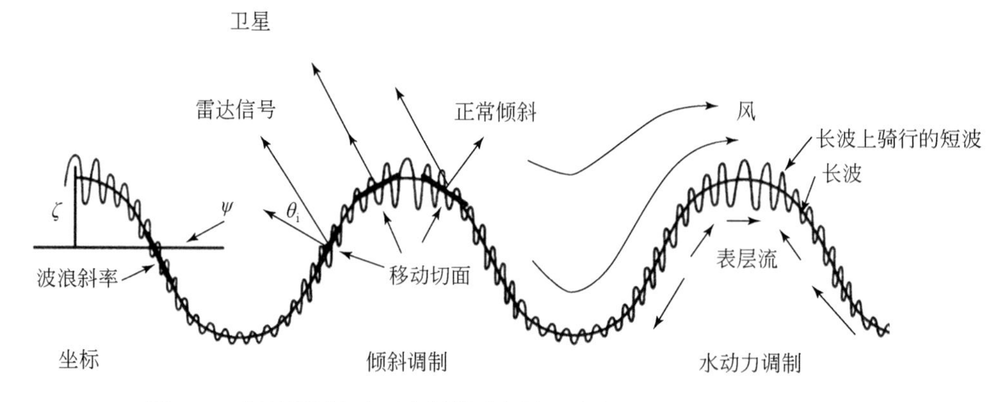

图2-11　倾斜调制和水动力调制示意图（改自 Jackson and Apel，2004）

水动力调制主要反映长波和微尺度波的流体力学相互作用，主要对沿距离向传播的海浪起作用，也是一种线性调制过程（图2-11）。利用长波和微尺度波相互作用的二尺度水动力模型可以获得水动力调制传递函数表达式。通过引入松弛因子 μ 与复反馈因子 $Y_{\mathrm{r}}+\mathrm{i}Y_i$，水动力调制传递函数 T_k^h 表达式可以表示为（Keller and Wright，1975；Feindt，1985）

$$T_k^h = 4.5\,k_{\mathrm{R}}\omega\frac{\omega-\mathrm{i}\mu}{\omega^2+\mu^2}\left(\frac{k_{\mathrm{R}y}^2}{k_{\mathrm{R}}^2}+Y_{\mathrm{r}}+\mathrm{i}\,Y_i\right) \tag{2-104}$$

式中，ω 为海浪的角频率；$k_{\mathrm{R}y}$ 为 y 方向波数。

距离向聚束调制也是一种线性调制过程，其传递函数 T_k^{rb} 表达式为

$$T_k^{rb} = \frac{\mathrm{i}k_{\mathrm{R}}}{\tan\theta} \tag{2-105}$$

2.6.6　海面的运动效应

前面假设海面是静态的，事实上，海浪无时无刻不在运动，进而影响 SAR 成像。SAR 海浪成像的运动效应包括速度聚束与速度模糊。其中，速度聚束是沿方位向传播的长波浪引起 SAR 图像在其上升面沿方位向正向位移，对应下降面沿方位向方向位移。如果海浪振幅不算大，海浪波长是位移量的几倍，可以近似为线性调制，即使忽略海浪的倾斜调制、水动力调制与距离向聚束调制作用，波峰附近也在 SAR 图像上呈现黑暗特征，在波谷附近呈现明亮特征（杨劲松，2005；何宜军等，2015）。沿着反方位向传播的海浪，波峰附近与波谷附近在 SAR 图像呈现的图像特征与沿着方位向传播情况相反，即波峰附近在 SAR 图像上呈现明亮特征，在波谷附近呈现黑暗特征。若是海浪振幅较大，海浪波长位移量大于一个波长，此时距离向聚束调制表现为高度非线性，进而导致 SAR 图像模糊并导致部分沿方位向传播的海浪（高于某个波数）被截断，即限制了 SAR 在方位向可探测海浪波长范围。

距离向聚束调制是 SAR 特有的调制作用，其在方位向作用最强，在距离向作用最弱。图 2-12 所示为速度聚束调制示意图，其调制传递函数 T_k^{vb} 表达式可以表示为

$$T_k^{vb} = -\frac{R}{V}k_{Rx}\omega\left(\cos\theta - \mathrm{i}\sin\theta\frac{k_R\sin\varphi}{k_R}\right) \tag{2-106}$$

式中，R 为斜距；V 为雷达卫星飞行速度；k_{Rx} 为 x 方向波数；其他参数与倾斜调制与水动力调制函数对应参数一致。

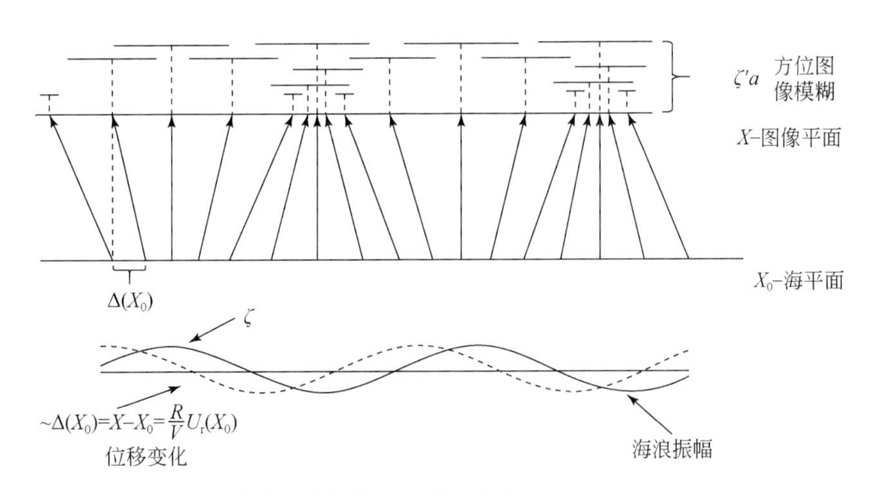

图 2-12　距离向聚束调制示意图（改自 Jackson and Apel，2004）

由于存在速度聚束调制现象，SAR 无法探测小于某一阈值的海浪，其截止的波长称为方位向截止波长。一般认为，合成孔径雷达截止波长与斜距 R、平台飞行速度 V、距离向速度分量 U_r、入射角 θ、有效波高 H 以及风速等相关，SAR 最小可探测方位向截止波长 L_{min} 存在如下经验关系（Jackson and Apel，2004）。

$$L_{\min} = R\sqrt{H}/V \tag{2-107}$$

由式（2-107）可知，SAR 最小可探测方位向截止波长与斜距和有效波高成正比，与雷达卫星飞行速度成反比。对一确定的雷达卫星，其飞行速度与 SAR 成像时的入射角基本是确定的，因此 $L_{\min}$ 主要受风速海况影响。

参考文献

董庆，郭华东，2005. 合成孔径雷达海洋遥感 . 北京：科学出版社 .

富永政英，1984. 物理海洋学波动理论 . 北京：科学出版社 .

郭华东，等，2000. 雷达对地观测理论与应用 . 北京：科学出版社 .

何宜军，邱仲锋，张彪，2015. 海浪观测技术 . 北京：科学出版社 .

朗 M W，1983. 陆地和海洋的雷达反射特性 . 陈春林，顾昌贤译 . 北京：国防工业出版社 .

罗滨逊，1989. 卫星海洋学 . 吴克勤，沈继刚，葛瑞卿，等译 . 北京：海洋出版社 .

潘文全，1982. 流体力学基础 . 北京：机械工业出版社 .

斯塔尔，1991. 边界层气象学导论 . 徐静琪，杨殿荣译 . 青岛：青岛海洋大学出版社 .

斯图尔特 R H，1992. 空间海洋学 . 徐柏德，沙兴伟译 . 北京：海洋出版社 .

文圣常，余宙文，1984. 海浪理论与计算原理 . 北京：科学出版社 .

徐德伦，于定勇，2001. 随机海浪理论 . 北京：高等教育出版社 .

杨劲松，2005. 合成孔径雷达海面风场海浪和内波遥感技术 . 北京：海洋出版社 .

Alpers W，Ross D B，Rufenach C L，1981. On the detectability of ocean surface waves by real and synthetic aperture radar. Journal of Geophysical Research：Atmospheres，86：6481-6498.

Apel J R，1994. an improved model of the ocean surface wave vector spectrum and its effects on radar backscatter. Journal of Geophysical Research，99（C8）：16269–16291.

Apel J R，Jackson C R，2004. Synthetic aperture radar marine user's manual. Washington DC：U. S. Department of Commerce，NOAA.

Banner M L，Phillips O M，1974. On the incipient breaking of smallscale waves. Journal of Fluid Mechanics，4：647-656.

Barrick D E，1968. Roughsurface scattering based on the specular point theory. IEEE Transactions on Antennas and Propagation，18：718-719.

Berger T，1972. Satellite altimetry using ocean backscatter. IEEE Transactions on Antennas and Propagation，20（3）：295-309.

Cox C，Munk W，1954. Statistics of the sea surface derived from sun glitter. Journal of Marine Research，13（2）：198-227.

Donelan M A，Pierson W J，1987. Radar scattering and equilibrium range in wind- generated waves with application to scatterometry. Journal of Geophysical Research，92：4971-5029

Espedal H A，Wahl T，1999. Satellite SAR oil spill detection using wind history information. International Journal of Remote Sensing，20（1）：49-65.

Feindt F，1985. Radar backscattering experiments in a wind- wave tunnel on clean surfaces on surfaces covered with a surface film，in the X band（9. 8 GHz）. Hamburg：Hamburg University.

Fiscella B，Giancaspro A，Nirchio F，et al.，2000. Oil spill detection using marine SAR images. International Journal of Remote Sensing，21（18）：3561-3566.

Gade M，Alpers W，Wismann V R，et al.，1998. On the reduction of the radar backscatter by oceanic surface films: scatterometer measurements and their theoretical interpretation. Remote Sensing of Environment, 66: 52-70.

Hasselmann K, 1962. On the non- linear energy transfer in a gravity wave spectrum. Part 1. Journal of Fluid Mechanics, 12: 481-500.

Hasselmann K, 1963. On the non- linear energy transfer in a gravity wave spectrum. Part 2. Journal of Fluid Mechanics, 15: 273-281.

Hasselmann K, Barnett T P, Bouws E, et al., 1973. Measurements of wind-wave growth and swell decay during the Joint North Sea Wave Project (JONSWAP) . Deutsche Hydrographischen Zeitschrift, A80 (12): 7-94.

Hasselmann K, Raney R K, Plant W J, et al., 1985. Theory of synthetic aperture radar ocean imaging: a MARSEN view. Journal of Geophysical Research: Atmospheres, 90: 4659-4686.

Hovland H, Johannessen J, Digranes G, 1994. Norwegian surface slick report. Nansen Environmental and Remote Sensing Center, Bergen, Norway.

Jackson C R, Apel J R, 2004. Synthetic aperture radar marine user's manual. Washington DC: NOAA.

Jones B, 2001. A comparison of visual observations of surface oil with Synthetic Aperture Radar imagery of the sea empress oil spill. International Journal of Remote Sensing, 22 (9): 1619-1638.

Keller W C, Wright J W, 1975. Microwave scattering and the straining of wind-generated waves. Radio Science, 10: 139-147.

Kitaigorodskii K A, 1983. On the theory of the equilibriuim range in the spectrum of wind- generated gravity waves. Journal of Physical Oceanography, 13: 816-827.

Lamb H, 1932. Hydrodynamics. 6th ed. Cambridge: Cambridge University Press.

Larson T R, Wright J W, 1975. Wind- generated gravity- capillary waves: laboratory measurements of temporal growth rates using microwave backscatter. Journal Fluid Mech, 70: 417-436.

Liu Y, Yan X, 1995. The wind-induced wave growth rate and the spectrum of the gravity-capillary waves. Journal of Physical Oceanography, 25 (12): 3196-3218.

Liu Y, Yan X H, Liu W T, 1997. Theprobability density function of ocean surface slopes and its effects on radar backscatter. Journal of Physical Oceanography, 27: 782-797.

Liu Y, Su M, Yan X, 2000. The mean- square slope of ocean surface waves and its effects on radar backscatter. Journal of Atmospheric and Oceanic Technology, 17: 1092-1105.

Longuet-Higgins M S, 1963. The generation of capillary gravity waves by steep gravity waves. Journal of Fluid Mechanics, 16: 138-159.

Lu J, 2003. Marine oil spill detection, statistics and mapping with ERS SAR imagery in south- east Asia. International Journal of Remote Sensing, 24 (15): 3013-3032.

Miles J W, 1959. On the generation of surface waves by shear flow. Part2. Journal of Fluid Mechanics, (6): 568-582.

Phillips D H, 1957. On the generation of waves by turbulent wind. Journal of Fluid Mechanics, 2 (5): 417-445.

Phillips M, 1977. The dynamics of the upper ocean. London: Cambridge University Press.

Phillips O M, 1985. Spectral and statistical properties of the equilibrium range in the wind- generated gravity waves. Journal of Fluid Mechanics, 156: 505-531.

Plant W J, 1986. A two- scale model of short wind- generated waves and scatterometry. Journal of Geophysical Research, 91: 10735-10749.

Romeiser R, Schmidt A, Alpers W, 1994. A three- scale composite surface model for the ocean wave- radar modulation transfer function. Journal of Geophysical Research: Oceans, 99: 9785-9801.

Romeiser R, Alpers W, Wismann V, 1997. An improved composite surface model for the radar backscattering cross section of the ocean surface: 1. Theory of the model and optimization/validation by scatterometer data. Journal of Geophysical Research: Oceans, 102: 25237-25250.

Shemdin O H, Tran H M, Wu S C, 1988. Directional measurement of short ocean waves with sterophotography. Journal of Geophysical Research, 93 (C11): 13891-13901.

Stogryn A, 1967. The apparent temperature of the sea at microwave frequencies. IEEE Transactions on Antennas and Propagation, 15 (2): 278-286.

Torres P J M, Vilas L G, Cuadrado M S, 2006. Use of ASAR images to study the evolution of the prestige oil spill off the galician coast. International Journal of Remote Sensing, 27 (10): 1931-1950.

Ulaby F T, Moore R K, Fung A K, 1987. Microwave remote sensing: active and passive. Norewood, MA: Artech House Inc.

Valenzuela G R, 1967. Depolarization of EM waves by slightly rough surface. IEEE Transactions on Antennas and Propagation, 15 (4): 552-557.

Valenzuela G R, 1968. Scattering of electromagnetic waves from a tilted slightly rough surface. Radio Science, 3: 1057-1066.

Valenzuela G R, 1978. Theories of the interaction of electromagnetic and oceanic waves—a review. Boundary Layer Meteorogy, 3: 64-85.

Valenzuela G R, Wright J W, 1976. The growth of waves by modulated wind stress. Journal of Geophysical Research, 81: 5795-5796.

Valenzuela G R, Laing M B, Daley J C, 1971. Ocean spectra for the high frequency waves as determined from airborne radar measurements. Journal of Marine Research, 29 (2): 69-84.

Wright J W, 1966. Backscattering from capillary waves with application to sea clutter. IEEE Transactions on Antennas and Propagation, 14: 749-754.

Wright J W, 1968. A new model for sea clutter. IEEE Transactions on Antennas and Propagation, 16: 217-223.

Wu J, 1972. Sea-surface slope and equilibrium wind-wave spectra. The Physics of Fliuds, 15 (5): 741-747.

Wu J, 1994. Altimeter wind and wind-stress algorithms-further refinement and validation. Journal of Atmospheric and Oceanic Technology, 11: 210-215.

第3章　海洋溢油污染物雷达遥感探测

3.1　概　　述

国外利用遥感技术进行业务化海面溢油监测由来已久。1983年，英国运输部下属的海洋污染控制联合会装备了一套由机载侧视雷达、红外/紫外扫描仪组成的海上溢油监视飞机，多次在英国海面溢油应急行动中发挥重要作用。1983年，荷兰运输和公共事业部赖斯瓦特斯塔斯北海管理局开始装备一架搭载了Terma X波段侧视机载雷达、Daedalus Enterprise ABS 3500紫外扫描仪、Rank Taylor Hobson Talytherm红外照相机（8～13 μm）和一个JVCKY-25下视摄像机的双涡轮螺旋桨飞机，执行每天一次的航空遥感溢油监测任务。1986年，德国联邦海事污染控制组织开始装备两架搭载了侧视机载雷达（SLAR）、红外/紫外线（IR/UR）扫描仪、摄像机等的Dornier Do-228飞机在北海和波罗的海上空执行监测任务，其中一架还装备了微波辐射仪，试图对被观察到的油膜参数进行量化分析。1986年，挪威污染控制局（SFT）部署了一架Fairchild MerlinⅢB双涡轮螺旋桨飞机进行海事监测。1998年，新的海事监测系统MSS5000投入运行，至今仍在使用。该系统由一个侧视雷达、一个红外扫描仪、一个紫外扫描仪组成。如今，SFT通过获取所有过境的宽刈幅、中等分辨率雷达卫星图像（如ERS-1/2、RADARSAT-1、Envisat-1等），检测其中可疑的溢油污染海域，并派飞机现场勘查。1991年欧洲航天局ERS系列合成孔径雷达卫星相继发射以后，雷达卫星遥感图像立即被应用到海上溢油监视系统中，至今已形成能够业务化运行的海洋溢油SAR识别与监测系统（Solberg et al.，1999）。1994年，由挪威航天中心和Kongsberg防卫与宇航公司联合成立的、位于挪威Tromsø的Kongsberg卫星服务公司（KSAT）开始为欧洲最终用户提供近实时的卫星遥感溢油监测服务（https://www.ksat.no/earth-observation/environmental-monitoring/oil-spill-detection-service/）（在卫星过境1h内提供溢油点地理坐标）。1999年，挪威Kongsberg Spacetec公司、雅典国家天文台气象和大气环境物理研究所（IMPAE）以及希腊、德国、西班牙等国的研究所、公司等单位参与，历时3年成功开发了“环境监测、预警和应急处理系统”（ENVISYS）。其溢油监测模块可以通过互联网实时下载地面站接收的过境卫星数据，自动收集气象、水文等辅助数据信息，并自动对所获取的遥感数据作处理分析，解译人利用该系统提供的GIS、RDBM以及GUI工具，可以方便地对可疑海上溢油做出进一步的处理分析。

在应用SAR进行海面溢油检测之前，人们已经开始了可见光光谱分析法、红外辐射测量法、微波辐射测量法、紫外激光-荧光法等许多海面溢油遥感检测方法研究，并取得了许多具有科学和应用价值的研究成果（Belore，1982；Ulaby et al.，1987；Hengstermann and Reuter，1990；Salisbury et al.，1993；Geraci et al.，1993）。由于海面油膜厚度通常介于纳米—微米量级，依靠接收太阳光反射或者直接测量海面油膜自身发射能量进行海面油膜检测的卫星光学传感器受灵敏度限制，目前还达不到高分辨率溢油检测的能力，这在一定程度上限制了面向海面溢油检测的光学遥感应用水平。自从1978年世界上第一颗搭载SAR的海洋卫星Seasat成功发射之后，SAR在海洋观测领域上的卓越能力立即引起了包括物理学、地质学、大气科学等世界各国相关领域研究人员的广泛兴趣。SAR利用其有别于传统光学遥感的独特视角，为看似杂乱无章的浩瀚海洋提供了一种全息成像的可能。尤其是近年来，随着德国TerraSAR-X、加拿大RADARSAT-2、意大利COSMO-SkyMed 1/2等高分辨率SAR相继成功发射，业务化运行SAR的最高分辨率可达1m，这极大提升了SAR的高分辨率地物探测能力与应用水平。因此本书的相关研究主要针对SAR海面溢油遥感检测展开。

国内外科学家在应用遥感技术，特别是SAR进行海面油膜检测的研究，已经取得了显著的成效和广泛的应用。从流体动力学的角度看，海面溢油的存在阻尼了海水的短表面波（毛细波和短重力波）、减小了海水表面张力、改变了海面粗糙度，而SAR对粗糙度极为敏感，因此可用于海面溢油监测。应用SAR图像检测海面油膜，与光学图像相比具有如下显著特点：成像不受光照、云、雨、雾等气象条件限制；图像信息丰富、目标轮廓清晰、对比度好；分辨率高，能显现出更多的细节、能够精确地确定目标的大小、能更好地区分邻近目标的特征等。早在1984年Kasiscke等报道了SAR图像可用于检测海面油膜；同时应用Seasat卫星图像检测船舶泄漏油污的研究成果也被发表（Evans et al.，2005），证实了SAR图像用于检测海面油膜的可行性。

但是，当海面风速过低时，无法形成海面毛细波或短重力波，粗糙海面变得平静。这使得入射雷达波在海面主要发生镜面反射，雷达后向回波极弱，以至于海面回波信号淹没于系统噪声中，因而SAR无法对海面溢油目标成像。此外，根据Hovland等（1994）的研究报告，可能降低海面雷达Bragg共振散射的因素还包括海洋内波、上升流、生物油膜、油脂状海冰、低风速区等，如表3-1所示。这些都增加了海面油膜SAR遥感探测的复杂性和不确定性。因此，研究区分海面溢油与各种自然现象产生的“疑似油膜”（look-alikes）是SAR海面溢油识别与检测算法研究过程中需要重点解决的问题。

表3-1 SAR图像海面暗目标特征

海洋表面特征	SAR影像特征	可能出现的地理位置	环境条件	σ^0/dB	差值/dB	梯度/(dB/100m)
生物油膜	与海流相互作用时很容易改变形状	海岸带和上升流出现地区	在海面风速>7m/s时溶解	−24～−15	2.5～4.2	1.5～3.0和5
油脂状海冰	大面积的黑斑	主要沿冰线分布，但在大洋中也可出现	冬季或靠近冰线区的寒冷夜晚	−24～−14	13	1～2
低风速区	大面积的黑斑	随处可见	海面风速<3m/s	−24～−18	9.7	0.3～0.5

续表

海洋表面特征	SAR影像特征	可能出现的地理位置	环境条件	σ^0/dB	差值/dB	梯度/(dB/100m)
背风岬角	近岸边的黑色斑块	陆地边缘附近和峡湾地带	即使在很高风速的情况下也可出现(15m/s)	−24 ~ −12	6.8	1.5 ~ 3.0
垂直对流降雨系统	具有云团状特征黑色中心斑	热带地区	滂沱大雨和强风	−24 ~ −8	3.5 ~ 15	0.1 ~ 0.3 1.4 ~ 5.0
海洋内波	一系列平行的暗亮相间的条带	海山附近或较浅水域；大陆架边缘和海流切变区	风速<8m/s	−24 ~ −8	0.8	0.4 ~ 1.0
波浪、海流沿剪切带的相互作用	狭窄的或亮或暗条带，具弧形特征	强海流地区	风速小于 12m/s	−24 ~ −8	2 ~ 6.3	0.2 ~ 0.4
上升流	黑斑	表面海流散开处，主要出现在海岸带附近	风速小于 8m/s	−24 ~ −8		
污染性油膜	黑斑	不受地形位置限制	风速为 10 ~ 12m/s	−3.9 和 −19.9 ~ −7	0.6 ~ 9.8	1.7
海底油气藏烃类渗漏油膜	黑斑	常与有利的油气圈闭构造位置一致	风速<6m/s	−24 ~ −10	2 ~ 4	1.5 ~ 3.0

Solberg 等（2007）基于 ERS-1/2、Envisat ASAR、RADARSAT-1 等传感器 SAR 图像灰度均一性估计海面风速，以此动态设置窗口阈值，实现了 SAR 图像海面油膜自动提取。并计划在挪威海面溢油项目（NORUT-IT）中研发一种基于 ERS SAR 图像的海面风场反演算法，并用于业务化海面溢油识别系统中。在对象识别过程中 Solberg 采用了基于贝叶斯概率的方法计算了所提取目标的十余种统计量参数，如方差–均值比（PMR）、复杂度（complexity）、一阶平面矩（first invariant planar moment）、对比度（contrast）等。Brekke 和 Solberg（2008）在此基础上还计算了目标纹理特征、目标梯度等，共计 20 余个统计量，计算了海面溢油分类规则，经检验识别准确率达 94% 以上。Fiscella 等（2000）采用基于马哈拉诺比斯距离 r_j^2 的方法以克服基于最小欧几里得距离分类器的算法，以及基于先验概率的统计方法，实现了海面油膜检测。Nirchio 等（2005）在 Fiscella 方法的基础上，改进了概率分布函数，提高了油膜识别精度。Frate 等（2000）针对 ERS SAR 图像，将已知目标特征参数化为油膜和非油膜两个特征向量，采用多层感知神经网络（MLP NN）进行海面溢油识别，验证了人工神经网络方法在海面溢油识别上的可行性，并指出如果采用额外的大气及海况信息作为神经网络的输入，可以取得更好的识别分类效果。Topouzelis 等（2007）采用人工神经网络，针对泄漏原油与自然渗漏、大气锋面等自然现象，进行了海面溢油识别，引入平均 Haralick 纹理作为输入网络的一个特征参量，并声称取得了 89% 的识别成功率。Huang 等（2005）采用基于迎风格式偏微分方程（PDE）的 Level Set 方法进行了海面溢油特征的提取，有效地克服了图像分割时的尖锐突起和裂缝，特征边缘稳定光

滑，并且适用于图像噪声较高的情况。Gambardella 等（2007）发现利用共极化图像 HH 与 VV 相位差的标准偏差 $\sigma_{\varphi c}$ 可以用于海面溢油识别。并且 $\sigma_{\varphi c}=0°$ 表明两个共极化散射分量的幅度全相关，因而 φ_c 的概率密度函数（PDF）为 Dirac delta 脉冲函数；$\sigma_{\varphi c}>100°$ 表明两个共极化散射分量的幅度不相关，因而 φ_c 的概率密度函数为均匀分布函数。Fortuny-Guasch（2003）发现圆极化相关度（CPC）和极化各向异性（polarimetric anisotropy）可用于 L 波段、C 波段溢油识别，并在 1994 年 10 月 SIR-C/X-SAR 北海溢油检测试验中成功地检测到海面油膜的存在。Migliaccio 等（2007）利用极化参数虚警率（CFAR）滤波器亦在上述北海溢油试验中成功地检测到了海面溢油的存在，证明了 CFAR 滤波器在海面溢油检测方面的成功应用，并指出所用到的三个典型的极化参数——极化熵（H）、平均散射角（α）和各向异性（A）中，极化熵即使在高风速区仍是最好的海面油膜识别指标。Kasilingam（1995）利用 33GHz SAR 研究油膜的全极化雷达后向散射特性，通过训练人工神经网络，发现最优极化组合是油膜厚度与介电常数的函数，但该方法只对中等厚度以上油膜有效，而且目前尚无业务化运行的星载 33GHz 频段全极化 SAR。Migliaccio 等（2005）从基本的海浪流体力学方程出发，基于增强的电磁散射阻尼模型，考虑油膜黏滞效应和海面风速的影响，推导了油膜覆盖海面的雷达后向散射系数衰减模型，并开展了机载 X 波段 SAR 海面油膜检测实验，并称可以区分“疑似油膜”（look- alikes）与海面溢油。Keramitsoglou 等（2006）利用 Visual C++ 6. 0 开发了海面溢油检测软件“Oil Spill SAR Detector”，通过自动提取溢油位置、大小、数量等信息，采用模糊逻辑推理的方法，实现了 SAR 图像海面溢油自动检测，检测成功率为 88%。

国内海面溢油遥感探测技术应用起步相对较晚，20 世纪 80 年代国家海洋局初步组建了业务化运行的海面溢油航空遥感监测系统，由中国海监飞机在渤海海域负责溢油污染监测（马里，2006）。近年来，国内科研单位在海面溢油检测领域也进行了一些溢油识别方法与应急响应体系探索等相关的研究工作（石立坚，2008；田维等，2014），目前国家海洋局等单位已有海洋溢油遥感监测与预警业务化系统运行（李欢等，2019）。

3. 2 海洋溢油污染物雷达遥感探测机理

3. 2. 1 海面毛细重力波方向谱分析

在第 2 章中，讨论了已充分成长海面的几种经典波浪谱模式；分析了海面小尺度风浪的生成机制；推导了海面毛细重力波的几个常用的本征参量；并基于风波增长率观点分析了一种由 Liu 和 Yan（1995）提出的毛细重力波二维方向谱。下面就该方向谱式（2-42）做进一步的分析。

根据第 2 章的分析可知，海面毛细重力波谱密度函数式（2-42）是基于平衡域能量方程、由海面风生波增长率模型推导而来，主要用于描述中低海况条件下未充分成长海面的毛细重力波分布规律。因此，本章将主要针对短重力波——毛细波的典型波数区间50 ~

400rad/m 进行分析。

当 $\phi=0°$时，根据式（2-42）得到的不同风速下沿风向传播方向上的海面毛细重力波谱密度分布情况如图 3-1 所示。由图 3-1 可知，在沿风向传播方向上，海面毛细重力波谱密度随风速增加显著增大。由于海面风波波动能量与波面高度方差（$\overline{\zeta^2}$）成正比，且由式（2-42）可知，当海面风速 $U_{10}=5\text{m/s}$ 时，在整个毛细重力波区域（$50\text{rad/m}\leqslant k\leqslant 400\text{rad/m}$ 即 $1.57\text{cm}\leqslant\lambda\leqslant12.56\text{cm}$），有

$$
\begin{aligned}
\overline{\zeta^2_{50\sim400}} &= \sigma^2 = \int_{50}^{400}\Phi(k,0)k\mathrm{d}k \\
&= \int_{50}^{400} m\,k^{-4}\left(\frac{U_*-\delta}{c}\right)^2 \times \left\{1-\exp\left[\frac{-c^2}{(\alpha_1\cos^2 0+\alpha_2\sin^2 0)\,U_{10}^2}\right]\right\}\times \sec h^2(0)k\mathrm{d}k \\
&= 1.0147\times10^{-7}\ \text{m}^2
\end{aligned}
\tag{3-1}
$$

在短重力波区域（$50\text{rad/m}\leqslant k\leqslant150\text{rad/m}$ 即 $4.19\text{cm}\leqslant\lambda\leqslant12.56\text{cm}$），同等风速下，可以计算 $\overline{\zeta^2_{50\sim150}}=8.2009\times10^{-8}\text{m}^2$，占全部毛细重力波区域能量的 81%。因此，该区域也是海面毛细重力波主要的能量集中区域。结合式（2-18）、式（2-19）、式（2-41）可以计算，产生毛细重力波的海面上 10m 高度风速 U_{10}之阈值为 1.324m/s，低于此风速时将无法有持续的海面风波生长。图 3-1 中只对 5m/s、10m/s、15m/s 三个典型风速下的谱密度分布进行对比。利用式（3-1）可以计算，在上述三个风速条件下，毛细重力波波高方差（图 3-1 中各曲线与横轴所围面积）分别为 $1.0147\times10^{-7}\text{m}^2$、$7.6134\times10^{-7}\text{m}^2$、$2.2852\times10^{-6}\text{m}^2$。可见，当 $\phi=0°$ 时，毛细重力波能量随风速增长明显。

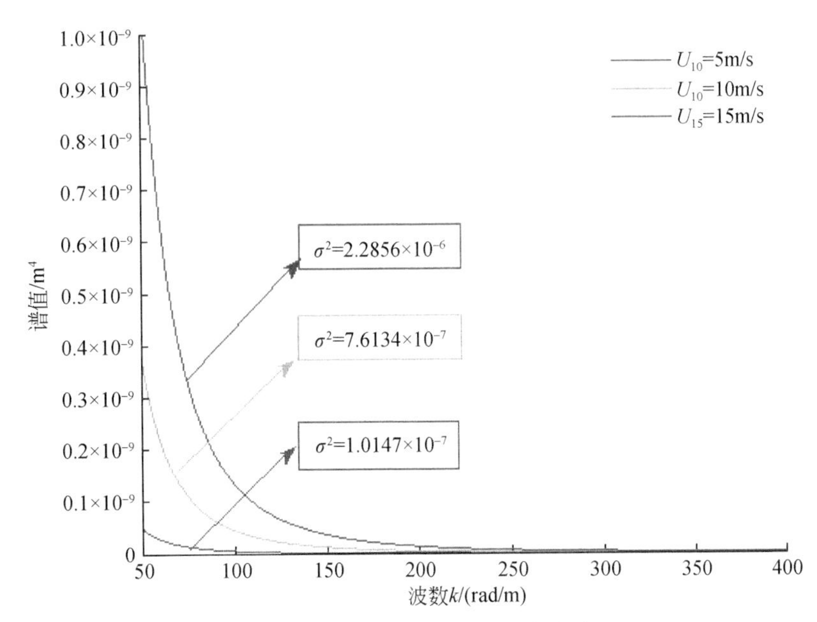

图 3-1 海面毛细重力波谱密度与风速关系图（$\phi=0°$）

当风速为5m/s 时，图3-2 表示了在 $\phi=0°$、45°、90° 三个典型方向上的海面毛细重力

波谱密度分布情况。由图 3-2 可见，毛细重力波能量随夹角 ϕ 增大而呈现快速下降的趋势。在与风向平行方向上（$\phi=0°$）能量（曲线与横轴所围面积）最高，与风向正交的方向上（$\phi=90°$）能量最低。各方向上毛细重力波波高方差值已在图 3-2 中标注。

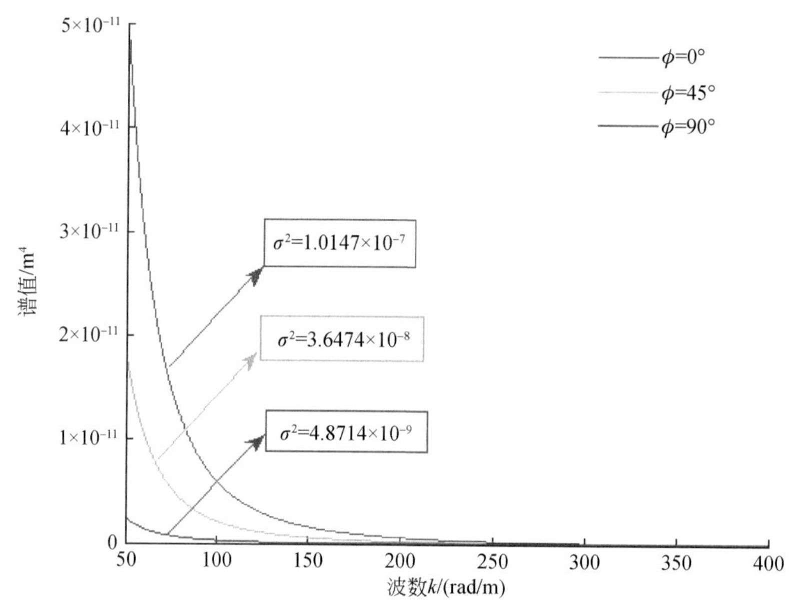

图 3-2 不同方向的海面毛细重力波谱密度分布图（$U_{10}=5\text{m/s}$）

图 3-3 显示了在 $k=100\text{rad/m}$ 时，不同风速下的毛细重力波谱密度函数 Φ 与 ϕ 之间的变换关系。由图 3-3 可见，相同风速下，对于同一波数 k，方向谱密度函数 Φ 与 ϕ 负相

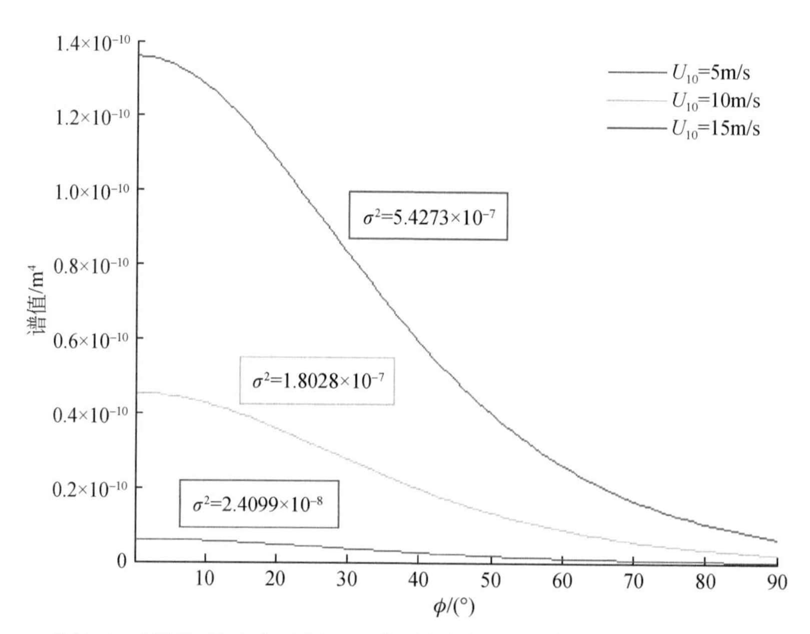

图 3-3 不同风速下的毛细重力波谱密度与 ϕ 关系图（$k=100\text{rad/m}$）

关，且曲线形状与风向传递函数 $D_w(\phi)$ 类似，这说明式（2-42）中风生流损耗项，即式（2-35）中 ϕ 的作用主要体现在对 Φ 幅度的调制上。由 sech^2 函数的性质可知，当 $0°<\phi<20°$ 时 Φ 下降缓和；当 $\phi>20°$ 时 Φ 出现急剧下降。因此，在海面毛细重力波传播方向与风向夹角大于20°时，毛细重力波能量密度将急剧下降。可以计算，当风速 $U_{10}=5\mathrm{m/s}$ 时，方向谱密度函数值从 $\phi=0°$ 时的 $6.0352\times10^{-12}\mathrm{m}^{-4}$ 下降到 $\phi=90°$ 时的 $2.8974\times10^{-13}\mathrm{m}^{-4}$。进一步比较发现，对于不同风速 U_{10}，始终有如下近似关系成立：

$$\frac{\Phi(\pi/2)}{\Phi(0)}\approx\frac{\sec h^2(\pi/2)}{\sec h^2(0)}=4.8\% \tag{3-2}$$

另外，为了具体比较图3-3中 Φ 与 U_{10} 的正相关性，图3-4显示了当 $k=100\mathrm{rad/m}$ 时，在 $\phi=0°$、45°、90°三个典型方向上，方向谱密度函数 Φ 与风速的关系。由图3-4可见，Φ 与 U_{10} 呈二次函数关系，当 $U_{10}>10\mathrm{m/s}$ 时，方向谱密度函数 Φ 随风速增加而快速升高。这说明风速 U_{10} 对 Φ 的幅度调制作用主要体现在对风输入项——式（2-42）中的平方因子项上，而对式（2-42）风生流损耗项中 e 负指数项调制作用稍弱。

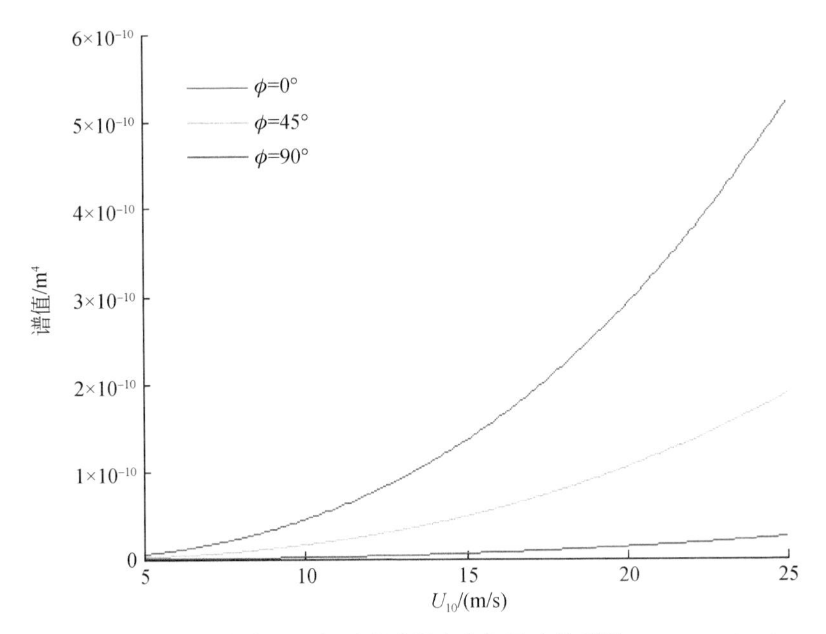

图3-4 三个典型方向上毛细重力波谱密度与风速关系图（$k=100\mathrm{rad/m}$）

综上所述，海面毛细重力波二维方向谱密度函数 $\Phi(k,\phi)$ 具有以下特点：

（1）随着波数的增加，方向谱密度函数值 $\Phi(k,\phi)$ 迅速减小，海面毛细重力波能量主要集中在短重力波区域（$50\mathrm{rad/m}\leqslant k\leqslant150\mathrm{rad/m}$）。

（2）随着海面风速的增大，方向谱密度函数值 $\Phi(k,\phi)$ 迅速增大，当 U_{10} 从5m/s增大1倍到10m/s时，海面毛细重力波能量增大到7倍以上（图3-1）。

（3）海面风向对 $\Phi(k,\phi)$ 的调制作用主要体现为sech函数形式，当 $\phi<20°$ 时，谱值 $\Phi(k,\phi)$ 衰减不明显，当 $\phi>20°$ 时，$\Phi(k,\phi)$ 迅速减小。与风向正交方向上的谱密度函数值仅为与风向平行方向上的4.8%，并与风速、波数大小无关。

（4）风速、风向对毛细重力波二维方向谱密度函数 $\Phi(k, \phi)$ 的综合调制作用如图 3-4 所示。

3.2.2 海面油膜对阈值摩擦风速的影响

根据 Marangoni 阻尼效应理论，当海面有黏弹性表面膜覆盖时，将会产生 Marangoni 波，产生的 Marangoni 波作用力为与表面张力梯度有关的切线方向力。当某一频率的短表面波与 Marangoni 波波数相等时即可产生海面波浪的共振阻尼现象（Lucassen，1982）。通过实验室研究与海上观测试验发现，黏弹性表面膜和海面毛细重力波通过非线性波交互作用产生短表面波浪阻尼，波长为 1 ~ 500cm 的波浪受表面膜的阻尼作用都很明显。理论计算表明，表面膜对波长小于 30cm 的波浪阻尼效果最为明显，使海面破浪的均方根斜率降低到原值的 1/10（黄晓霞，1998）。因此，有必要对海面覆盖油膜情况下毛细重力波谱密度分布变化规律做进一步的探讨。

由第 2 章的分析可知，海面毛细重力波谱密度函数 $\Phi(k, \phi)$ 是建立在海面风波增长率模型基础之上的。影响海面风波增长率从而影响海面毛细重力波谱密度分布的因子，如风速 U_{10}、风向传递函数 D_w、波数 k 等参数已在 3.2.1 节中详细分析，并且以上参数与是否有海面油膜覆盖无关。但是，在前面的分析过程中，海面摩擦风速阈值 δ、海水表面张力 τ 等参数均是在无海面油膜覆盖前提下给出的。当海面有油膜覆盖时，海水分子运动黏滞系数 ν、海水表面张力 τ、海水分子涡旋黏滞系数 ν_e 等参数必将随之改变。因此，下面将重点讨论当海面有不同类型的油膜覆盖时，以上参数对海面风波增长率和海面毛细重力波谱密度分布的影响。

由式（2-31）可知，当海面摩擦风速为

$$U_* > u_0 = \left[\frac{4\nu kc}{0.04}\right]^{0.5} \tag{3-3}$$

时，海面风波增长率为正，才有可能有持续的海面风生波浪生长。式（3-3）中的参数 u_0，即式（2-41）的海面摩擦风速阈值 δ。对于无油膜覆盖海面，式（3-3）所涉及的各参数取值如下（潘文全，1982）（为了便于区分，本书中无油膜覆盖的海水分子相关参数用下标 w 表示）：

在常温 20℃时，海水分子运动学黏滞系数为

$$\nu_w = 1.007 \times 10^{-6} \mathrm{m^2/s} \tag{3-4}$$

根据式（2-31）和式（2-41）可知，式（3-3）的风生毛细重力波相速度因子 c 与波数 k、海水密度 ρ_w 以及海水表面张力 τ_w 有关。在常温 20℃时，海水密度为

$$\rho_w = 1.02 \times 10^3 \mathrm{kg/m^3} \tag{3-5}$$

在常温 20℃时，与空气交界面上的海水表面张力为

$$\tau_w = 7.31 \times 10^{-2} \mathrm{N/m} \tag{3-6}$$

将以上参数代入式（3-3），可以得到表面无油膜覆盖海面摩擦风速阈值为

$$u_{0w} = 0.01(9.8k + 7.31 \times 10^{-5} k^3)^{0.25} \tag{3-7}$$

由式（3-7）可知，无油膜覆盖海面的摩擦风速阈值 u_{0w} 为海面风波波数的正相关函

数，波数越高，最低海面摩擦风速越大。这也与 2.3.2 节中 Phillips 风波生长的共振理论符合，即大于 3.63rad/cm 的海面毛细波无法通过共振机制由风波产生。式（3-7）所示的海面摩擦风速阈值 u_0 与波数 k 之间的函数关系如图 3-5 所示。

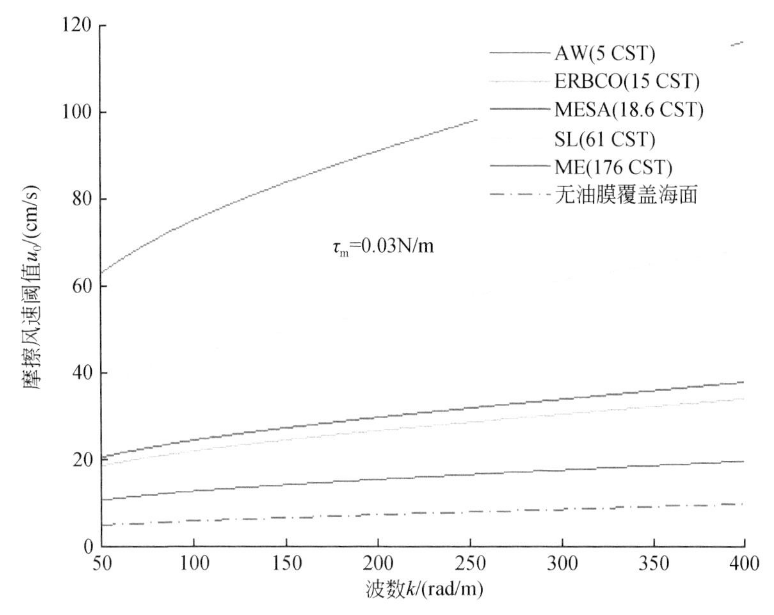

图 3-5　不同运动黏滞系数油膜覆盖海面的摩擦风速阈值与海面风波波数关系图

油膜表面张力 τ_m 取平均值 3.0×10^{-2} N/m

由图 3-5 可知，在短重力波区域，海面摩擦风速阈值与风生毛细重力波波数近似呈线性正相关。又根据海面 Bragg 共振散射原理，Bragg 波数与入射电磁波波数关系为

$$K_B = 2\sin\theta \cdot k_e \tag{3-8}$$

式中，K_B 为海面毛细重力波 Bragg 波数；k_e 为入射电磁波数；θ 为局地入射角。

对于应用较为广泛的业务化 SAR 卫星，如 RADARSAT-1/2、Envisat ASAR 卫星等，工作频段为 C 波段（5.3GHz），对应的入射电磁波数 k_e = 111rad/m。当平均局地入射角为 30°时，海面毛细重力波 Bragg 波数 K_B = 111rad/m。代入式（3-7）可以计算对应于此入射波波数的海面摩擦风速阈值 u_{0w} = 5.87cm/s。

当海面有油膜覆盖时，海水分子运动黏滞系数 ν、海水表面张力 τ 等将随之改变。根据产地、种类、温度的不同，石油分子运动黏滞系数差异很大，表 3-2 列出了世界主要产油区石油产品的特征指标典型值。相对于石油分子运动黏滞系数 ν_m（本书中石油分子的各相关特征指标用下标 m 表示），不同种类、温度的石油分子表面张力 τ_m 变化较小。根据实验室测定结果（潘文全，1982；寿德清和向正为，1984；万重英等，1996），20℃时石油分子表面张力介于 1.5×10^{-2} ~ 3.8×10^{-2} N/m。为了比较 ν_m 对海面摩擦风速阈值的影响，将不同种类石油产品的 ν_m 以及油膜表面张力平均值 τ_m = 3.0×10^{-2} N/m，代入式（3-3）得到有油膜覆盖时海面摩擦风速阈值 u_0 如图 3-5 所示。

表 3-2 不同类型原油特征指标值（20℃）

油田名称	运动黏滞系数 ν/($10^{-6}m^2/s$)	相对密度
委内瑞拉 ANACO WAX（AW）	5.0	—
俄罗斯 ERBCO	15.0	0.8700（API）
中石化埕岛油田（东营组）	16.3	0.8600
委内瑞拉 MESA	18.600	—
中石化桩西油田（沙河街组）	22.1	0.8733
中石化垦利油田	50.3	0.8864
沙特轻质原油（SL）	61.0	—
委内瑞拉 MENEMOTA（ME）	176.0	—
中石化孤岛油田垦 761（沙河街组）	215.6	0.9414
中石化草桥油田（馆陶组）	3972.7	0.9880

注：国外油田石油参数来自互联网；国内油田石油参数来自中石化胜利油田。

由图 3-5 可知，当海面有不同类型的石油类油膜覆盖时，海面摩擦风速阈值 U_0随所覆盖油膜的运动黏滞系数增大呈快速升高趋势。仍考察 C 波段典型 Bragg 波数 $K_B=57rad/m$，对于图 3-5 中 ERBCO 原油曲线，油膜覆盖海面摩擦风速阈值 $u_{0(ERBCO)}=18.87cm/s$，与无油膜覆盖海面的摩擦风速阈值 $U_{0w}=4.89cm/s$ 形成强烈对比。由式（2-18）和式（2-19）可以计算：以上两种海面摩擦风速阈值对应的海面上 10m 高度处的风速 U_{10}阈值分别为 5.60m/s 和 1.94m/s。这表明在相同大小的海面风速作用下，有油膜覆盖海面不利于海面风生毛细重力波的生长。

比较图 3-5 所示的 ERBCO、MESA 与 SL 原油特性曲线可知，当 ν_m 继续增大时，海面摩擦风速阈值急剧升高。对应于 SL 与 ME 类型油膜的海面上 10m 高度处风速 U_{10}阈值分别为 9.70m/s 和 14.23m/s。这也体现了不同种类的油膜对海面毛细重力波抑制程度的不同：分子运动黏滞阻力越大的海面油膜，其对海水分子的黏滞损耗效应越明显，越不易产生风生短表面波。

图 3-5 显示了当海面油膜平均表面张力 $\tau_m=3.0\times10^{-2}N/m$ 时，油膜运动黏滞系数对海面摩擦风速的影响。图 3-6 显示了具有中等黏滞程度的海面油膜（ERBCO 原油），油膜表面张力 τ_m 的变化对海面摩擦风速阈值 u_0的影响。

由图 3-6 可知，在短重力波–毛细重力波区域（$50rad/m\leqslant k\leqslant250rad/m$），当油膜表面张力在 $m=0.01\sim0.05N/m$ 区间变化时，摩擦风速阈值 u_0波动$<10\%$。这是因为海水表面张力 τ 对式（2-31）中摩擦风速阈值 u_0的影响不如运动黏滞系数 ν 对 u_0的影响直接。但是对于毛细波区域（$k\geqslant363rad/m$），海水表面张力 τ 对摩擦风速阈值 u_0的影响变得比较明显。这是由于在此区域，海水表面张力 τ 在海面毛细波的生长过程中所起的作用变得更为直接的原因。

至此，分析了当海面存在黏滞阻力相对更强、表面张力相对更弱的海面油膜时，形成

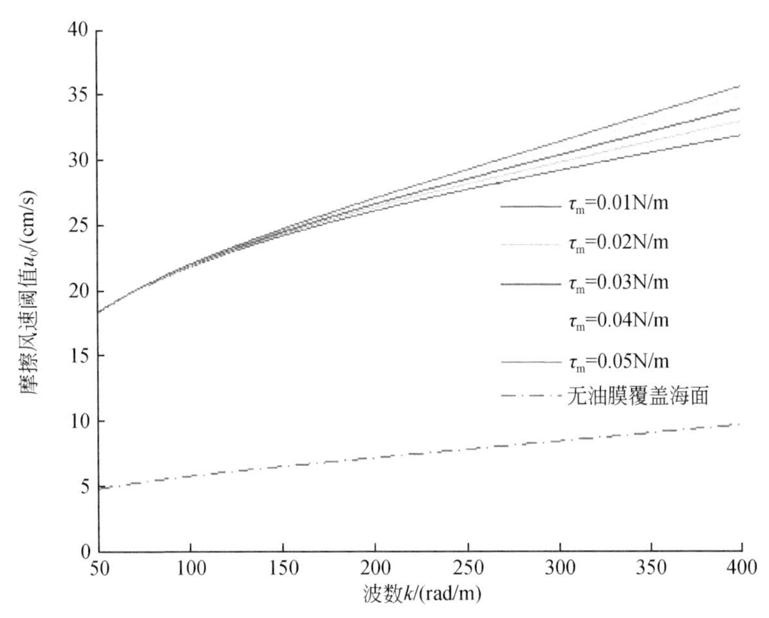

图 3-6　不同油膜表面张力条件下摩擦风速阈值 u_0 与波数 k 的关系图
（油膜运动黏滞系数 ν_m =15CST）

海面毛细重力波的摩擦风速阈值 u_0的变化规律。下面将具体地分析海面油膜对海面毛细波谱密度分布的影响规律。

3.2.3　海面油膜黏滞损耗传递函数

考虑 Liu 和 Yan（1995）海面毛细重力波谱密度模型——式（2-42）的推导过程可以发现，Liu 和 Yan 所提出的海面摩擦风速阈值 δ 经验公式（2-41），是建立在仅考虑海水分子运动黏滞损耗效应基础上的。Liu 和 Yan（1995）通过引入经验常数 δ 替代式（2-43）中海水分子运动黏滞系数 ν_w，从而使海面毛细重力波谱密度模型——式（2-42）的运算复杂度大幅度降低。但是当海面有分子黏滞阻力更强的油膜覆盖时，该简化将产生较大模型误差。基于以上考虑，引入以下改进的海面毛细重力波谱密度函数模型：

$$\Phi_m(k,\phi) = m\,k^{-4}\,x^2\exp\left(-\frac{4\,\nu_m\,k^2\gamma}{0.04\,x^2\omega}\right) \times \left\{1-\exp\left[\frac{-c^2}{(\alpha_1\cos^2\phi+\alpha_2\sin^2\phi)\,U_{10}^2}\right]\right\}D_w(\phi) \tag{3-9}$$

式中，ν_m 为石油分子运动黏滞系数；x 为海面摩擦风速比例因子：

$$x = U_*/c \tag{3-10}$$

式中，U_* 为海面摩擦风速，根据式（2-18）、式（2-19）可得如下经验公式：

$$U_* = 0.021U_{10}^{1.275} \tag{3-11}$$

其余参数前面已做过具体介绍。比较式（2-42）与式（3-9）可知，改进模型式（3-9）没有同时考虑海水分子的黏滞损耗项与风输入项，而是将其作为海面物质的分子运

动黏滞系数 ν 的函数项单独计算。当海面石油分子运动黏滞系数 ν_m 与海水分子运动黏滞系数 ν_w 相等时，式（3-9）简化为式（2-42）。因此，式（3-9）实际为式（2-42）的一种更普遍形式的推广。通过引入海面油膜分子运动黏滞损耗系数项，式（3-9）便可用于像海面浮油等情况下的海面毛细重力波谱密度分布规律研究。

考虑式（2-23）和式（2-38），定义式（3-9）中的海面油膜黏滞损耗函数如下表示：

$$D_m(\nu_m, \tau_m) = \exp\left(\frac{-12\,\nu_m(kc)^{1.5}}{U_*^{\ 2}}\right) \tag{3-12}$$

式中，c 为风生海面波相速度，由式（2-23）计算，即

$$c = \left(\frac{g}{k} + \frac{\tau_m k}{\rho_w}\right)^{0.5} \tag{3-13}$$

因此，式（3-9）可以表示为

$$\begin{aligned}\Phi_m(k,\phi) = {} & mk^{-4}x^2 \times D_m(\nu_m, \tau_m) \\ & \times \left\{1 - \exp\left[\frac{-c^2}{(\alpha_1\cos^2\phi + \alpha_2\sin^2\phi)\,U_{10}^2}\right]\right\} D_w(\phi)\end{aligned} \tag{3-14}$$

其中，x 如式（3-10）所示，$D_m(\nu_m,\ \tau_m)$ 如式（3-12）所示，c 如式（3-13）所示，其余参数前面已经介绍。图 3-7 显示了不同风速下 $D_m(\nu_m,\ \tau_m)$ 与石油分子运动黏滞系数 ν_m、油膜表面张力 τ_m 之间的函数关系。

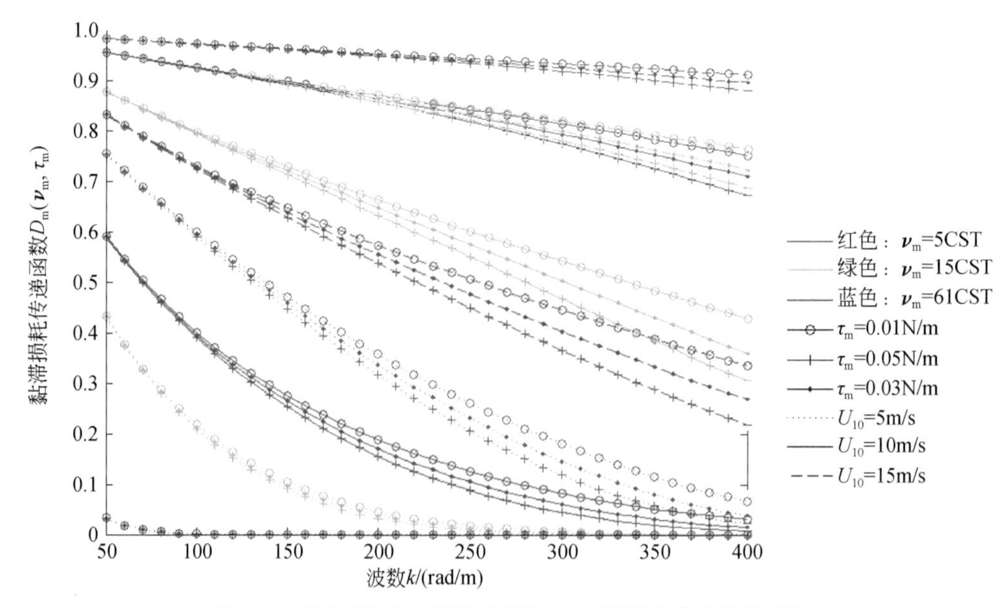

图 3-7　不同风速条件下的各类海面油膜黏滞损耗传递函数

由图 3-7 可以得出以下结论：

（1）随石油分子运动黏滞系数 ν_m 增大，$D_m(\nu_m,\ \tau_m)$ 快速减小，ν_m 与 $D_m(\nu_m,\ \tau_m)$ 呈负相关。

（2）随风速减小，$D_m(\nu_m,\ \tau_m)$ 快速减小。当风速下降为 5m/s 时，黏滞损耗传递函数

值比风速为10m/s时下降了50%以上。

(3) 中高风速时，$D_m(\nu_m, \tau_m)$ 随波数增大而减小，但下降速度缓慢；低风速时，$D_m(\nu_m, \tau_m)$ 随波数增大呈负e指数关系急速降低。低风速时，对于运动黏滞系数较高的黏性石油海面油膜，在全部毛细重力波区域上，黏滞损耗传递函数值极小（趋于0）。

(4) 在短重力波-毛细重力波区域，油膜表面张力 τ_m 对黏滞损耗传递函数 $D_m(\nu_m, \tau_m)$ 影响有限，τ_m 的主要影响对象为海面高波数张力波，且 τ_m 与 $D_m(\nu_m, \tau_m)$ 呈负相关。

3.2.4　海面油膜对毛细重力波谱密度函数的调制

3.2.3节通过引入海面油膜黏滞损耗传递函数 $D_m(\nu_m, \tau_m)$，从石油分子对风生海面波的黏滞损耗效应出发，研究了油膜对海面毛细重力波的阻尼规律，分析了石油分子运动黏滞系数 ν_m 和油膜表面张力 τ_m 对黏滞损耗传递函数 $D_m(\nu_m, \tau_m)$ 的影响，并提出了一种推广的海面毛细重力波谱密度模型——式（3-14）。下面利用该模型具体地分析黏性海面油膜对海面毛细重力波谱密度分布的调制效应。

考察式（3-14）可知，该二维方向谱具有和 k^{-4} 相同的因次（m^{-4}），式中其他因子均为无因次项。其中：海面风输入是毛细重力波产生的原因，体现为海面摩擦风速比例因子 $x^2 = \left(\frac{U_*}{c}\right)^2$。考虑式（3-13），风生海面波相速度 c 为毛细重力波波数 k、海面油膜表面张力 τ_m 以及海水密度的函数，因此，可知 x 与 τ_m 呈负相关。在Liu和Yan（1995）所提出的毛细重力波谱密度简化模型——式（2-42）中，海面摩擦风速阈值项 δ 体现了无油膜覆盖海面的海水分子黏滞效应。当海面有油膜覆盖时，由于石油分子的黏滞阻力通常是海水分子的几百倍甚至更强，通常海况下很难形成风生短表面波。因此，仅凭摩擦风速阈值很难定量刻画油膜对海面毛细重力波的阻尼效应，实际上这一任务是由改进模型——式（3-12）中海面油膜黏滞损耗传递函数 $D_m(\nu_m, \tau_m)$ 项完成的。

为了和无海面油膜的单纯海水背景相对比，无油膜覆盖海面的毛细重力波谱密度函数用 $\Phi_w(k, \phi)$ 表示，油膜覆盖海面的毛细重力波谱密度函数用 $\Phi_m(k, \phi)$ 表示。

为了与背景海面毛细重力波波动能量式（3-1）比较，首先考察 $\phi = 0°$ 时油膜覆盖海面毛细重力波波面高度方差（$\overline{\zeta_m^2}$）。根据式（3-9），当海面风速 $U_{10} = 5\text{m/s}$、$\nu_m = 15\times10^{-6}\text{m}^2/\text{s}$、$\tau_m = 0.03\text{N/m}$ 时，在本书研究的整个毛细重力波区域（$50\text{rad/m} \leqslant k \leqslant 400\text{rad/m}$），有

$$\begin{aligned}\overline{\zeta_m^2} &= \sigma_m^2 = \int_{50}^{400} \Phi(k,0)k\mathrm{d}k \\ &= \int_{50}^{400} m\, k^{-4}(U_*/c)^2 \times D_m(\nu_m,\tau_m) \times \left\{1 - \exp\left[\frac{-c^2}{(\alpha_1\cos^2 0 + \alpha_2\sin^2 0)\,U_{10}^2}\right]\right\} \\ &\quad \times \sec h^2(0)k\mathrm{d}k \\ &= 5.0681\times10^{-8}\ \text{m}^2\end{aligned} \tag{3-15}$$

与式（3-1）相比：相同海况条件下，由于海面被油膜覆盖，毛细重力波波面高度方差降低了50%左右。图3-8显示了在沿风向方向上、不同风速、油膜表面张力取平均

值 τ_m = 0.03N/m 时，不同运动黏滞系数油膜覆盖海面毛细重力波谱密度的变化情况。由图 3-8 可见：

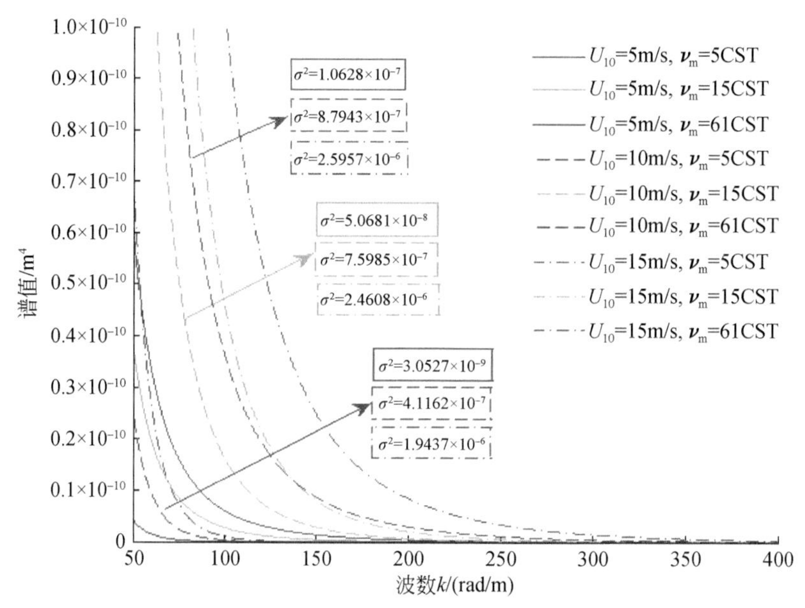

图 3-8 不同运动黏滞系数油膜覆盖海面毛细重力波谱密度分布图

$\Phi_m(k,\ \phi=0;\ U_{10}=5/10/15;\ y_m=5/15/61;\ \tau_m=0.03)$

（1）随波数增加，油膜覆盖海面毛细重力波谱密度 $\Phi_m(k,\ \phi)$ 呈负 e 指数关系下降，这与 $\Phi_w(k,\ \phi)$ 的分布规律相似。

（2）在海面风速相同的情况下，随着油膜运动黏滞系数增大，毛细重力波谱密度迅速减小。

（3）当油膜运动黏滞系数较小时（如 ν_m = 5CST 时），对比图 3-1 可以发现，$\overline{\zeta_m^2}$ 与 $\overline{\zeta^2}$ 相差不大，甚至出现 $\overline{\zeta_m^2}$ 稍大于 $\overline{\zeta^2}$ 的情况。这是由于式（2-27）通过设定摩擦风速阈值 δ = 3cm/s替代了海水分子黏滞损耗项；而式（3-9）用油膜黏滞损耗传递函数项计算油膜分子黏滞损耗效应，在油膜分子运动黏滞系数较小的情况下，与 Liu 和 Yan 所提出的式（2-42）的计算结果产生差异。

（4）当油膜运动黏滞系数增大时（如 ν_m = 61CST 时），对比图 3-1 可以发现，$\overline{\zeta_m^2}$ 与 $\overline{\zeta^2}$ 差距明显增大，尤其是在低风速（U_{10} = 5m/s）时有：$\overline{\zeta_m^2} \ll \overline{\zeta^2}$。黏稠度较高的原油运动黏滞系数甚至可以达到 3000CST 以上，可见其对海面毛细重力波的抑制程度是很强的。

图 3-9 显示了在沿风向传播方向上、不同海况条件下，不同覆盖油膜类型的海面毛细重力波谱密度的 $\Phi_m(k,\ \phi)$ 分布规律。为了对比方便，纵坐标 $\Phi_m(k,\ \phi)$ 值以 dB 值表示。由图 3-9 可知，τ_m 对 $\Phi_m(k,\ \phi)$ 值的影响主要体现在毛细波区域，这也可以从式（3-13）得以证明。总体上，当 τ_m 介于 0.01～0.05N/m 时，对 $\Phi_m(k,\ \phi)$ 的影响程度有限。

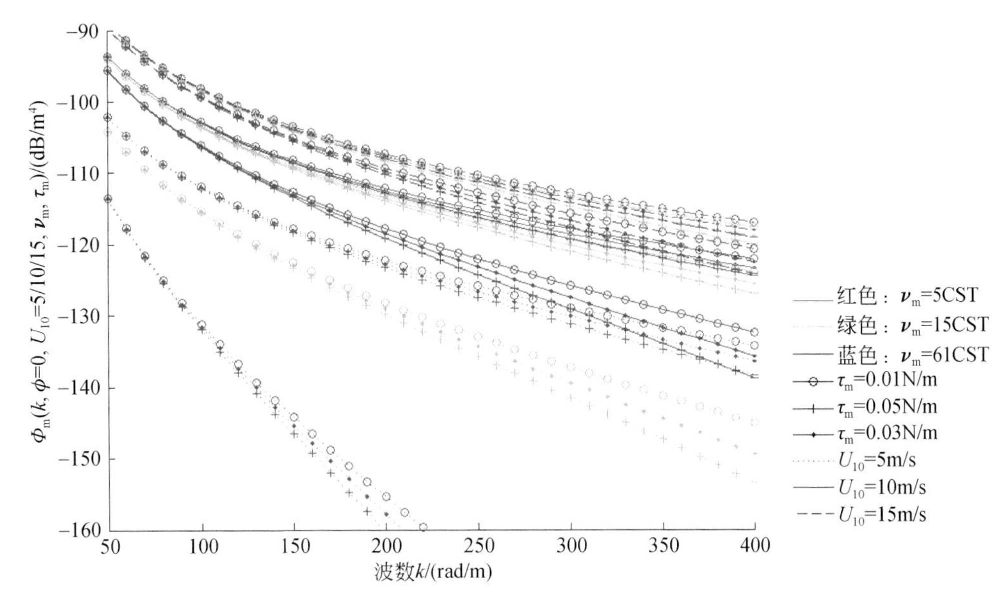

图 3-9　不同类型油膜覆盖海面毛细重力波谱密度分布图

以上的分析都是在沿风向传播方向上进行的，图 3-10、图 3-11 分别表示了当考虑不同方位角 ϕ 时，以三维坐标系显示的油膜覆盖区域与背景海面的毛细重力波谱密度分布情况。由图 3-10 可以看出 $\Phi_m(k, \phi)$ 随油膜运动黏滞系数 ν_m 增大而递减。由图 3-11 可以看出在毛细波区域，$\Phi_m(k, \phi)$ 随油膜表面张力 τ_m 增大而递减。

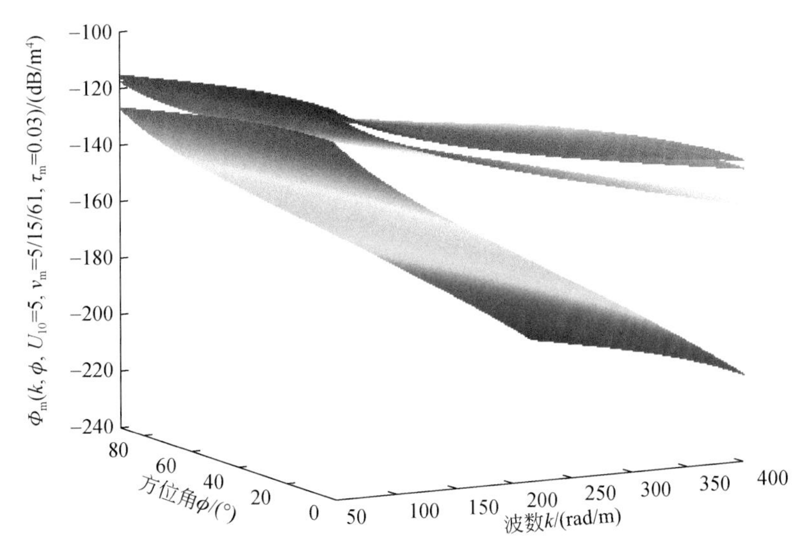

图 3-10　背景海面（最下方）与不同运动黏滞系数油膜覆盖海面（上方 3 个图像）毛细重力波谱密度对比图

从下至上依次为 ν_m =5CST、15CST、61CST

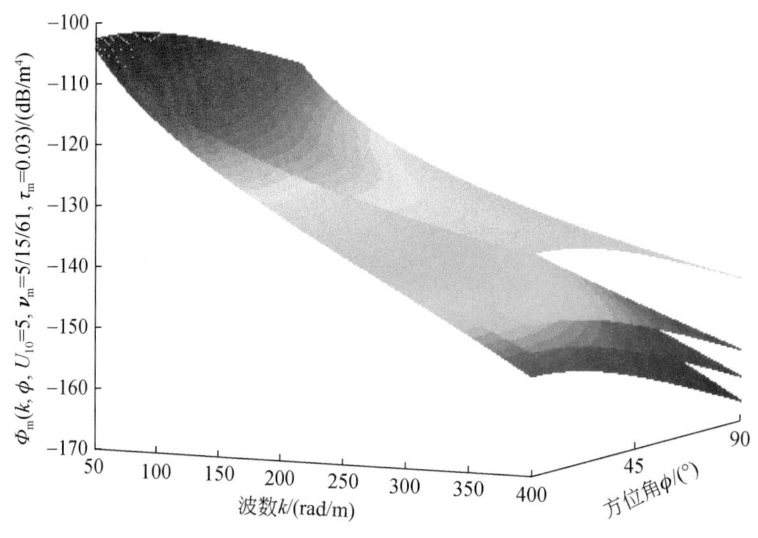

图 3-11 背景海面（最下方）与不同表面张力油膜覆盖海面（上方 3 个图像）毛细重力波谱密度对比图
从上至下依次为 τ_m =0.05N/m、0.03N/m、0.01N/m

3.3 海面油膜雷达后向散射特征仿真与验证

3.3.1 研究区域海水、石油、海面油膜复介电常数测定

为定量研究海面溢油对海面毛细重力波阻尼效应，在渤海“双台子河口至盖州滩”附近海域进行了为期三天的海上科学实验。共采集了 15 个样点海水样本和 3 个海上石油钻井平台生产的原油样品。并于实验室测定了海水、原油与模拟海水表面油膜三类样品的微波复介电常数、海水盐分、电导率以及主要离子浓度等指标。所用主要测试仪器为 HP8510 微波网络分析仪、HP85070 共轴探头、METTLER TOLEDO 326 电导率仪、Dionex ICP-1000 离子色谱仪、AD-14 阴离子柱、利曼 PRODIGY 等离子体发射光谱仪等。表 3-3 列出了与本研究有关的海水样品各指标测量值。表 3-4 和表 3-5 列出了与本研究有关的原油及模拟海水表面油膜样品各指标的测量值。图 3-12 显示了海水、原油、模拟海水表面油膜三种样品在 100MHz ~ 20GHz 频段上复介电常数的分布规律。

表 3-3 海水样品理化指标测量值（23℃）

样品编号	ε′		ε″		盐分	电导率	地理坐标
	5.3GHz	9.6GHz	5.3GHz	9.6GHz	/‰	/(mS/cm)	
1	68.873	55.218	34.168	37.813	30.191	41.4	40°46.433′N，121°45.960′E
2	68.636	54.813	34.755	38.283	30.689	41.3	40°41.586′N，121°34.351′E

续表

样品编号	ε′		ε″		盐分 /‰	电导率 /(mS/cm)	地理坐标
	5. 3GHz	9. 6GHz	5. 3GHz	9. 6GHz			
3	68. 341	54. 328	35. 451	38. 527	32. 121	43. 3	40°37. 417′N，121°31. 161′E
4	68. 980	55. 954	33. 542	37. 607	32. 101	38. 4	40°46. 494′N，121°45. 872′E
5	69. 415	56. 616	33. 212	37. 477	32. 258	37. 2	40°46. 622′N，121°52. 073′E
6	68. 314	54. 509	35. 013	38. 198	34. 720	42. 9	40°43. 966′N，121°53. 854′E
7	68. 381	54. 439	35. 208	38. 442	36. 267	42. 7	40°36. 348′N，121°51. 896′E
8	68. 146	54. 822	34. 870	38. 174	35. 641	43. 1	40°37. 563′N，121°53. 149′E
9	68. 171	54. 647	35. 006	37. 917	36. 135	42. 7	40°38. 717′N，121°56. 747′E
10	68. 089	53. 843	34. 983	37. 986	53. 791	42. 7	40°39. 861′N，121°58. 238′E
11	68. 119	55. 191	34. 081	37. 650	30. 300	39. 6	40°48. 756′N，121°44. 613′E
12	68. 810	55. 569	34. 311	37. 700	47. 971	40. 1	40°48. 585′N，121°44. 478′E
13	68. 381	55. 075	34. 001	37. 220	32. 620	39. 8	40°48. 577′N，121°45. 046′E
14	68. 375	55. 129	34. 380	37. 069	30. 494	41. 0	40°46. 938′N，121°40. 603′E
平均值	68. 5022	55. 0109	34. 4986	37. 8616	35. 3785	41. 1	—

表 3-4 原油样品理化指标测量值（23℃）

样品编号	ε′		ε″		说明
	5. 3GHz	9. 6GHz	5. 3GHz	9. 6GHz	
1	1. 769	1. 674	0. 471	0. 371	中石油“海南”2#井产原油样品，34～37 小层井段
2	1. 309	1. 372	0. 325	0. 240	中石油“海南”2#井产原油样品，17～19 小层井段
3	1. 263	1. 373	0. 308	0. 221	中石油“葵东 102”2#井产原油样品，2196. 9～2191. 1m 井段
平均值	1. 447	1. 473	0. 368	0. 277	—

注：表中数据来自中石油辽河油田。

表 3-5 模拟海水表面油膜样品理化指标测量值（23℃）

样品编号	ε′		ε″		说明
	5. 3GHz	9. 6GHz	5. 3GHz	9. 6GHz	
1	67. 804	54. 266	33. 836	36. 324	1 号原油样品与 1 号海水样品形成的模拟油膜
2	65. 580	52. 913	33. 588	34. 799	2 号原油样品与 1 号海水样品形成的模拟油膜
3	66. 401	52. 715	32. 837	35. 666	3 号原油样品与 1 号海水样品形成的模拟油膜
平均值	66. 595	53. 298	33. 420	35. 596	—

由表3-3～表3-5可以看出：研究区域海水介电常数较高，因此海面微波散射以面散射为主；原油复介电常数极小，且海面油膜很薄，通常为纳米—微米量级，远远小于C波段和X波段原油的微波穿透深度（计算见下），入射雷达波基本无面散射过程而直接透射到下层海面。因此可以将表3-3与表3-5中的实测数据代入式（2-70）和式（2-71）以计算海水、油膜表面的一阶电磁波散射系数。

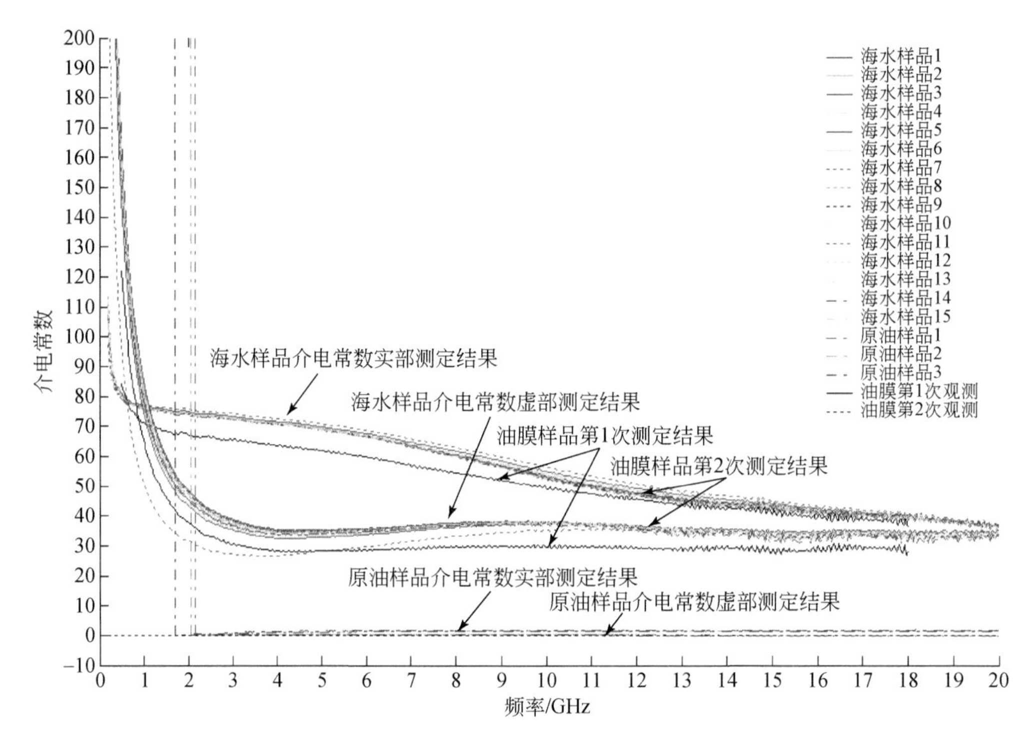

图3-12　研究区域典型海水、原油、模拟海面油膜样品复介电常数测量值

根据Ulaby等（1987），微波对地物的穿透深度计算公式为

$$\delta_p = \frac{1}{2\alpha}, \alpha = \frac{2\pi}{\lambda_0}\left|\mathrm{Im}(\sqrt{\varepsilon})\right| \tag{3-16}$$

式中，δ_p为穿透深度，m；λ_0为入射波在自由空间波长；ε为地物复介电常数；Im为取虚部。据此计算出的研究区域典型海水与原油样品的穿透深度分别为

$$\delta_p = \frac{1}{2\alpha},\ \delta_p|5.3\mathrm{GHz},\text{海水} = 2.2\mathrm{mm} \tag{3-17}$$

$$\delta_p = \frac{1}{2\alpha},\ \delta_p|9.6\mathrm{GHz},\text{海水} = 1.0\mathrm{mm} \tag{3-18}$$

$$\delta_p = \frac{1}{2\alpha},\ \delta_p|5.3\mathrm{GHz},\text{原油} = 29.7\mathrm{cm} \tag{3-19}$$

$$\delta_p = \frac{1}{2\alpha},\ \delta_p|9.6\mathrm{GHz},\text{原油} = 21.9\mathrm{cm} \tag{3-20}$$

3.3.2　基于复合表面模型的油膜覆盖海面雷达后向散射系数模拟

1994年，Apel基于观测数据半经验、半理论地提出了一种同时适用于充分成长海浪和波数，且介于50～1500rad/m的毛细重力波的海浪谱模型，并将流体力学参数对海面电磁散射方程的调制归结为两种方式：一是通过海面波高或波面斜率的概率分布影响雷达后向散射特性；二是通过二维波高与波面斜率的自相关系数或Fourier变换参与雷达后向散射特性调制。Apel利用改进的Holliday等（1986）海面电磁散射模型，计算了0°～60°入射角、不同极化方式下高斯海面的雷达后向散射系数。当入射角较小时，计算结果与实测数据吻合较好。但是由于Apel所使用的海面电磁散射模型与Kirchhoff近似，大入射角时计算结果与实测数据差异较大。

在海洋SAR遥感应用中，目前业务化运行的侧视SAR传感器，尤其是具有宽刈幅成像模式（scan SAR mode）的侧视SAR，如ERS-1/2 SAR、Envisat ASAR、Radarsat-1/2、TerraSAR-X、Cosmo-SkyMed-1/2等，通过波束扫描技术可以覆盖的入射角范围大多为15°～70°。这是因为入射角过小时，无法保证足够大的地面覆盖范围，并且对于地面目标“叠掩”现象严重，无法进行地物识别与分类；对于海面目标由于镜面反射为主，无法形成足够大信噪比的图像以进行海洋船只、溢油、海浪、内波、风场等海洋信息识别与反演。入射角过大时，对于地面目标“阴影”现象严重，地物信息丢失；对于海面目标，“遮蔽”“衍射”现象严重（图2-5），亦无法进行海洋环境信息识别与反演。

由图2-5可知，当入射角小于25°时，雷达后向散射以镜点散射为主；当入射角为25°～70°时，遥感器所接收到的回波信号主要来自入射电磁波与海面毛细波及短重力波的Bragg共振散射（Wright，1966；Guinard and Daley，1970）。因此，本书对海面油膜雷达后向散射特性的研究主要基于复合表面模型——式（2-72）开展。

3.3.2.1　海面雷达后向散射系数模拟

1. 镜点散射

根据2.5节对海面斜率概率分布模型的分析，在中、低海况条件下，海面服从高斯分布。由式（2-64）、式（2-65）、式（2-48），以VV极化为例，对于各向异性的高斯海面，基于镜点散射的海面雷达后向散射系数为

$$\sigma_{\mathrm{vv}}^{0}(\theta)=\frac{\left|\dfrac{-\varepsilon_{\mathrm{sea}}\cos\theta+\sqrt{\varepsilon_{\mathrm{sea}}-\sin^{2}\theta}}{\varepsilon_{\mathrm{sea}}\cos\theta+\sqrt{\varepsilon_{\mathrm{sea}}-\sin^{2}\theta}}\right|^{2}}{\sqrt{\dfrac{2}{\pi}}\,\delta_{\mathrm{u}}\,\delta_{\mathrm{c}}}\sec^{4}\theta\exp(-\tan^{2}\theta/2\,\delta_{\mathrm{u}}^{2}-\tan^{2}\theta/2\,\delta_{\mathrm{c}}^{2})\tag{3-21}$$

在中高海况条件下，海面波浪服从Liu分布。镜点散射的海面雷达后向散射系数近似为

$$\sigma_{\mathrm{vv}}^{0}(\theta)=\frac{n\left|\frac{-\varepsilon_{\mathrm{sea}}\cos\theta+\sqrt{\varepsilon_{\mathrm{sea}}-\sin^{2}\theta}}{\varepsilon_{\mathrm{sea}}\cos\theta+\sqrt{\varepsilon_{\mathrm{sea}}-\sin^{2}\theta}}\right|^{2}}{2(n-1)\sigma_{\mathrm{u}}\sigma_{\mathrm{c}}}\sec^{4}\theta \times\left[1+\frac{\tan^{2}\theta}{(n-1)\sigma_{\mathrm{u}}^{2}}+\frac{\tan^{2}\theta}{(n-1)\sigma_{\mathrm{c}}^{2}}\right]^{-(n+2)/2} \tag{3-22}$$

2. Bragg 散射

为了利用式（2-82）计算基于 Bragg 共振散射的海面雷达后向散射系数，首先需计算由 Bragg 共振散射引起的局地小面元单位面积雷达散射截面。为此，需将以直角坐标表示的二维波数谱密度函数的式（2-77），转换为以极坐标表示的二维方向谱密度函数（Wright，1968；Valenzuela，1968；Apel，1987），具体形式如下所示：

$$\sigma_{0}(\theta_{i})_{\mathrm{VV}}=16\pi k^{4}\cos^{4}\theta_{i}\left|\left(\frac{\alpha\cos\delta}{\alpha_{i}}\right)^{2}g_{\mathrm{HH}}^{(1)}(\theta_{i})+\left(\frac{\sin\delta}{\alpha_{i}}\right)^{2}g_{\mathrm{VV}}^{(1)}(\theta_{i})\right|^{2} \times\Phi\left[2k\sin\theta_{i},\varphi+\tan^{-1}\left(\frac{\gamma\sin\delta}{\alpha}\right)\right] \tag{3-23}$$

其中 Φ 用式（2-42）计算，所有参数意义与式（2-77）同。

在中低海况条件下，海面服从高斯分布。海面斜率概率密度函数 $P(\tan\psi, \tan\delta)$ 由式（2-48）计算；在中高海况条件下，海面波浪服从 Liu 分布。海面斜率概率密度函数 $P(\tan\psi, \tan\delta)$ 由式（2-57）计算。

对于无油膜覆盖海面，需考虑骑行在大尺度重力波上的毛细波的调制作用，因此，大尺度长波浪的波面均方斜率 σ_{gu}^{2}、σ_{gc}^{2} 由式（2-52）、式（2-53）计算；小尺度毛细重力波的波面均方斜率 σ_{wu}^{2}、σ_{wc}^{2} 由式（2-60）、式（2-61）计算。

3.3.2.2 油膜雷达后向散射系数模拟

1. 镜点散射

在计算油膜雷达后向散射系数时，应采用油膜相对介电常数 $\varepsilon_{\mathrm{oil}}$ 代入模型计算，本书研究区域典型海水、海面油膜介电常数的测量值见表 3-6。在中、低海况条件下，以 VV 极化为例，对于各向异性的高斯海面，基于镜点散射的海面油膜雷达后向散射系数为

$$\sigma_{\mathrm{vv}}^{0}(\theta)=\frac{n\left|\frac{-\varepsilon_{\mathrm{oil}}\cos\theta+\sqrt{\varepsilon_{\mathrm{oil}}-\sin^{2}\theta}}{\varepsilon_{\mathrm{oil}}\cos\theta+\sqrt{\varepsilon_{\mathrm{oil}}-\sin^{2}\theta}}\right|^{2}}{\sqrt{\frac{2}{\pi}}(n-1)\sigma_{\mathrm{u}}\sigma_{\mathrm{c}}}\sec^{4}\theta\exp(-\tan^{2}\theta/2\sigma_{\mathrm{u}}^{2}-\tan^{2}\theta/2\sigma_{\mathrm{c}}^{2}) \tag{3-24}$$

此外，由于油膜对海面毛细重力波的阻尼作用，应以“光滑”海面均方斜率模型——式（2-50）、式（2-53）计算油膜覆盖区域大尺度长波浪的均方波面斜率 σ_{gu}^{2}、σ_{gc}^{2}；小尺度毛细重力波的均方波面斜率忽略不计。

在中高海况条件下，海面波浪服从 Liu 分布。镜点散射的海面雷达后向散射系数近似为

$$\sigma_{\mathrm{vv}}^{0}(\theta)=\frac{n\left|\frac{-\varepsilon_{\mathrm{oil}}\cos\theta+\sqrt{\varepsilon_{\mathrm{oil}}-\sin^{2}\theta}}{\varepsilon_{\mathrm{oil}}\cos\theta+\sqrt{\varepsilon_{\mathrm{oil}}-\sin^{2}\theta}}\right|^{2}}{2(n-1)\sigma_{\mathrm{u}}\sigma_{\mathrm{c}}}\sec^{4}\theta \times\left[1+\frac{\tan^{2}\theta}{(n-1)\sigma_{\mathrm{u}}^{2}}+\frac{\tan^{2}\theta}{(n-1)\sigma_{\mathrm{c}}^{2}}\right]^{-(n+2)/2} \tag{3-25}$$

波面均方斜率 σ_{u}^{2}、σ_{c}^{2} 计算方法同上。

2. Bragg 散射

由 Bragg 共振散射引起的海面油膜区域雷达后向散射系数计算方法与背景海面类似，需要注意的方面如下：

（1）海面毛细重力波谱密度 Φ_{m} 应以式（3-14）计算；

（2）一阶散射系数——式（2-70）、式（2-71）中 ε_{r} 参数应以海面油膜相对介电常数 $\varepsilon_{\mathrm{oil}}$ 代入计算。

即海面油膜区域局地小面元单位面积雷达散射截面为

$$\sigma_0(\theta_i)_{\mathrm{VV}}=16\pi k^4\cos^4\theta_i\left|\left(\frac{\alpha\cos\delta}{\alpha_i}\right)^2 g_{\mathrm{HH}}^{(1)}(\theta_i)+\left(\frac{\sin\delta}{\alpha_i}\right)^2 g_{\mathrm{VV}}^{(1)}(\theta_i)\right|^2 \times\Phi\left[2k\sin\theta_i,\varphi+\tan^{-1}\left(\frac{\gamma\sin\delta}{\alpha}\right)\right] \tag{3-26}$$

式中，所有参数意义与式（2-77）同。

在中低海况条件下，海面服从高斯分布。海面斜率概率密度函数 $P(\tan\psi,\tan\delta)$ 由式（2-48）计算；在中高海况条件下，海面波浪服从 Liu 分布。海面斜率概率密度函数 $P(\tan\psi,\tan\delta)$ 由式（2-57）计算。与镜点散射情形类似，大尺度长波浪的波面均方斜率 σ_{gu}^{2}、σ_{gc}^{2} 由式（2-52）、式（2-53）计算，小尺度毛细重力波的波面均方斜率忽略不计。

3.3.3 海面油膜雷达后向散射特征分析

图 3-13 显示了不同雷达入射角下、迎风向方向、中低海况条件下（海面 10m 高度风速为 7m/s）、入射雷达波数 $k_{\mathrm{e}}=111\mathrm{rad/m}$（$\lambda_{\mathrm{e}}=5.66\mathrm{cm}$，C 波段）时，当海面覆盖不同类型油膜时的雷达后向散射系数模拟结果。

当入射角小于 15°时，海面雷达后向散射系数急剧升高，这是因为此时镜点散射取代 Bragg 共振散射成为主要散射方式。当入射角大于 70°时，σ_0 值急剧下降，Bragg 共振散射也已不再是唯一散射方式，海面波浪对入射波的“遮蔽”“衍射”效应开始显著。此时的海面雷达后向散射模型不在本书的讨论范围之内。

当入射角介于 20°～70°时，图 3-13 较好地反映了不同类型油膜覆盖时的海面雷达后向散射系数 σ_0 值的变化规律：σ_0 随海面油膜运动黏滞系数 ν_{m} 值的增大迅速减小。当海面油膜黏度较大时（最下面曲线，$\nu_{\mathrm{m}}=60\mathrm{CST}$），$\sigma_0$ 值将小于目前业务化运行 SAR 能够探测的最小等效噪声水平（一般为−35dB 以下），此油膜区域在 SAR 图像上将仅能表现为暗目标特征。

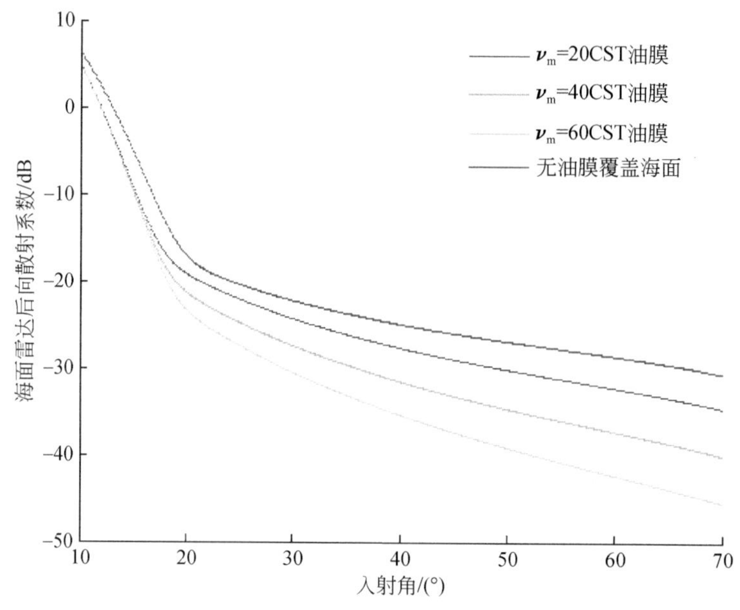

图 3-13　中低海况时不同类型油膜覆盖海面雷达后向散射系数模拟值随入射角变化关系图
$\sigma_0(\theta,\ k_e=111;\ \phi=0;\ U_{10}=7;\ \nu_m=20,\ 40,\ 60;\ \tau_m=0.03)$

图 3-13 设定的海面风速为（7m/s），与图 2-5 相比海面雷达后向散射系数值偏低，但后者为风速 11 ~ 24m/s 时的模拟结果，且图 2-5 所用海面波浪谱模型为近似谱形式：$w(k)=0.006\times k^{-4}$。

图 3-13 显示了中低海况、海面各向异性高斯分布情况下的模型模拟结果，图 3-14 显示了中高海况条件下（海面 10m 高度风速为 10m/s），海面为 Liu 分布情况下的模型模拟结果。根据 Liu 等（1997）对 ERS-1C 波段散射计 COMD4 模型预测值的比较结果，图 3-14 中峰度系数 $n=3$。由于海面风速的增大，海面波浪斜率增大，镜点散射对海面雷达后向散射贡献增加，由图 3-14 可见，海面、油膜雷达后向散射系数模拟值与图 3-13 相比均有所增大；油膜与背景海面对比有所减小。这不仅仅是由于此类油膜尚属轻质石油形成，黏度仍较低；更重要的是此时海面风浪充分成长、海况较高、海面状态十分复杂、波浪破碎现象严重，油膜对海面毛细重力波阻尼作用减弱，且大多海面油膜已被破碎波浪驱散或淹没。因此，较高海况不适合海面油膜 SAR 图像检测。

图 3-15 显示了当雷达波入射方向与风向夹角 ϕ 变化时，油膜与背景海面雷达后向散射系数值的对比情况。由图 3-15 可见，迎风向时 σ_0 值最大，侧风向时 σ_0 值最小。由式（2-54）可知，迎风侧与背风侧海面毛细重力波谱密度大小基本相同。因此，在本书中关于雷达入射方向相对于风向方位角 ϕ 的所有讨论仅限于 $0°\leqslant\phi\leqslant90°$时的情况，即认为迎风向与顺风向的 σ_0 值大小相同，因此，当$90°\leqslant\phi\leqslant180°$时，曲线关于直线 $\phi=90°$与 $0°\leqslant\phi\leqslant90°$曲线对称。海况较低（$U_{10}=5$m/s）时，油膜、海面 σ_0 值均较低，由于油膜运动黏滞系数较大，油膜与海面背景雷达后向散射系数差异极大，此时海面为各向异性高斯分布。中高海况（$U_{10}\geqslant10$m/s）时，油膜与背景海面 σ_0 均较大（$U_{10}=10$m/s 时约为−20dB，

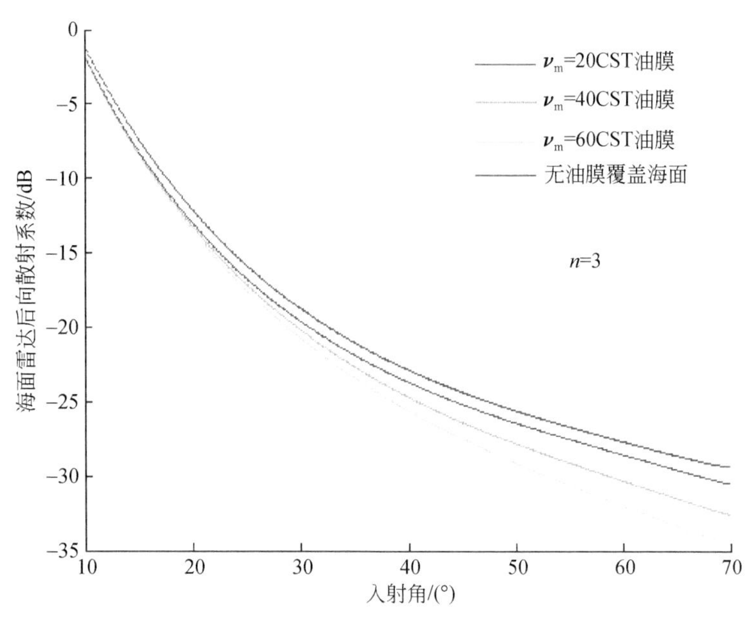

图 3-14　中高海况时不同类型油膜覆盖海面雷达后向散射系数模拟值随入射角变化关系图

$\sigma_0(\theta,\ k_e=111;\ \phi=0;\ U_{10}=10;\ v_m=20,\ 40,\ 60;\ \tau_m=0.03)$

$U_{10}=15\text{m/s}$ 时约为-15dB)，且二者差异随风速增大而减小，但与方位角相关性较小。

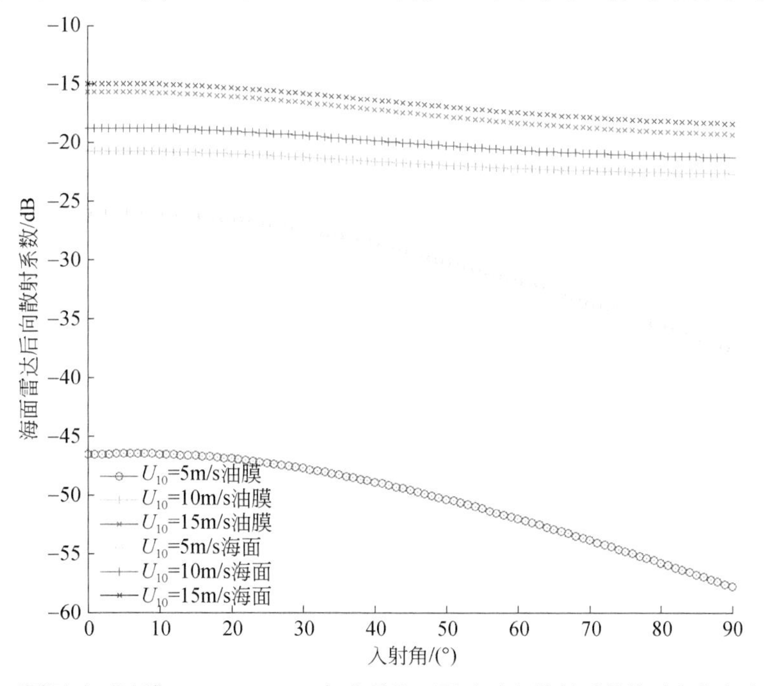

图 3-15　不同风速下油膜（$v_m=60\text{CST}$）与背景海面雷达后向散射系数值随方位角变化关系图

$\sigma_0(\theta=30,\ k_e=111,\ \phi,\ U_{10}=5/1015,\ v_m=60,\ \tau_m=0.03)$

图 3-16 显示了中低海况（$U_{10}=7\text{m/s}$）、入射角为 30°、迎风方向上、不同类型油膜覆盖时海面雷达后向散射系数随入射电磁波波数的变化关系。由图 3-16 可见，当海面油膜黏度较大时，油膜后向散射值随入射波波数增大而近似线性减小，这说明油膜黏度越大、对小波长的海面毛细波阻尼作用越强；反之，海面油膜黏度越小，对大波长的海面短重力波阻尼作用越弱。

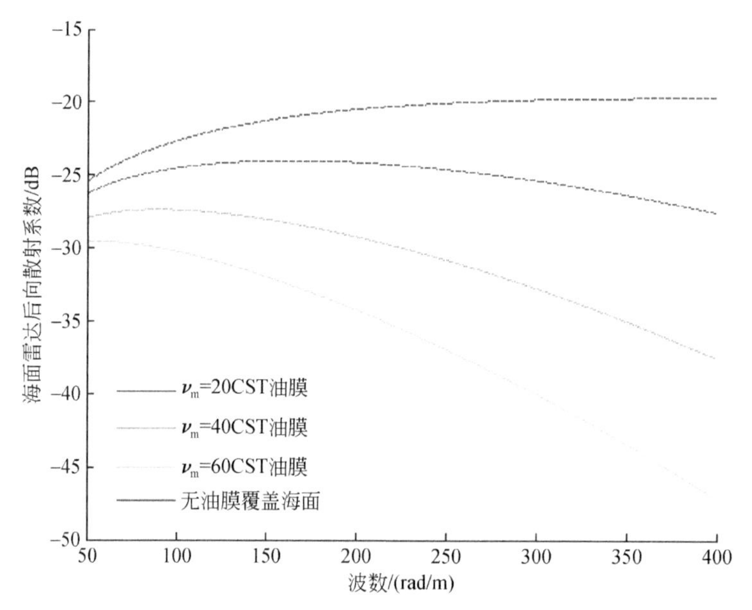

图 3-16　中低海况时不同类型油膜覆盖海面雷达后向散射系数随入射电磁波波数变化关系图

$\sigma_0(\theta=30;\ k_e,\ \phi=0;\ U_{10}=7;\ v_m=20,\ 40,\ 60,\ \tau_m=0.03)$

图 3-17 显示了中高海况（$U_{10}=10\text{m/s}$）、入射角为 30°、迎风方向上、不同类型油膜

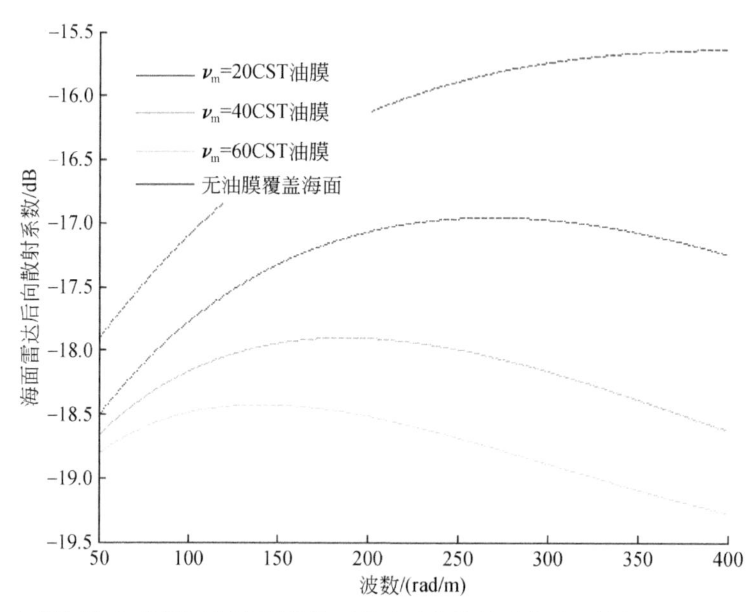

图 3-17　中高海况时不同类型油膜覆盖海面雷达后向散射系数随入射电磁波波数变化关系图

$\sigma_0(\theta=30;\ k_e,\ \phi=0;\ U_{10}=10;\ v_m=20,\ 40,\ 60,\ \tau_m=0.03)$

覆盖时海面雷达后向散射系数随入射电磁波波数的变化关系。与图 3-16 相比，除海面、油膜 σ_0 值整体偏高外，随入射波波数增大，不同运动黏滞系数 ν_m 海面油膜均出现了 σ_0 值先增大后减小的趋势，这是因为当入射角为 30°时，海面雷达后向散射以 Bragg 共振散射为主，入射电磁波波数 k_e 过小，则无法探测海面毛细重力波，油膜雷达后向散射值较低；入射电磁波波数 k_e 过大，高波数海面毛细波被黏性油膜阻尼强烈，因此，油膜雷达后向散射值也较低。

3.4　海洋溢油污染物极化 SAR 图像特征分析

3.4.1　极化 SAR 图像特征参数

极化 SAR 通过多种极化发射和接收天线的组合，对每个散射单元获取一个复散射矩阵。不同极化通道的电磁回波在幅度和相位上均存在差异，因此目标复散射矩阵中所蕴含的信息量远远超过了单极化雷达后向散射回波信号中所蕴含的信息量，并且通过像元复散射矩阵可以揭示和描述目标内在的散射机理，这为海上油膜检测提供了更为有力的手段。

极化 SAR 以 Stokes 矩阵（或散射矩阵）形式，记录了地物任意一种极化状态下的散射回波，既有振幅信息，也有相位信息，比常规单极化或多极化雷达包含更多的地物信息（如任意极化状态下的后向散射系数、极化度、同极化比、交叉极化比、散射熵及同极化相位差等），它将明显提高定量雷达遥感解决应用问题的能力。极化信息提取能最大限度地将不同地物的散射特征以量的形式表现出来，揭示地物的散射差别，为目标识别及目标参数反演提供新的技术方法。而且在获得地物目标的极化 Stokes 矩阵之后，可以采用极化合成的方法产生不同极化组合图像，并保留大量的目标散射相位信息，这些都成为全极化 SAR 图像分类的基础。

目标的极化特性与其形状结构有着本质的联系，可反映目标表面粗糙度、对称性和取向等其他雷达参数不能提供的信息。从极化 SAR 图像数据中，我们可以提取目标的极化散射特性，从而实现全极化数据的分类、检测和识别等其他应用。这需要我们对极化数据进行分析，有效地提取出目标的散射特征，其理论核心是目标极化分解。目标分解最早由 Huynen 提出，它有助于利用极化散射矩阵揭示散射机理，促进对极化信息的充分利用。

从极化 SAR 图像中提取的极化特征量很多，提取方法主要归结为两类：极化通道间的特征量提取和极化 SAR 目标分解。

3.4.1.1　极化通道间的特征量提取

在极化信息处理中，目标通常以各种矩阵的形式来表示，如散射矩阵，它是目标极化效应的一种定量描述，其各个元素都具有比较明确的意义。在给定观测条件下，目标散射矩阵中的元素（S_{HH}、S_{HV}、S_{VV}）本身都反映了目标的散射特性，可以作为目标的特征量，同时这些量也具有比较明确的意义。

（1）极化总功率，也称 span，定义为

$$P=|S_{\mathrm{HH}}|^2+|S_{\mathrm{HV}}|^2+|S_{\mathrm{VH}}|^2+|S_{\mathrm{VV}}|^2 \tag{3-27}$$

（2）同极化比，定义为

$$r_{\mathrm{c}}=\left|\frac{S_{\mathrm{HH}}}{S_{\mathrm{VV}}}\right| \tag{3-28}$$

（3）交叉极化比，定义为

$$r_{\mathrm{x}}=\left|\frac{S_{\mathrm{HV}}}{S_{\mathrm{AA}}}\right|,\mathrm{A}=\mathrm{H}\text{ 或 }\mathrm{V} \tag{3-29}$$

同极化比和交叉极化比都从量上反映了目标细微结构（如表面粗糙度）对散射的影响，是参数反演模型中的两个重要输入因子。

（4）同极化相位差，定义为

$$\phi_{\mathrm{HH\_VV}}=|\mathrm{angle}(S_{\mathrm{HH}})-\mathrm{angle}(S_{\mathrm{VV}})| \tag{3-30}$$

式中，angle(·)为取复数的相位。同极化相位差反映了两个相同极化通道间的相位差别。该特征量可以用来描述目标的散射机理，该特征量也是区分表面散射和二面角散射的重要特征。

（5）极化相关系数，定义为

$$\rho_{\mathrm{HH\_VV}}=\frac{\langle S_iS_j^*\rangle}{\sqrt{\langle|S_i|^2\rangle\langle|S_j|^2\rangle}} \tag{3-31}$$

研究表明，极化相关系数对于目标表面参数非常敏感。

3.4.1.2 极化 SAR 目标分解

极化目标分解理论是为了更好地解译极化数据而发展起来的，它有助于利用极化散射矩阵解释散射体的物理机理，促进对极化信息的充分利用。根据目标散射特性的变化与否，极化目标分解的方法大致可分为两类：一类是针对目标散射矩阵的分解，此时要求目标的散射特征是确定的或稳态的，散射回波是相干的，也称为相干目标分解；另一类是针对极化协方差矩阵、极化相干矩阵、Mueller 矩阵或者 Stokes 矩阵的分解，此时目标散射可以是非确定的（或时变的），回波是非相干（或部分相干）的，故也称为非相干目标分解。然而，对于自然界中大量存在的复杂目标而言，目标散射特性呈现很强的变化性，复杂目标对入射波的散射行为可以看作一个随机过程，因此，对此类目标散射特性的描述需要采用统计的方法，也就是通过统计方法得到能表征目标极化散射特性的极化相干矩阵、极化协方差矩阵、Mueller 矩阵等，由于这几类矩阵的相互转换性，实际中大多只针对极化相干矩阵［$\boldsymbol{T}$］进行分解。这类分解包括 Huynen 分解、Cloude 分解、Holm & Barnes 分解以及 Freeman-Durden 分解等。

基于相干矩阵的特征矢量分析，Cloude（1986）提出了能够包含所有散射机理的分解定理。这种方法最重要的优点在于：在不同极化基的情况下能够保证特征值不变。

散射角度 α 的值与散射过程的物理机制相互联系，对应着从奇次散射（或表面散射）

（$\alpha=0°$）到偶极子散射（或体散射）（$\alpha=45°$）再到偶次散射（或二面角散射）（$\alpha=90°$）的变化。

Cloude 和 Pottier 定义了一个物理量——极化熵（Entropy），表示媒质散射的随机性。定义为

$$H=-\sum_{i=1}^{3}P_i\log_3 P_i \tag{3-32}$$

式中，$P_i=\dfrac{\lambda_i}{\lambda_1+\lambda_2+\lambda_3}$；$\lambda_i$ 为某一邻域的相关矩阵的特征值。

极化熵用于衡量一个目标周围邻域内的一致性。熵越大代表混乱程度越严重，那么目标周围的一致性就越差。$H\in(0,1)$。随着熵的增加，目标极化散射信息的不确定性增大，在 $H=1$ 的极限情况下，我们所获得的极化信息为零，目标的散射完全退化为随机噪声，即处于完全非极化状态。

类似地，平均散射角 α 和方位角 β 分别定义为

$$\alpha=\sum_{i=1}^{3}p_i\alpha_i \tag{3-33}$$

$$\beta=\sum_{i=1}^{3}p_i\beta_i \tag{3-34}$$

α 为第 i 个特征向量的第一个元素所对应的余弦角，取值为 1°～90°。α 在一定程度上代表了目标散射机理的类型，$\alpha=0°$时为各向同性的表面散射，随着 α 的增加，散射机理降变为各向异性的表面散射，$\alpha=45°$时为偶极子散射，如果 $\alpha>45°$，则反映出的散射机理为各向异性的二面角散射。在 $\alpha=90°$的极端情况下，表现为二面角或者螺旋线模型。β 表示目标的方位角，$\beta\in(-180°,180°)$。

H 和 α 明显地刻画了媒质的散射特性。由 H 和 α 组成的特征空间可以划分为 8 个有效区域，每个区域对应着某种类型的散射机制，如图 3-18 所示。

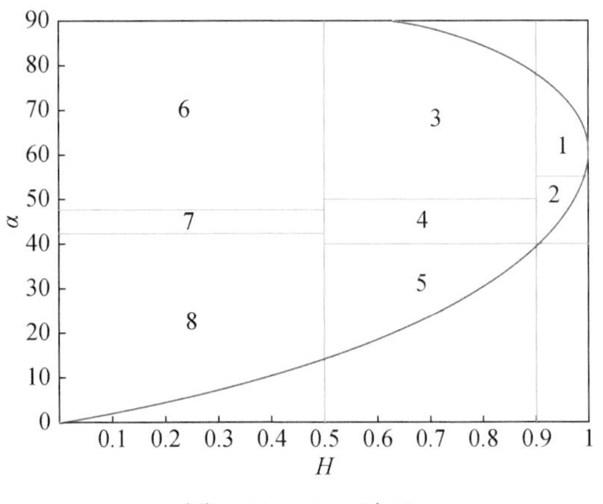

图 3-18　H-α 平面

H-α 平面所定义的 8 个区域对应的散射机制如下。

区域 1：在高熵环境下的二次散射；

区域2：在高熵下的多次散射（如森林冠层）；
区域3：在中熵下的多次散射；
区域4：在中熵下的植被散射（偶极子散射）；
区域5：在中熵下的面散射；
区域6：在低熵下的多次散射（偶次或奇次散射）；
区域7：在低熵下的偶极子散射；
区域8：在低熵下的面散射（如Bragg散射）。

虽然散射熵H提供了在同一分辨单元内总散射机制的信息，但对于低熵或中熵，极化熵不能提供有关两个较小特征值λ_2、λ_3之间关系的信息。因此，提出了极化散射各向异性Anisotropy，也叫反熵A。

极化散射各向异性Anisotropy（反熵A），是用来描述散射的随机性，定义为

$$A=\frac{\lambda_2-\lambda_3}{\lambda_2+\lambda_3} \tag{3-35}$$

Anisotropy表示特征分解的第2、3个特征值的相对重要性，它的大小反映了Cloude分解中优势散射机制以外的两个相对较弱的散射分量之间的大小关系。A是极化熵H的一个补充参数。从实用的角度来看，只有当$H>0.7$时，反熵才能作为进一步识别的来源。

3.4.2 SAR卫星海面油膜同步观测实验

为了分析海面溢油的极化SAR图像特征，在中国南海开展了海面油膜SAR卫星同步观测实验。实验使用的数据为加拿大RADARSAT-2全极化数据，如图3-19所示，数据的获取时间是2009年9月18日18时49分，试验区位于中国南海的三亚湾，中心位置是：109°23′E，18°03′N。

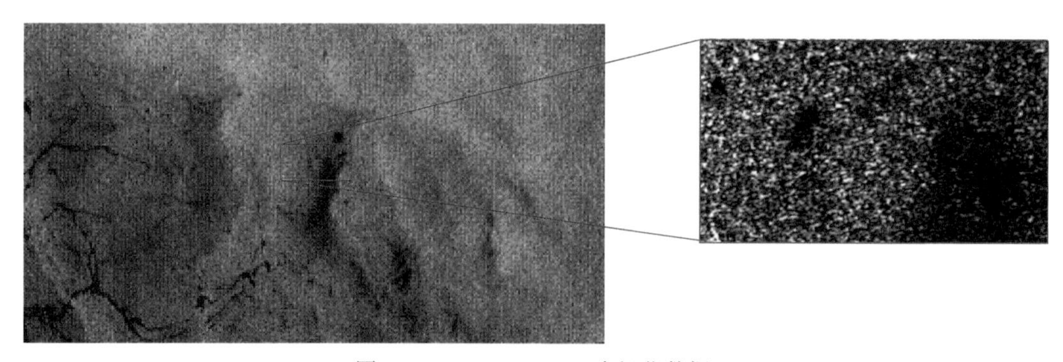

图3-19 RADARSAT-2全极化数据

为了分析不同类型油膜的特征，试验中先后使用了三种不同种类的油：机油、齿轮油、花生油。工作人员准确记录了油品布放的时间、方位、风向、船速、流速等信息，同时也采集了现场照片，如图3-20和图3-21所示。

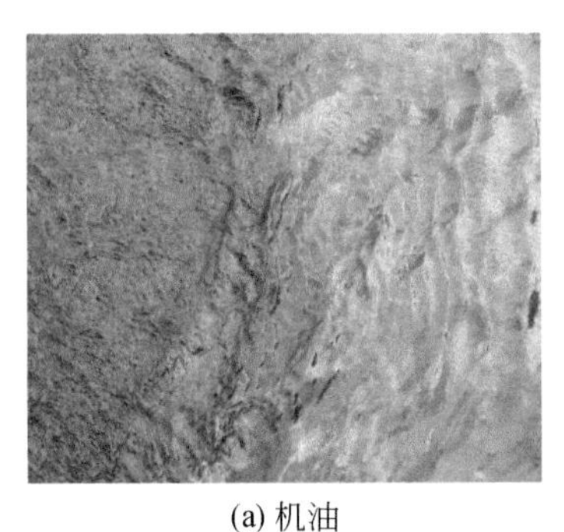

(a) 机油

(b) 齿轮油

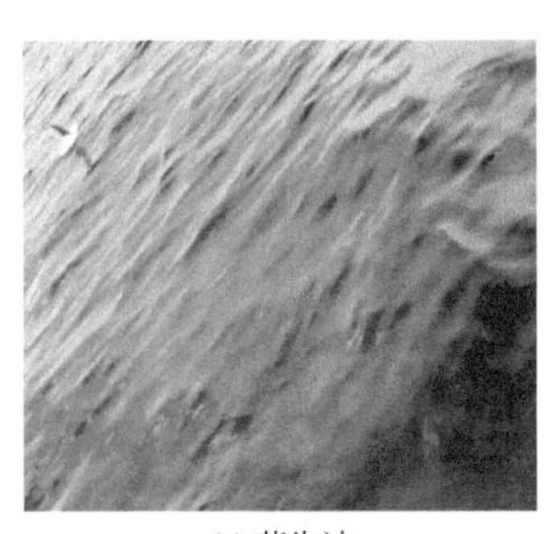

(c) 花生油

图3-20 油膜样本现场布放照片

图3-21 实验现场照片

3.4.3 海面油膜的极化SAR特征分析

3.4.3.1 基于极化相位差的分类方法研究

研究表明，利用同极化HH和VV通道的相位差标准偏差值对油膜和非油膜进行区分，能够取得较好的效果。

本章利用极化分析软件PWS来研究极化通道间相关性。实验中三类不同油膜扩散时间不同，第一块油膜扩散时间最长，面积较大，因此本章重点分析该油膜样本。选取图像中的无油膜覆盖的正常海面、油膜样本、低风速区样本，然后对它们分别进行极化通道相关性分析，并得出统计图，如图3-22所示。

由图3-22可以看出，正常海面和油膜的同极化相位差的复相关系数差异较大。正常海面的相关系数接近为1，而油膜的相关系数较低，低风速区介于二者之间。可见，同极化相位差及其相关系数对于区分油膜、正常海面和低风速区有效。

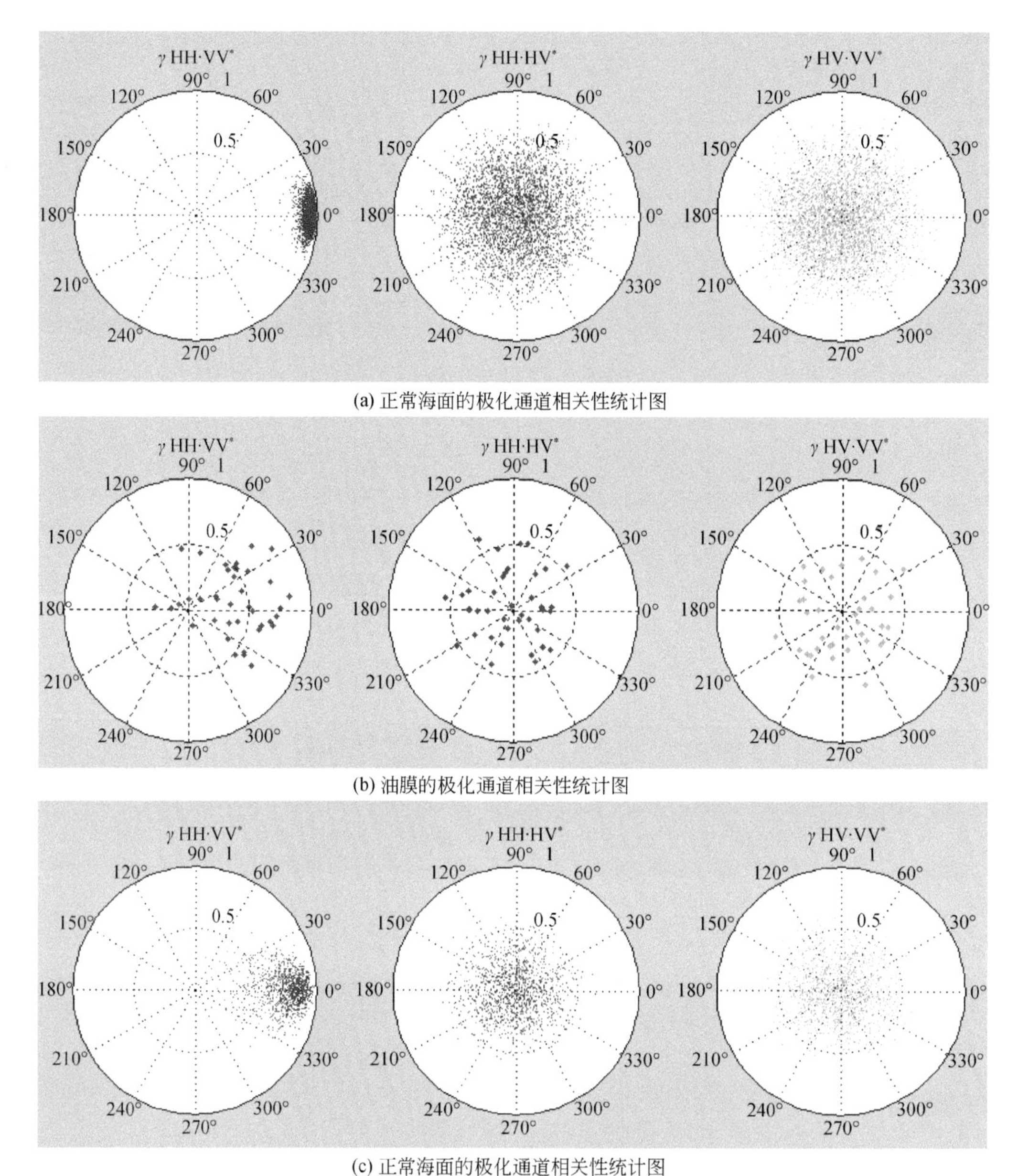

(a) 正常海面的极化通道相关性统计图

(b) 油膜的极化通道相关性统计图

(c) 正常海面的极化通道相关性统计图

图 3-22 极化通道相关性统计图

点的密度表示样本的多少；圆心表示复相关系数模值为 0，圆周表示复相关系数模值为 1

3.4.3.2 基于极化目标分解的分类方法研究

将试验中获取的 RADARSAT-2 全极化 SAR 图像中的目标进行分类，包括海面、机油油膜、齿轮油油膜、花生油油膜、低风速区（根据海上试验记录的风速确定低风速区）5 部分，并利用 PWS 软件进行极化目标分解——以 Cloude 分解为例，得出一系列极化参数，主要是前面提到的极化熵 H、反熵 A、平均散射角 α 和方位角 β，并得出 H-α 图，如

图 3-23所示。

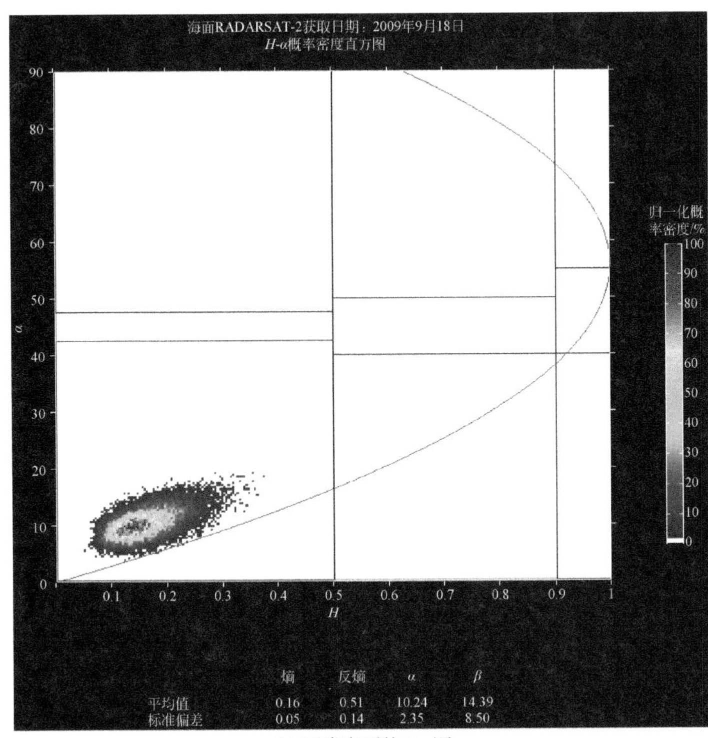

(a) 正常海面的H-α图

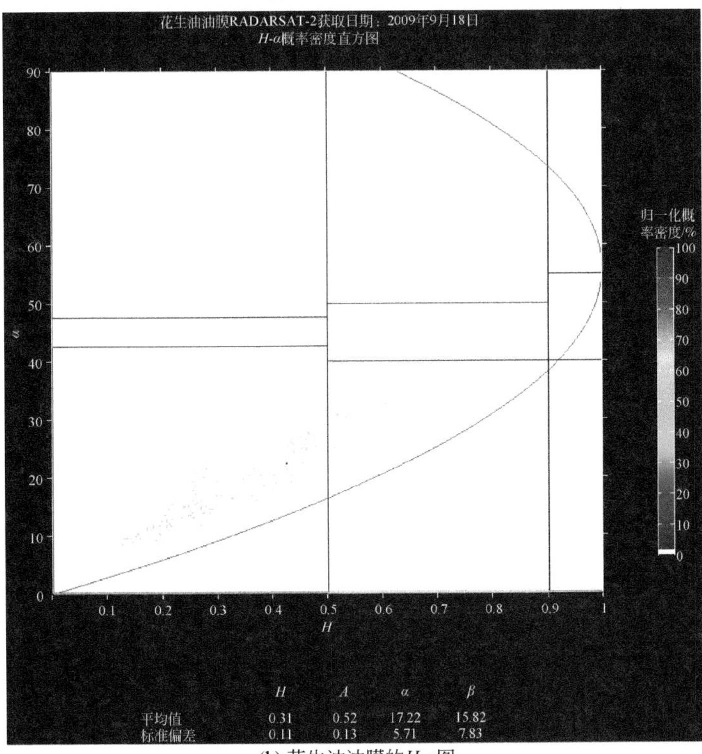

(b) 花生油油膜的H-α图

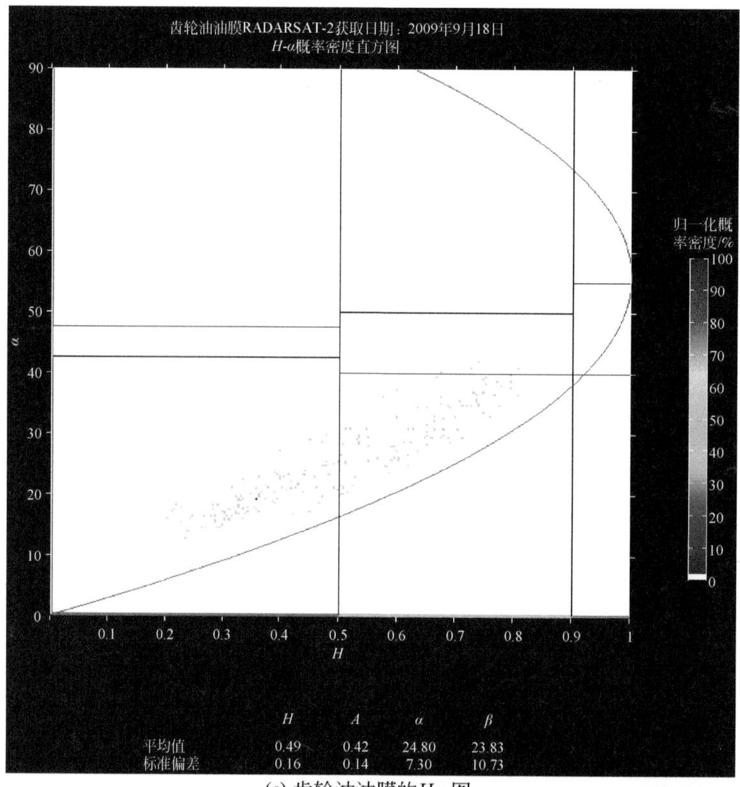

(c) 齿轮油油膜的H-α图

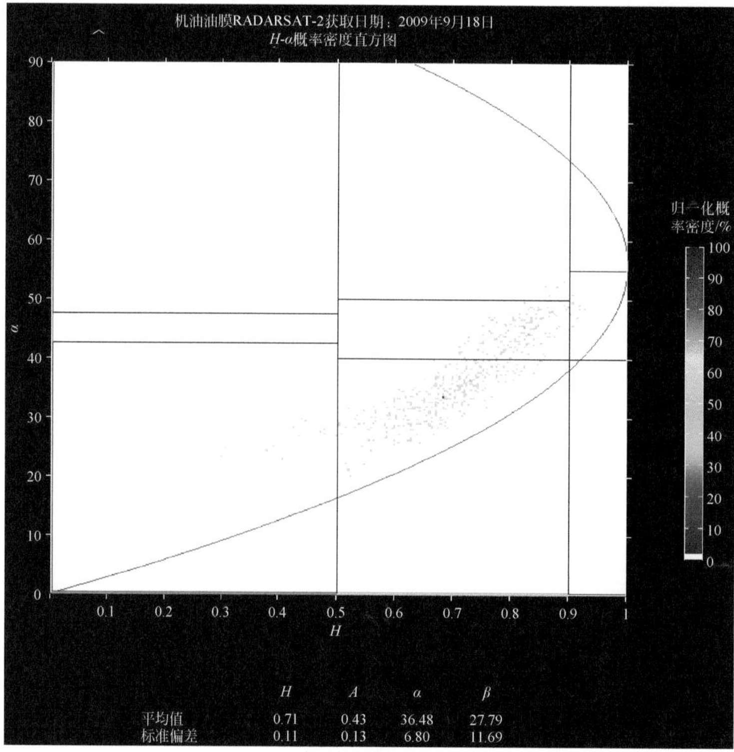

(d) 机油油膜的H-α图

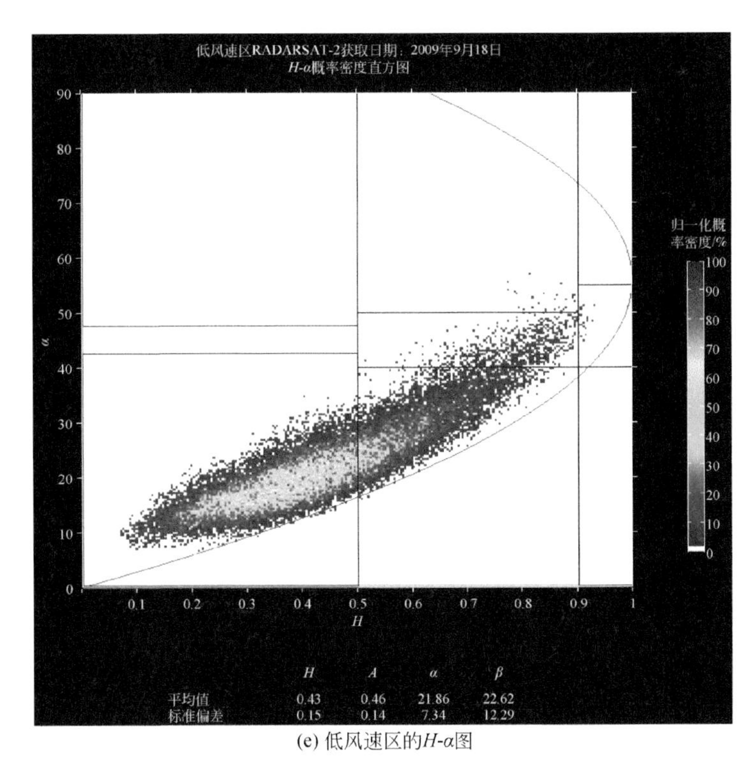

(e) 低风速区的H-α图

图 3-23 正常海面、油膜、低风速区的 H–α 图

由图 3-18 散射机制分析可知：①正常海面的 H–α 分布位于区域 8，即低熵下的面散射——Bragg 散射；②各类油膜在 H–α 图上的分布有一定差异性，从区域 8、区域 5 向区域 4、区域 2 过渡，这说明各类海面油膜目标在 SAR 图像中仍以面散射为主（区域 8、区域 5），但是黏度较大的机油、齿轮油油膜目标表现出了一定的中-高熵多次散射效应，这可能是由于入射电磁波穿透了上层油膜并在水面反射后，形成了多次散射；③低风速区在 H–α 图上主要分布于区域 5 和区域 8，以中-低熵条件下的面散射为主。

表 3-6 给出各类目标的极化参数统计结果。

表 3-6 油膜极化特征参数统计表

目标	Entropy(H)	Anisotropy(A)	α	β
海面	0.16	0.51	10.24	14.39
低风速区	0.43	0.46	21.86	22.62
机油	0.71	0.43	36.48	27.79
齿轮油	0.49	0.42	24.80	23.83
花生油	0.31	0.52	17.22	15.82

由表 3-6 可以看出，正常海面和各类油膜的极化熵 H 差异较大。极化熵是衡量目标周围邻域一致性的有效指标。熵越大代表混乱程度越严重，目标周围的一致性就越差。正常海面的 SAR 图像特征均匀，海面目标与邻域一致性好，因此，正常海面的 SAR 图像表现

为典型的低熵特征。三类油膜的极化熵 H 有一定差异：机油油膜 H>齿轮油油膜 H>花生油油膜 H；低风速区和油膜特征的差异不大。

由上述分析可知，极化目标分解方法可用于全极化 SAR 图像油膜与海面背景区分；低风速区和油膜在 SAR 图像上的极化特征比较相似，可利用目标形态学特征进一步进行区分；不同黏度的油膜的极化 SAR 特征参数不同，极化熵 H 是一种比较有效的分类与识别因子。

3.5 海洋溢油污染物 SAR 遥感监测案例

3.5.1 2006 年 3 月渤海湾海底输油管线漏油事故

3.5.1.1 SAR 图像海面溢油遥感应急监测

2006 年 3 月下旬，在我国渤海湾滦河河口以南，曹妃甸附近发生了由海底输油管线破裂引起的严重的海面溢油污染事故。北京时间 2006 年 3 月 23 日 10 时 17 分过境的欧洲航天局环境卫星（Envisat）先进合成孔径雷达（ASAR）图像显示了此次污染事故的影响范围，通过人工解译确定了泄漏源位置，根据油膜雷达后向散射系数的差异将海面溢油按形成时间先后分为四期（于五一等，2007），如图 3-24 所示。通过辐射定标、几何校正等预处理过程，得到背景海面以及 1 ~4 期油膜的平均雷达后向散射系数如表 3-7 所示。

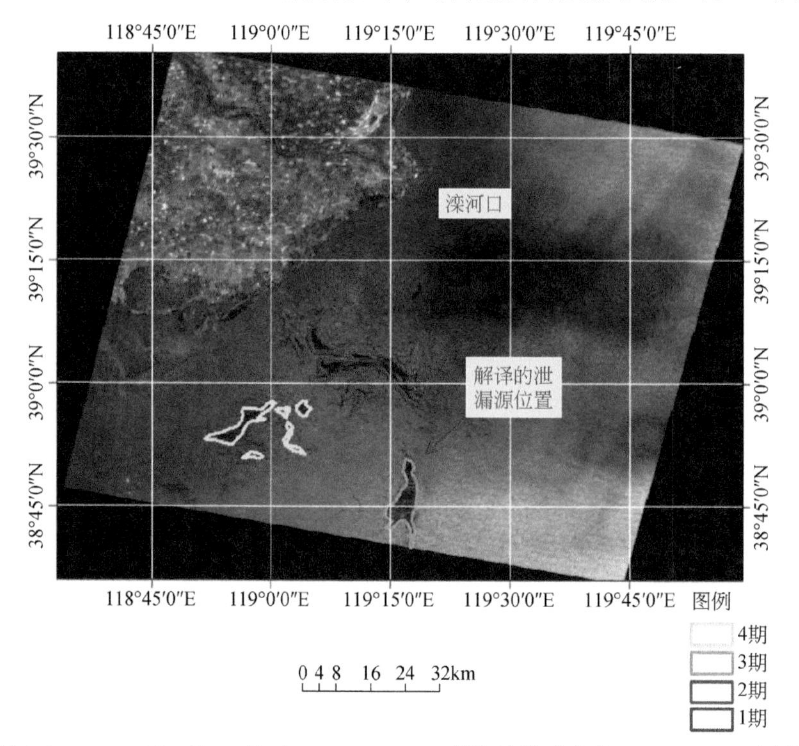

图 3-24 2006 年 3 月 23 日（02:17:09UTC）渤海湾溢油事故 Envisat ASAR 图像

表 3-7 不同年龄（1～4 期）油膜与背景海面雷达后向散射系数差异

	海面	1 期油膜	2 期油膜	3 期油膜	4 期油膜
σ_0 均值/dB	-13.1178	-24.8969	-22.1288	-20.6347	-17.1995
σ_0 差值/dB	—	-11.7791	-9.011	-7.5169	-4.0817

为了分析事故海域气象条件对海面溢油漂移扩散的影响，研究团队还利用自主开发的海洋环境遥感反演软件（MERS V1.0），对2006年3月23日4时过境的QuikSCAT星载微波散射计L2A级数据进行风场反演（图3-25），并且获取了中尺度大气数值预报模式（MM5模式①）于2006年3月23日10时的海况数值预报数据（图3-26，图3-27）。

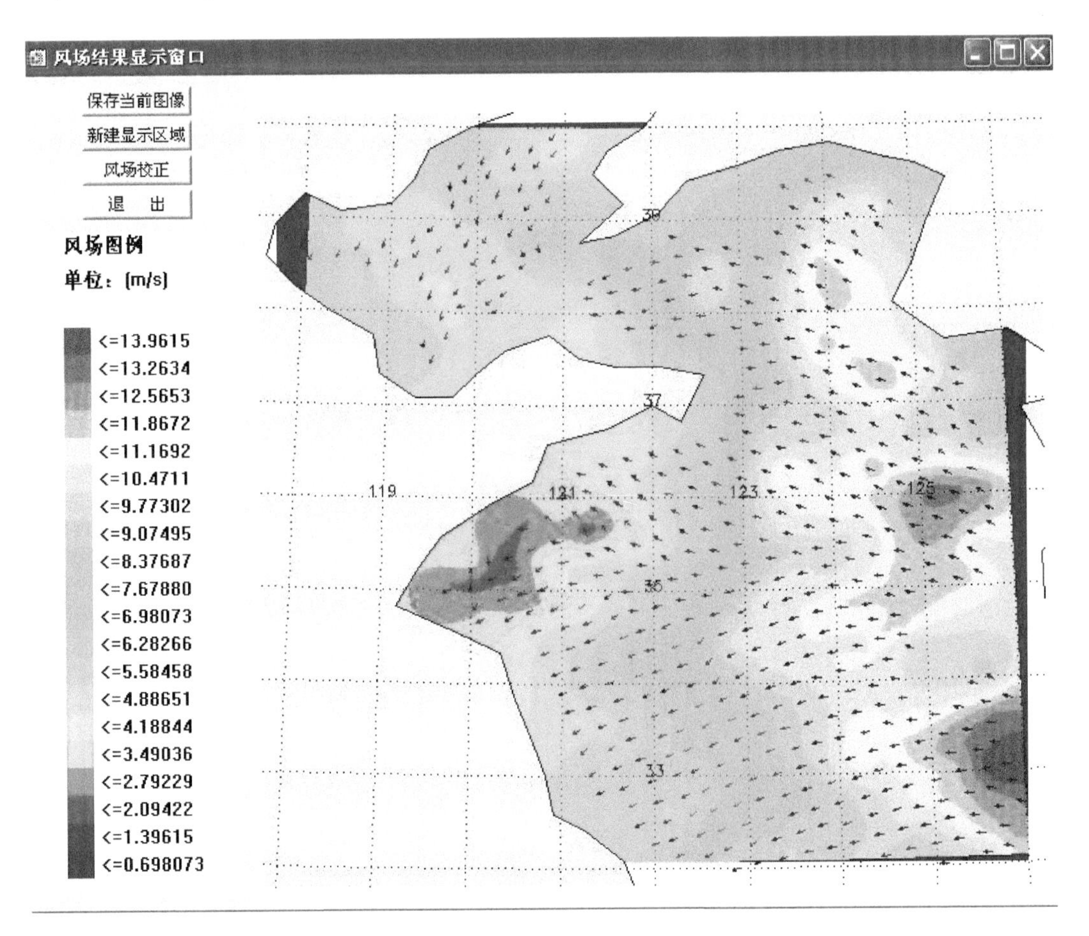

图3-25 2006年3月23日4时（2006年3月22日20:22:15 UTC）QuikScat散射计风场反演结果

① MM5模式数值预报产品由国家卫星海洋应用中心提供。

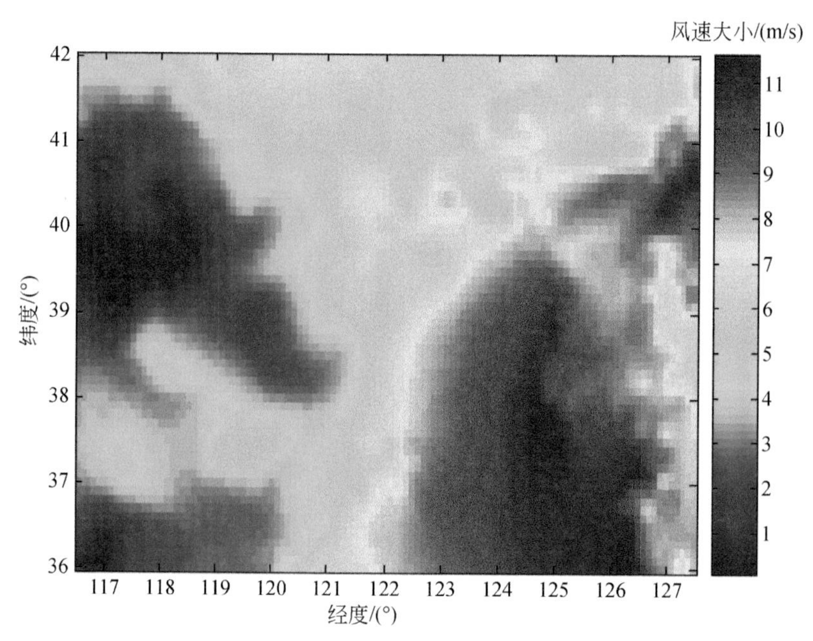

图 3-26 2006 年 3 月 23 日 10 时 MM5 模式海面风速数值预报结果

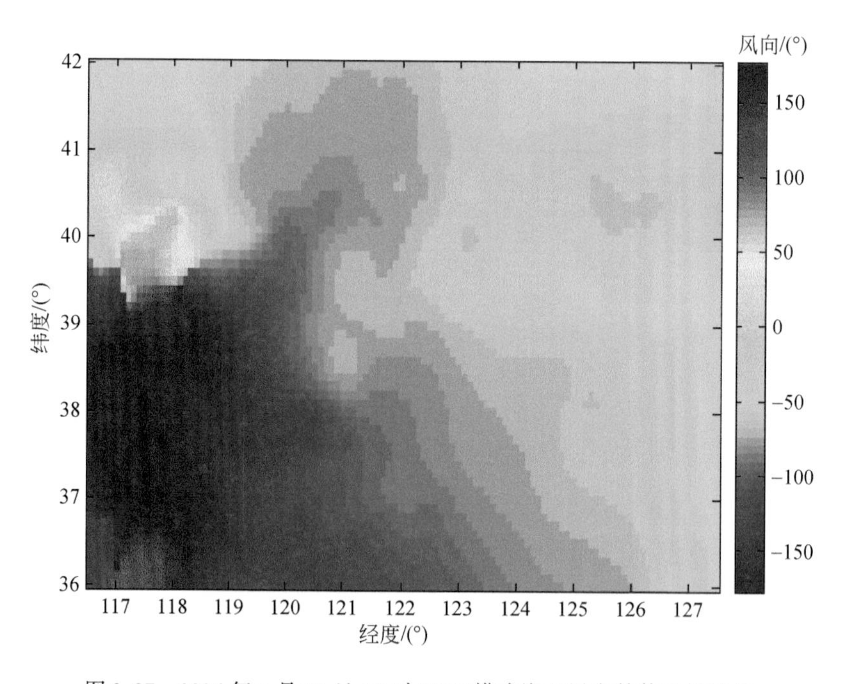

图 3-27 2006 年 3 月 23 日 10 时 MM5 模式海面风向数值预报结果

3.5.1.2 油膜雷达后向散射特征分析

为了分析图 3-24 所示的不同形成时间的海面油膜雷达后向散射特征，选用了距离 SAR 过境成像时间较近的 MM5 模式海面风场数值预报结果。成像时的海况为海面风速：

4.8927m/s；风向：南偏西73°。雷达飞行方向为降轨，雷达波束与风向夹角 $\phi\approx31°$；雷达入射角为IS2，由图3-24海面溢油区域在图像中的位置，可以估算溢油海域雷达波束入射角 $\theta\approx23°$；入射波为C波段、VV极化。将以上参数代入海面电磁波散射复合表面模型——式（2-72）、式（3-24）、式（3-26）中，得到如图3-28所示的不同黏度油膜与海面雷达后向散射系数差异随雷达波束与上风向夹角 ϕ 变化关系图。同时图3-28也显示了表3-7列出的1～4期油膜与海面雷达后向散射系数差异的分布规律。

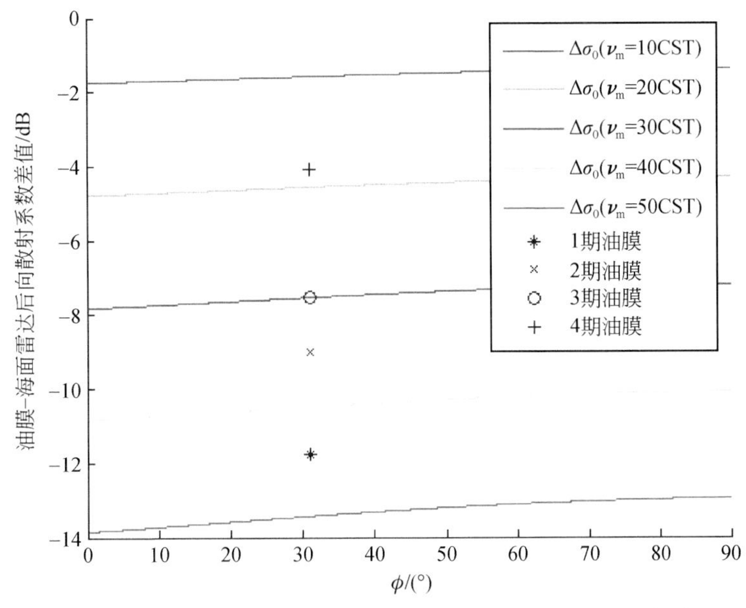

图3-28 不同年龄油膜-海面雷达后向散射系数差值与油膜黏度对比图

$\sigma_0(\theta=23°;\ k_e=111;\ \phi,\ U_{10}=5\text{m/s};\ v_m=10,\ 20,\ 30,\ 40,\ 50;\ \tau_m=0.03)$

由图3-28可以看出，随着海面油膜形成时间的增加，油膜与海面雷达后向散射系数的差异减小；随着油膜运动黏滞系数减小，油膜与海面雷达后向散射系数差异减小。海面油膜的这种变化规律也是容易理解的：随着油膜在海面漂浮时间的增加，海水的乳化作用以及油膜的蒸发、扩散作用，油膜逐渐转变为油水混合物状态，因此黏度减弱、对海面毛细重力波的阻尼作用减弱，与背景海面雷达后向散射系数差异减小，直至完全被海水乳化分解。

当 $\phi=31°$、$\theta=23°$、$U_{10}=5\text{m/s}$ 时，利用低海况高斯海面雷达后向散射模型（参见3.3.2节）可以计算海面雷达后向散射系数 $\sigma_0^S=-24.2793\text{dB}$。这与实际SAR图像的定标结果（-13.1178dB）差异较大。其原因在于模型的模拟结果受海面风速、风向影响较大，事故海域距海岸较近，海面局地风场变化较为复杂；由图3-24清晰可见事故海域东北方向即有大片由气团交汇所形成的低风速区域，这将对散射计或MM5数值海况预报结果精度产生较大影响，如果局地海面风速比预报结果偏高，模型的计算结果将有可能偏小。仔细分析图3-25～图3-27所示的海况反演与预报结果可知，事故海域平均风向为南偏西45°，风速为5～8m/s，当海面风速 $U_{10}=8\text{m/s}$ 时，仍采用高斯海面波浪模型，可以计算：相同条件下海面雷达后向散射系数为-19.0450dB，如图3-29所示。这与表3-8所列的实

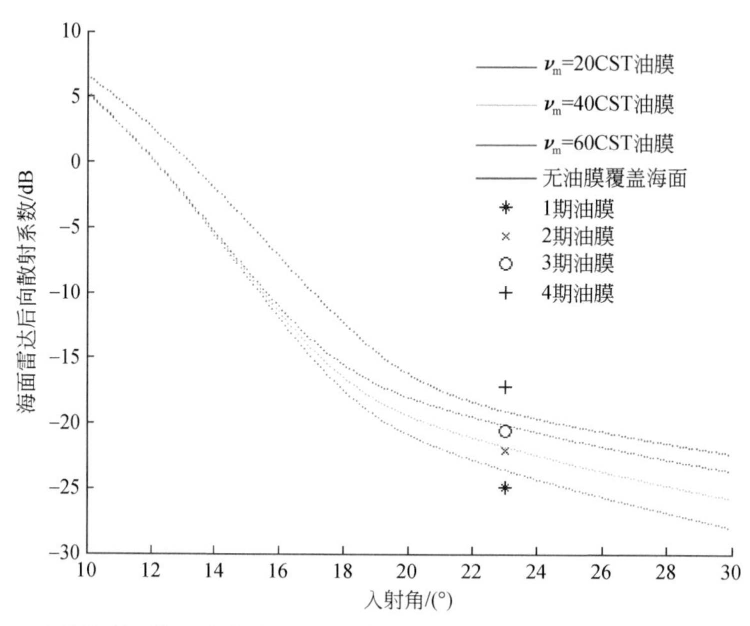

图 3-29 中等海况下海面油膜雷达后向散射系数模型预测值与 SAR 图像提取值对比图
$\sigma_0(\theta,\ k_e=111;\ \phi=31;\ U_{10}=8;\ v_m=20,\ 40,\ 60;\ \tau_m=0.03)$

际 SAR 图像提取结果-13.1178dB 更为接近，但仍存在一定误差。这说明海况较高时，模型对背景海面的预测值偏低。同时，由图 3-29 可见，基于高斯海面分布的复合表面模型对油膜雷达后向散射系数的预测值与实际 SAR 图像提取结果较为接近（除溢出时间较早的 4 期油膜外），这说明模型较好地描述了黏性海面油膜对海面毛细重力波的阻尼效应。

3.5.2 2007 年 12 月韩国西海油轮漏油事故

3.5.2.1 多时相 SAR 图像海面溢油遥感监测

2007 年 12 月 7 日，中国香港籍超大型“HEBEI SPIRIT”号油轮在韩国西海岸泰安郡大山港抛锚待泊期间，被韩国失控浮吊船“SAMSUNG NO.1”擦碰，“HEBEI SPIRIT”轮左舷 1 号、3 号、5 号油舱受损，导致万余吨原油泄漏入海（http://www.gov.cn/govweb/gzdt/2007-12/14/content_833853.htm [2021-10-10]）。此次溢油污染事发海域距我国山东半岛最东端仅 300km（图 3-30），为评估此次溢油污染事故对我国黄渤海海域的生态环境威胁，通过检索过境卫星数据，最终选定了 2007 年 12 月 10 日 21 点 26 分 Envisat ASAR IMP 模式数据 2 景（红色）、2007 年 12 月 11 日 9 点 40 分 Envisat ASAR WS 模式数据 1 景（蓝色）、2007 年 12 月 13 日 5 点 43 分 TerraSAR-X ScanSAR 模式数据 1 景（绿色）、2007 年 12 月 14 日 9 点 40 分 Envisat ASAR WS 模式数据 1 景（黄色），对此次溢油污染事故的连续监测，以上图像均为 VV 极化。

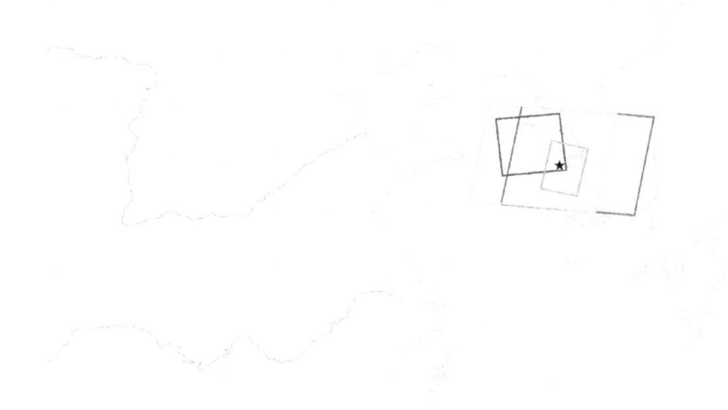

图3-30　2007年12月7日韩国西海岸原油泄漏污染事发海域

2007年12月10日21点26分获取的Envisat ASAR图像为精细图像（IMP）模式，空间分辨率为30m，幅宽为100km，但图像仅仅覆盖了污染区域西北角的少量区域，如图3-31所示。图像显示的污染区域边界清晰，说明污染严重，油膜较厚。图像中清晰可见现场清理留下的痕迹。

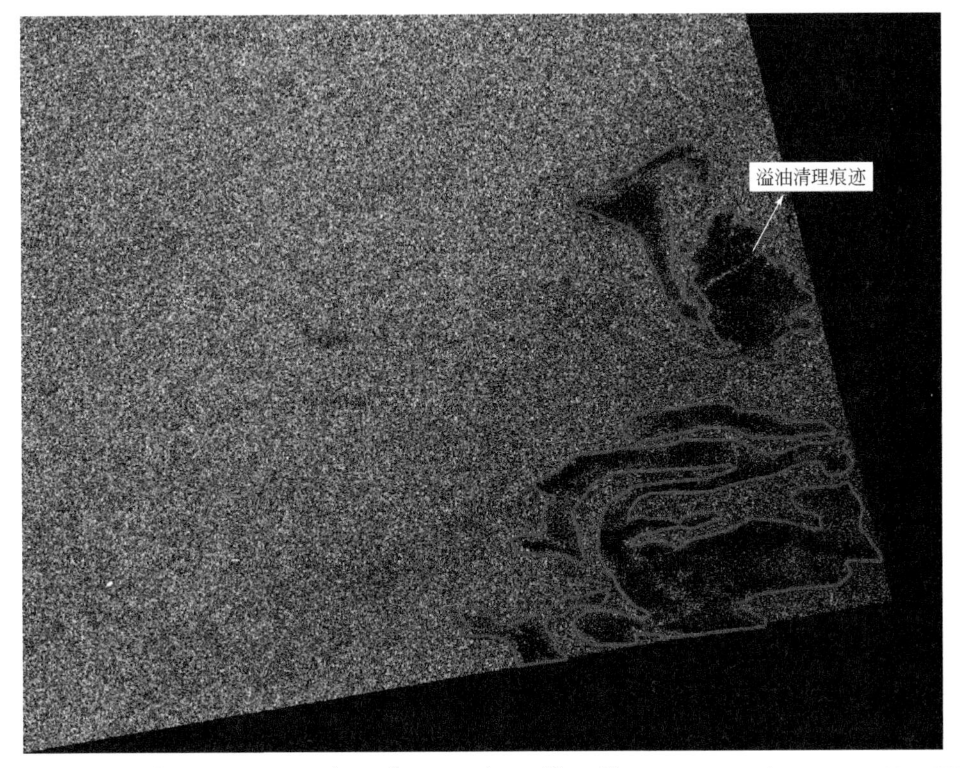

图3-31　2007年12月10日21点26分（2007年12月10日13:26:30 UTC）Envisat ASAR IMP模式图像（局部）显示的海面溢油污染情况

2007 年 12 月 11 日 9 点 40 分获取的 Envisat ASAR 图像是扫描模式，分辨率为150m，幅宽为 400km。图像清晰显示了韩国泰安郡西侧的油膜污染区域，经测算污染面积为 1555km^2，东西宽 46km，南北长 61km，如图 3-32 所示。

图 3-32 2007 年 12 月 11 日 9 点 40 分（2007 年 12 月 11 日 01:40:07 UTC）Envisat ASAR WS 模式图像（局部）显示的海面溢油污染情况

2007 年 12 月 13 日 5 点 43 分获取的德国 TerraSAR-X 卫星合成孔径雷达遥感图像为 X 波段，扫描模式，分辨率为 16m，幅宽为 100km。雷达图像显示核心污染区域内的油膜边界清晰，油膜厚度依然很大，说明污染仍然非常严重。根据测算，厚重油膜污染区域的面积为 550km^2，如图 3-33 所示。

由于 TerraSAR 为 X 波段，波长小于 C 波段，由图 3-16 可知，短波长对海浪更为敏感，图像上表现为雷达后向散射更强；由于油膜对海面毛细重力波的阻尼作用随波长减小而增强，因此 X 波段油膜与海面雷达后向散射对比更为明显，当油膜黏度较大时更是如此。

在图 3-33 中红色表示从 SAR 图像解译出的核心油膜污染区域；黄色表示可能的污染范围；绿色表示 12 月 11 日图像解译出的油膜污染范围。由此可见，由于海水乳化作用以及风的驱散作用，油膜污染范围已减小，且没有向我国海域扩散的趋势。图 3-34 显示了核心污染区局部图像。

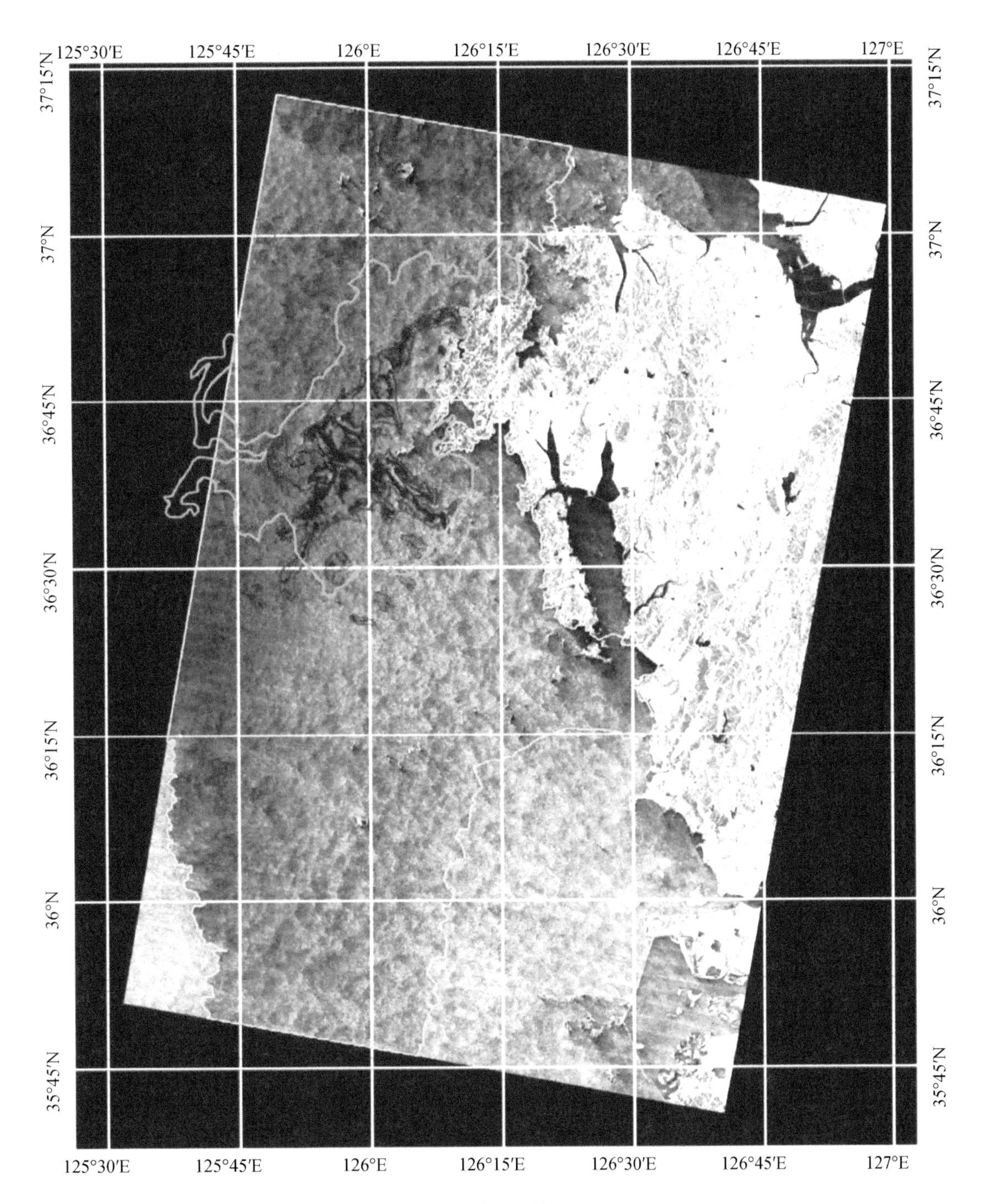

图3-33　2007年12月13日5点43分（2007年12月12日21:43:35 UTC）TerraSAR-X ScanSAR模式图像显示的海面溢油影响范围

红色：核心污染海域；黄色：可能的影响海域；绿色：12月11日溢油污染范围

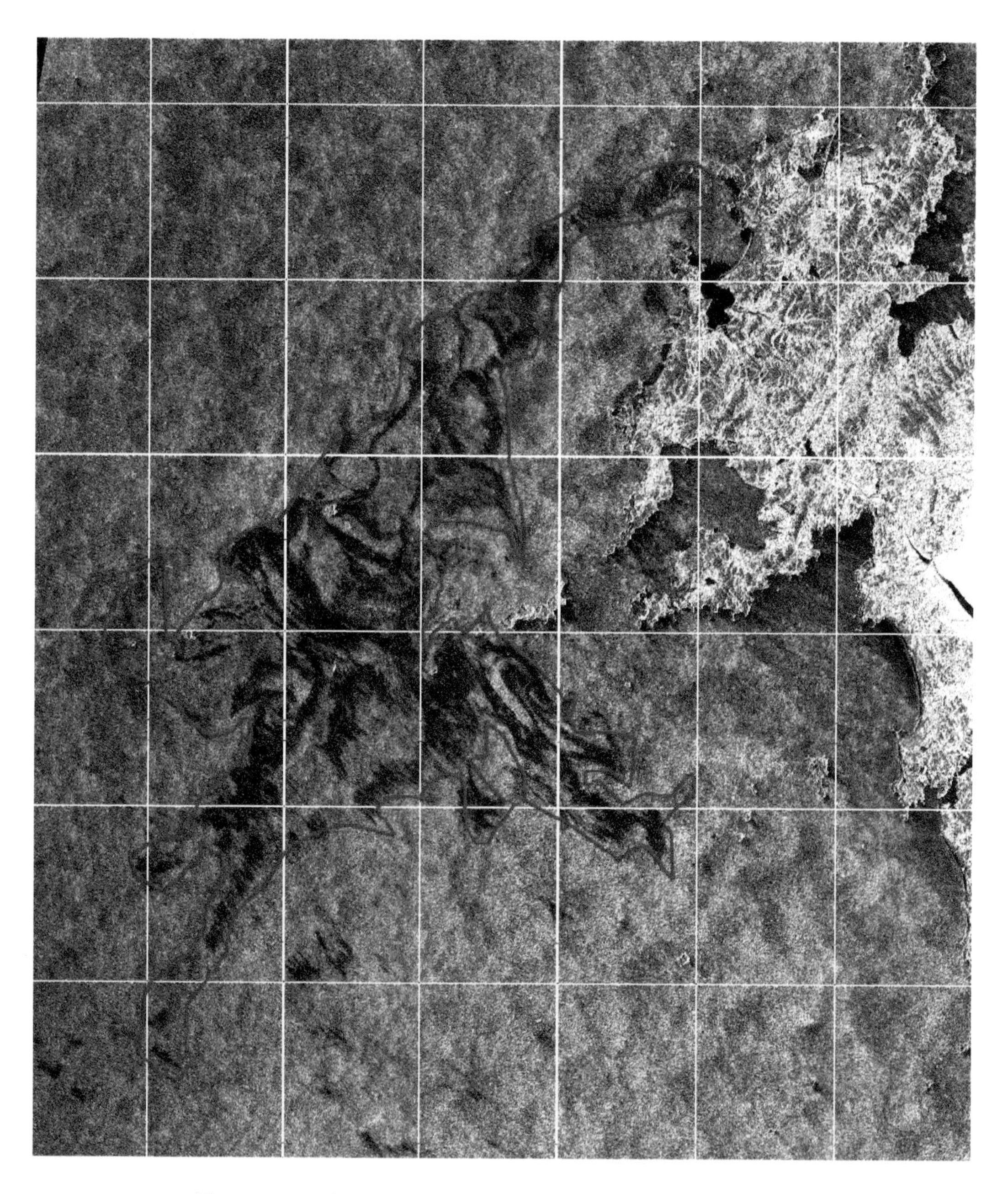

图 3-34 2007 年 12 月 13 日 TerraSAR-X 图像显示的核心污染区域

2007年12月14日9点45分获取的Envisat ASAR图像是扫描模式，分辨率为150m，幅宽为400km。由于距溢油事故发生已有7天时间，在海水乳化和油膜自身的挥发作用下，污染油膜在雷达图像上后向散射特征已不明显，面积约为332km²，与12月13日利用德国TerraSAR-X图像圈定的厚重油膜污染区域面积有所减小，如图3-35中红色区域所示。

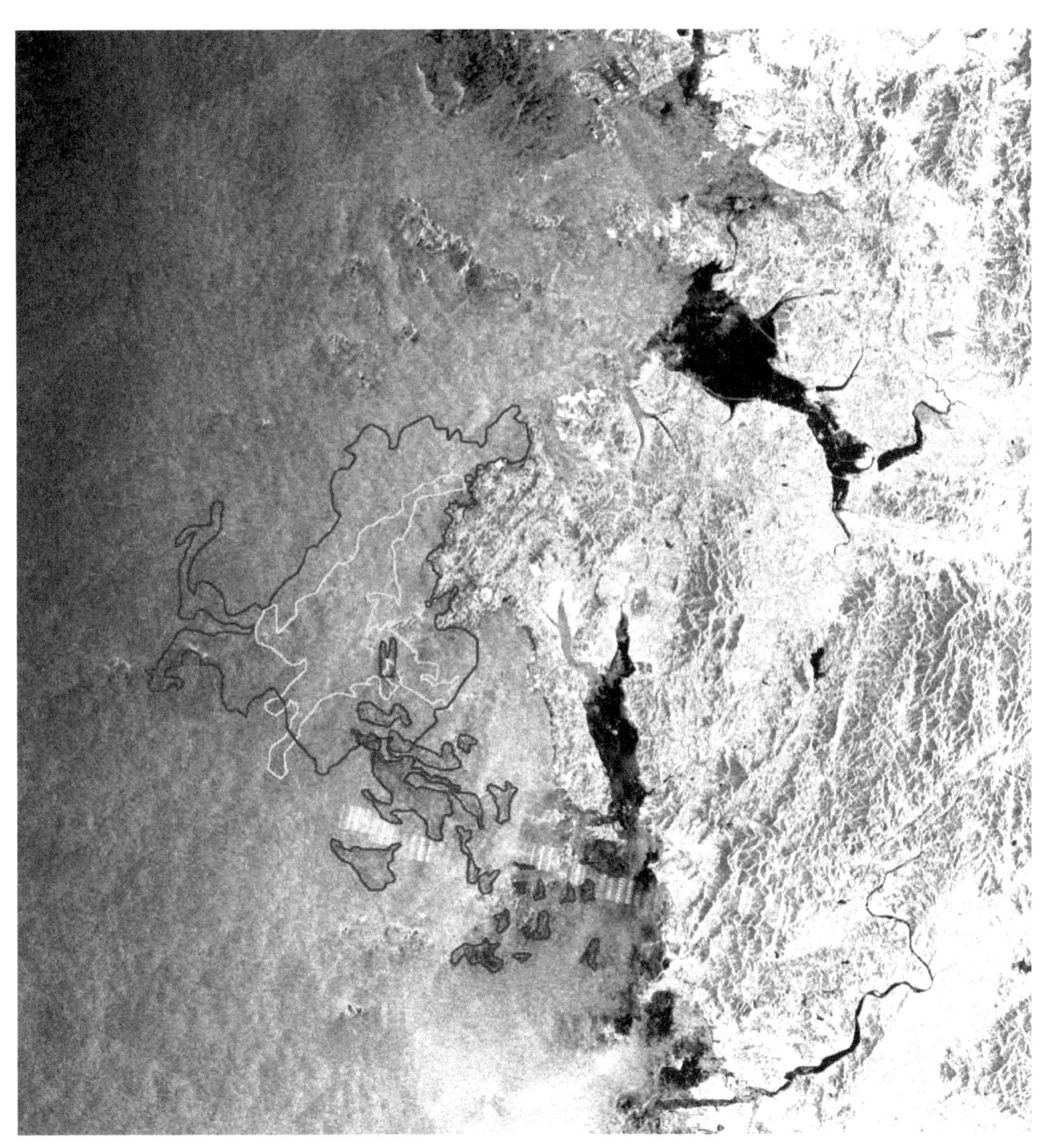

图3-35　2007年12月14日9点45分（2007年12月14日01:45:40 UTC）Envisat ASAR WS模式图像显示的溢油扩散范围

蓝色、黄色、红色分别对应2007年12月11日、13日、14日油膜范围

通过使用SAR图像对此次韩国西海岸溢油污染事故连续监测，没有发现海面溢油向我国海域扩散的情况，因此此次溢油事故对我国海洋环境影响有限。

3.5.2.2 基于散射计风场数据分析的油膜扩散趋势监测

2007 年 12 月 7 日韩国西海岸溢油事故发生后，通过收集事发海域海面风场 L2A 级准实时数据，并利用课题组开发的“海洋动力环境场微波遥感反演系统”软件开展了海面风场反演工作，并对海面溢油扩散趋势进行及时监控。

2007 年 12 月 7 日事故海域以西北风为主，风力达 8m/s 以上，海面溢油被控制在韩国西海岸，未能向我国黄渤海海域扩散。此后至 2007 年 12 月 10 日获取第一景 Envisat ASAR 图像期间，事故海域以西北风转东南风为主，但风力较弱，12 月 10 日，事故海域风力较强（8～10m/s），为东南风，如图 3-36 所示（为了更直观地说明监测方法，此后引用 Remote Sensing System 公司网站公布的风场数据快视图，其结果与用 MERS 1.0 软件反演结果基本一致），但海面溢油仍聚集在韩国海域，未对我国领海造成明显的环境影响。通过 12 月 11 日 Envisat ASAR 图像（图 3-30）也验证了海面溢油未向我国领海扩散。

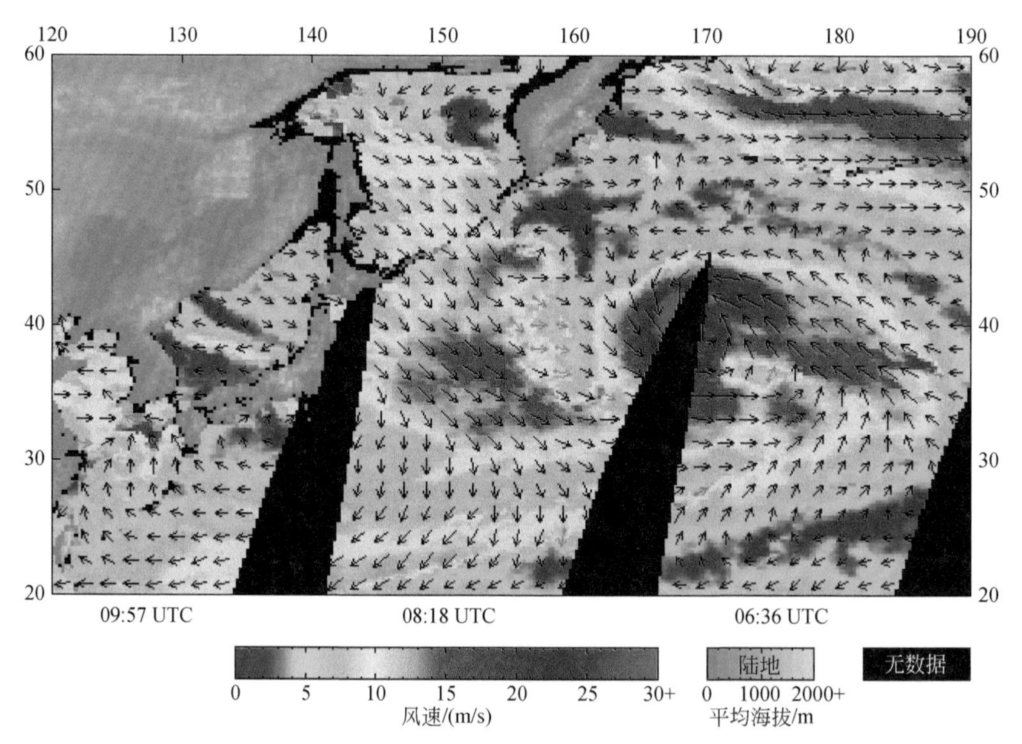

图 3-36 2007 年 12 月 10 日 18 时西北太平洋局部风场图（数据来自 www.remss.com [2021-10-10]）

12 月 11～14 日事故海域海面风场情况如图 3-37～图 3-40 所示。由时间序列海面风场图像可知，此期间事故海域以西北风-西风为主，且风力较大，溢油基本被控制在韩国西海岸附近，未能向外海扩散。12 月 13 日事故海域风力较大，瞬时可达10m/s以上，这也可以从当天的 TerraSAR-X 图像看出，当时海况较高，海面风浪较大，溢油斑块已逐渐被风浪驱散，并加速向韩国西海岸漂移。12 月 14 日以西风为主，由当天的 Envisat ASAR 图像（图 3-35）可见，距事发一周左右时间，由于海水的乳化、海面溢油的挥发以及人工清

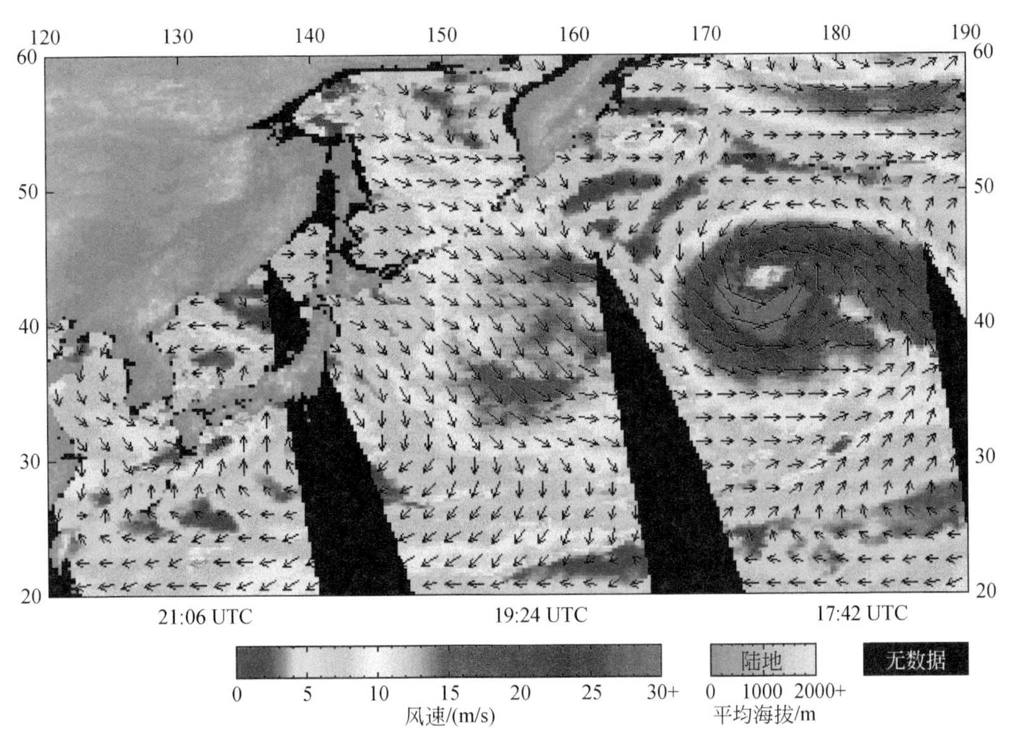

图3-37 2007年12月11日5时西北太平洋局部风场图（数据来自 www. remss. com［2021-10-10］）

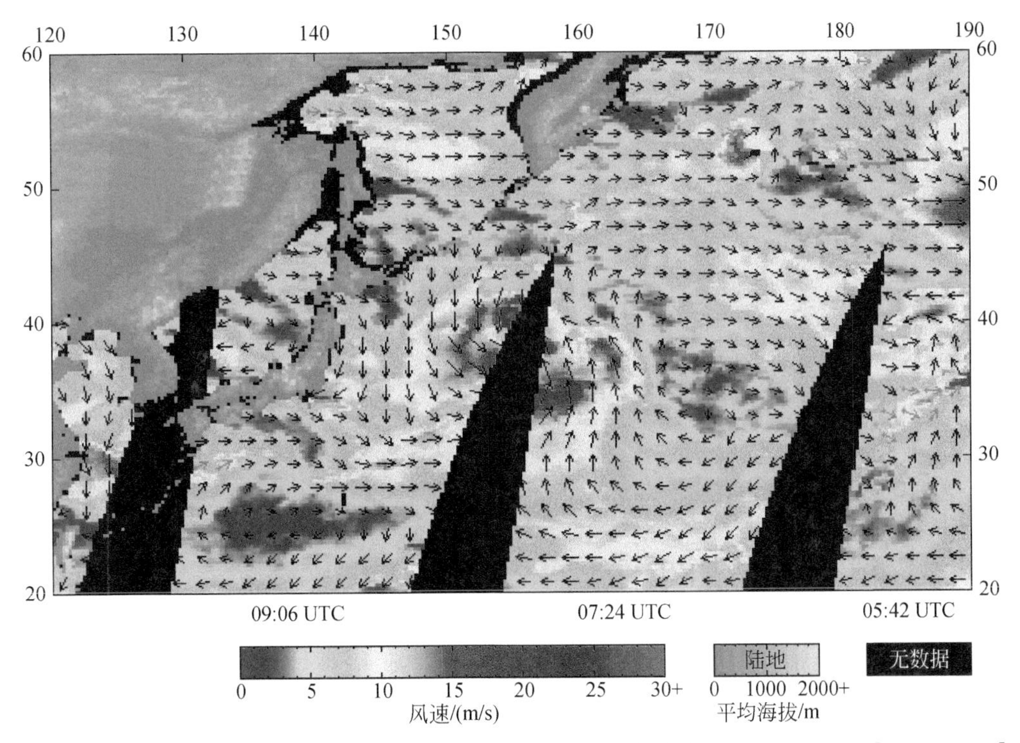

图3-38 2007年12月12日18时西北太平洋局部风场图（数据来自 www. remss. com［2021-10-10］）

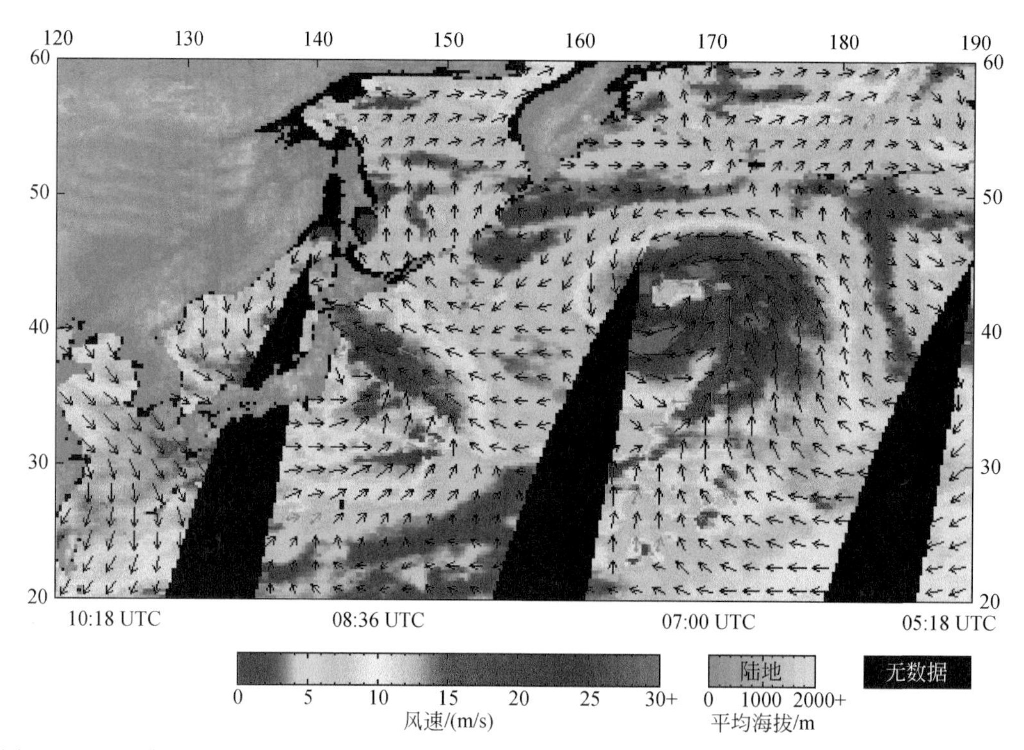

图 3-39　2007 年 12 月 13 日 18 时西北太平洋局部风场图（数据来自 www. remss. com［2021-10-10］）

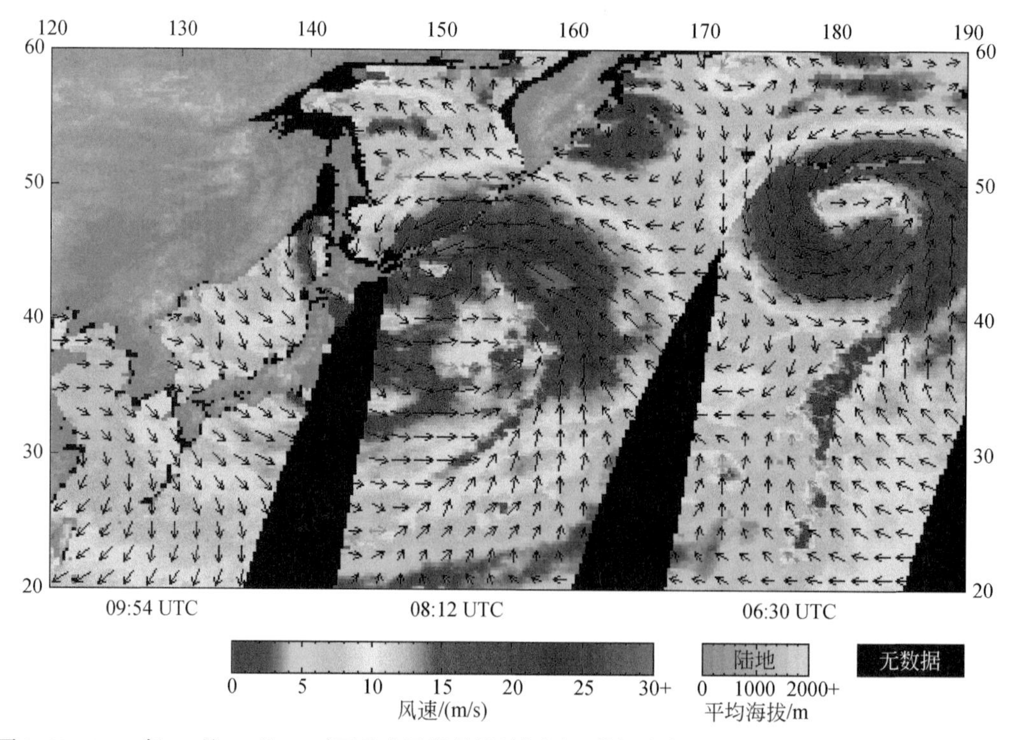

图 3-40　2007 年 12 月 14 日 18 时西北太平洋局部风场图（数据来自 www. remss. com［2021-10-10］）

表 3-8　2007 年 12 月韩国西海岸溢油事故 SAR 图像成像模式、海况及海面油膜雷达后向散射系数模拟值与提取值对比表

成像时间	传感器	成像模式	入射角/(°)	海面风速/(m/s)	风向/(°)	方位角 ϕ/(°)	油膜面积/km^2	油膜 σ_0^m 提取值/dB	海面 σ_0^s 提取值/dB	$\sigma_0^m-\sigma_0^s$ 提取值/dB	油膜 σ_0^m 模拟值/dB	海面 σ_0^s 模拟值/dB	$\sigma_0^m-\sigma_0^s$ 模拟值/dB	油膜 ν_m/CST
2007 年 12 月 10 日	ASAR	IMP	26	8. 02	SW 80	4	40	−29. 3104	−19. 0107	−10. 2997	−29. 1321	−19. 3321	−9. 8000	110
2007 年 12 月 11 日	ASAR	WS	32	7. 92	SE 30	49	1555	−23. 8028	−15. 8762	−7. 9266	−32. 5275	−24. 7295	−7. 7980	80
2007 年 12 月 13 日	TerraSAR-X	ScanSAR	34	8. 85	SE 40	35	550	−24. 8520	−15. 5228	−9. 3292	−24. 9697	−21. 5886	−3. 3811	60
2007 年 12 月 14 日	ASAR	WS	20	8. 10	SE 61	16	332	−13. 3766	−10. 7591	−2. 6175	−16. 9677	−15. 4620	−1. 5057	20

理工作的展开，海面油斑已基本消失，此次韩国西海油轮溢油事件基本未对我国领海造成严重的环境影响。

3.5.2.3 油膜特征变化规律分析

为了分析海面溢油形成以后海面油膜特征的变化情况，将此次溢油污染事故中所涉及的、不同时相的 SAR 图像参数及海面油膜雷达后向散射系数以及 MM5 模式反演的成像时的海况数据归纳于表 3-8 中。由表 3-8 可以看出：四个时相的瞬时海面风速差异不大，除第一天图像未完全覆盖海面溢油区域外，其余三天海面油膜面积逐渐减小。

12 月 14 日的图像中（图 3-40）溢油区域位于图像近距点，较小的入射角造成雷达后向散射极大，图像中个别区域已近饱和，因此，12 月 14 日图像中的油膜、海面雷达后向散射系数相对于其他几天明显偏大，由此可见地物雷达后向散射特征对雷达入射角度非常敏感。12 月 10 日距溢油事故发生时间最近，油污比较厚重，后向散射较小。12 月 13 日的图像为 X 波段 TerraSAR-X ScanSAR 模式图像，相对于其他 C 波段 Envisat ASAR 图像，X 波段海面的雷达后向散射较高，油膜的雷达后向散射较低，由此可见地物雷达后向散射特征对入射波波长也非常敏感。

图 3-41 对比了事故海域 4 个时相的 SAR 图像油膜与背景海面雷达后向散射系数提取值与模型模拟值的变化规律。

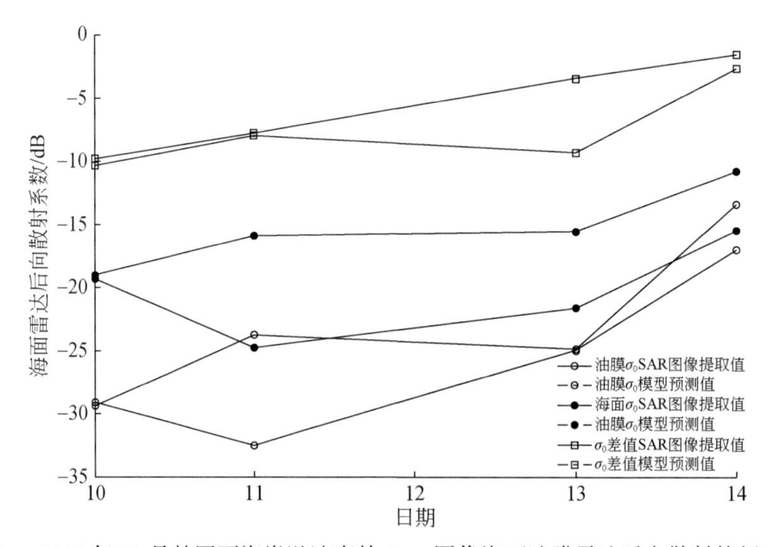

图 3-41　2007 年 12 月韩国西海岸溢油事故 SAR 图像海面油膜雷达后向散射特征变化图

由图 3-41 可见：12 月 10 日、13 日、14 日三个时相的 SAR 图像油膜、海面 σ_0 提取值与模拟值符合较好。12 月 11 日提取值与模拟值偏差较大，但油膜与海面 σ_0 差值的提取值与模拟值偏差很小。因此可以推断这种偏差的形成原因为：①实际成像时海况较高，造成模型预测值偏低；②此景 12 月 11 日 ASAR WS 模式图像定标结果有偏差（此景图像头文件部分数据段有误）。此外，由图 3-41 可以发现 12 月 13 日 TerraSAR-X 图像海面 σ_0 模拟值比提取值偏低，但油膜 σ_0 模拟值与提取值相比偏差很小。这说明利用本书所提出的油

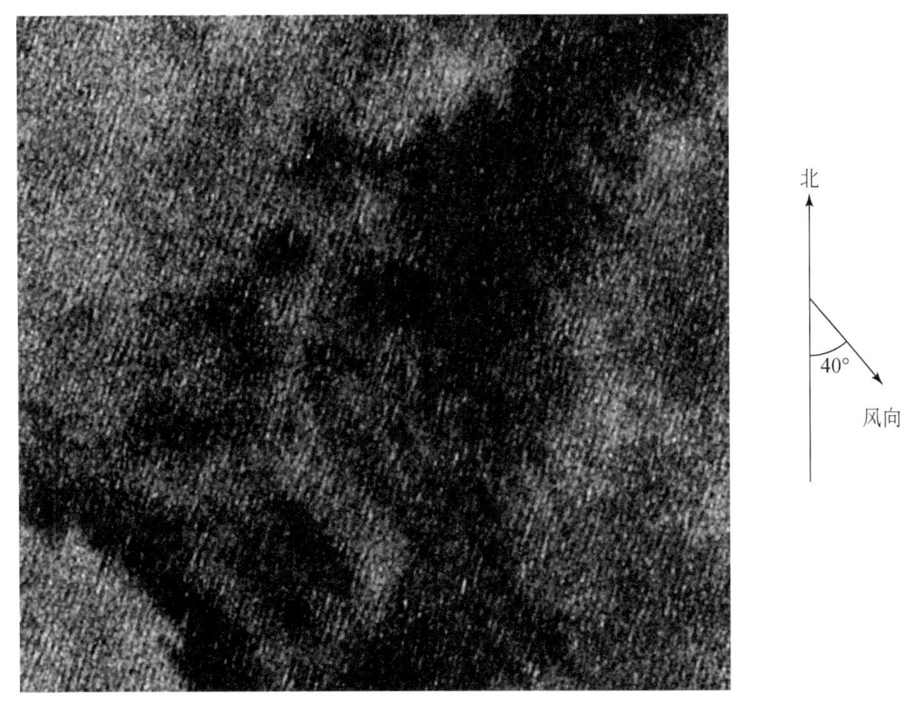

图3-42　TerraSAR-X图像油膜覆盖海面区域清晰可见的海浪条纹

图3-43　经FFT变换后的图像

膜黏滞损耗传递函数解释不同黏度油膜对海面毛细重力波的阻尼效应，以及结合海面雷达后向散射复合表面模型进行海面油膜雷达后向散射系数模拟是有效的。但由于12月13日X波段SAR成像时海况很高，海面风浪状态极为复杂，虽然模型采用高海况、大入射角的Liu分布（$n=3$），但海面σ_0的模拟结果与实际SAR图像的提取结果仍有较大误差，笔者认为这主要是由于高海况条件下波浪破碎严重，海面白冠、楔形海浪等对雷达后向散射贡献增大，基于镜点散射和Bragg共振散射的复合表面模型已无法描述如此复杂的海面雷达后向散射过程。

由图3-33所示的16m X波段TerraSAR-X图像可知：当海况较高时，即使在海面有油膜覆盖情况下，也可以清晰地解译出具有规则纹理特征的海浪条纹（图3-42），由此也可以在一定程度上预测海面风向以及海面油膜的扩散方向。这也为区分海面油膜与低风速海面暗区造成的“疑似油膜”现象提供了一种辨别方法。图3-43为经过FFT变换后的图像，由图3-42可见海浪传播方向被清晰地反映出来（图3-43中的箭头方向）。

参考文献

黄晓霞，1998. 海洋油气藏遥感综合探查技术研究. 北京：中国科学院遥感应用研究所.

李欢，李程，王国松，等，2019. 中国近海海上溢油一体化预测预警系统研究——系统业务化应用. 海洋信息，34（1）：44-50.

马里，2006. 渤海海域溢油卫星遥感监测研究. 大连：大连海事大学.

潘文全，1982. 流体力学基础. 北京：机械工业出版社.

石立坚，2008. SAR及MODIS数据海面溢油监测方法研究. 青岛：中国海洋大学.

寿德清，向正为，1984. 我国石油基础物性研究（一）. 石油炼制与化工，（4）：3-10.

田维，徐旭，卞小林，等，2014. 环境一号C卫星SAR图像典型环境遥感应用初探. 雷达学报，3（3）：339-351.

万重英，寿德清，杨朝合，等，1996. 国产石油馏分表面张力的实验研究. 中国石油大学学报（自然科学版），20（增刊）：59-65.

于五一，李进，邵芸等，2007. 海上油气勘探开发中的溢油遥感检测技术——以渤海湾海域为例. 石油勘探与开发，34（3）：378-383.

Apel J R，1987. Principles of ocean physics. Boston，MA：Academic Press.

Belore R C，1982. A device for measuring oil slick thickness. Spill Technology Newsletter，7（2）：44-47.

Brekke C，Solberg A H S，2008. Classifiers and confidence estimation for oil spill detection in ENVISAT ASAR images. IEEE Transactions on Geoscience and Remote Sensing，5（1）：65-69.

Cloude S R，1986. Polarimetry：the characterization of polarization effects in EM scattering. PhD. Dissertation，Birmingham University.

Donelan M A，Pierson W J，1987. Radar scattering and equilibrium range in wind-generated waves with application to scatterometry. Journal Geophysical Research，92：4971-5029.

Evans D L，Alpers W，Cazenave A，et al.，2005. Seasat-a 25-year legacy of success. Remote Sensing of Environment，94（3）：384-404.

Fiscella B，Giancaspro A，Nirchio F，et al.，2000. Oil spill detection using marine SAR images. International Journal of Remote Sensing，21（18）：3561-3566.

Fortuny-Guasch J，2003. “Improved oil slick detection and classification with polarimetric SAR，” in Proc.

Workshop Appl. SAR Polarimetry Polarimetric Interferometry, ESA-ESRIN, Frascati, Italy, 27: 1.

Frate F D, Petrocchi A, Lichtenegger J, et al. , 2000. Neural networks for oil spill detection using ERS-SAR data. IEEE Transactions on Geoscience and Remote Sensing, 38 (5): 2282-2287.

Gambardella A, Nunziata F, Migliaccio M, 2007. Oil spill observation by means of co-polar phase difference. Proceedings of International Workshop on Science & Applications of Sar Polarimetry & Polarimetric Interferometry, 644: 22-26.

Geraci A L, Landolina F, Pantani L, et al., 1993. Laser and infrared techniques for water pollution control. Proceedings of the 1993 Oil Spill Conference, Washington D C, American Petroleum Institute: 525-529.

Guinard N W, Daley J C, 1970. An experimental study of a sea clutter model. Proceedings of the IEEE, 58 (4): 543-550.

Hengstermann T, Reuter R, 1990. Lidar fluorosensing of mineral oil spills on the sea surface. Applied Optics, 29: 3218-3227.

Holliday D, St-Cyr G, Woods N E, 1986. A radar ocean imaging model for small to moderate incidence angles. International Journal of Remote Sensing, 7: 1809-1834.

Hovland H, Johannessen J, Digranes G, 1994. Norwegian surface slick report. Bergen, Norway: Nansen Environmental and Remote Sensing Center.

Huang B, Li H, Huang X, 2005. A level set method for oil slick segmentation in SAR images. International Journal of Remote Sensing, 26 (6): 1145-1156.

Kasilingam D, 1995. Polarimetric radar signatures of oil slicks for measuring slick thickness. Conference Proceedings of the Second Topical Symposium on Combined Optical-Microwave Earth and Atmosphere Sensing. DOI: 10.1109/COMEAS.1995.472328.

Keramistsoglou I, Cartalis C, Kiranoudis C T, 2006. Automatic identification of oil spills in satellite images. Environmental Modeling & Software, 21 (5): 640-652.

Liu Y, Yan X, 1995. The wind-induced wave growth rate and the spectrum of the gravity-capillary waves. Journal of Physical Oceanography, 25 (12): 3196-3218.

Liu Y, Yan X H, Liu W T, 1997. The probability density function of ocean surface slopes and its effects on radar backscatter. Journal of Physical Oceanography, 27: 782-797.

Lucassen J, 1982. Effect of surface-active material on the damping of gravity waves, a reappraisal. Journal of Colloid and Interface Science, 85: 52-58.

Migliaccio M, Tranfaglia M, Ermakov S A, 2005. A physical approach for the observation of oil spills in SAR images. IEEE Journal of Oceanic Engineering, 30 (3): 496-507.

Migliaccio M, Gambardella A, Tranfaglia M, 2007. SAR polarimetry to observe oil spills. IEEE Transactions on Geoscience & Remote Sensing, 45 (2): 506-511.

Nirchio F, Sorgente M, Giancaspro A, et al., 2005. Automatic detection of oil spills from SAR images. International Journal of Remote Sensing, 26 (6): 1157-1174.

Salisbury J W, D'Aria D M, Sabins F F, 1993. Thermal infrared remote sensing of crude oil slicks. Remote Sensing of Environment, 45 (2): 225-231.

Solberg A H S, Storvik G, Solberg R, et al., 1999. Automatic detection of oil spills in ERS SAR images. IEEE Transactions on Geoscience and Remote Sensing, 37 (4): 1916-1924.

Solberg A H, Brekke C, Husoy P O, et al. , 2007. Oil spill detection in radarsat and envisat SAR Images. IEEE Transactions on Geoscience & Remote Sensing, 45 (3): 746-755.

Topouzelis K, Karathanassi V, Pavlakis P, et al., 2007. Detection and discrimination between oil spills and look-alike phenomena through neural networks. ISPRS Journal of Photogrammetry & Remote Sensing, 62 (4): 264-270.

Ulaby F T, Moore R K, Fung A K, 1987. Microwave remote sensing: active and passive. Norewood, MA: Artech House Inc.

Valenzuela G R, 1968. Scattering of electromagnetic waves from a tilted slightly rough surface. Radio Science, 3: 1057-1066.

Wright J W, 1966. Backscattering from capillary waves with application to sea clutter. IEEE Transactions on Antennas and Propagation, 14 (6): 749-754.

Wright J W, 1968. A new model for sea clutter. IEEE Transactions on Antennas & Propagation, 16: 217-223.

第4章　海洋绿潮雷达遥感探测

4.1　概　　述

海洋绿潮是由海上大型藻类聚集而形成的一种海洋生态灾害，世界各国沿海区域都有发生。研究表明，河口、内湾、潟湖等海水富营养化程度较高区域是海洋绿潮的高发区。我国近海海洋绿潮灾害的“元凶”主要是浒苔，也称“苔条”、“苔菜”，属绿藻纲，石莼科。海上浒苔的大规模繁殖会遮蔽阳光，影响海底藻类生长。死亡的浒苔也会消耗海水中的氧气，对其他海洋生物造成不利影响。此外，海上大规模浒苔聚集，还会影响海上航道安全，影响旅游观光和水上运输活动。我国近海绿潮灾害多发生在春、夏两季，通常随夏季高温期的到来而消退。2008年夏季奥运会期间，我国黄海海域暴发了海洋绿潮灾害，大量浒苔自黄海南部海域涌向青岛奥运会帆船比赛海域，造成了比较大的生态环境影响（Liu D et al.，2009，2013）。

近年来，国内外科学家对每年夏季我国黄海海域绿潮灾害暴发的原因开展了深入研究，主流观点认为（Pang et al.，2010；Liu F et al.，2013；Liu X et al.，2015；Son et al.，2015；Wang et al.，2015）：每年夏季，漂浮在黄海海面上的大规模浒苔发源于江苏省的苏北浅滩区域。该区域是我国传统的海上紫菜养殖区，由于粗犷的农业生产方式，在紫菜养殖过程中，大量的浒苔幼苗被冲洗后流入大海，在合适温度和光照条件下快速实现生长，并在潮汐和海流的助推作用下北上，最终抵达山东半岛南岸一带。

对于海洋绿潮灾害监测而言，合成孔径雷达卫星不受海上多云多雨气象条件限制，并且可以在夜晚成像，这在海洋绿潮灾害遥感应急监测业务化工作中，是一种不可或缺的卫星观测手段。

4.2　海洋绿潮雷达遥感探测机理

4.2.1　海面浒苔目标SAR成像特征分析

合成孔径雷达作为一种主动式传感器，通过雷达发射机向地面发射微波信号，经过能量的吸收、反射和散射，其中有一部分散射波回到雷达系统，被雷达天线接收而成像。散射回波的强度决定了地面目标在合成孔径雷达图像上的亮度。影响回波信号强度的因素包括：目标的粗糙度、介电常数以及目标的分布及方位、方向等。

随着粗糙度的增加，目标对雷达入射波从轻度漫反射到高度漫反射，散射回波信号增加。图 4-1 给出了不同粗糙度表面的反射和散射特征。

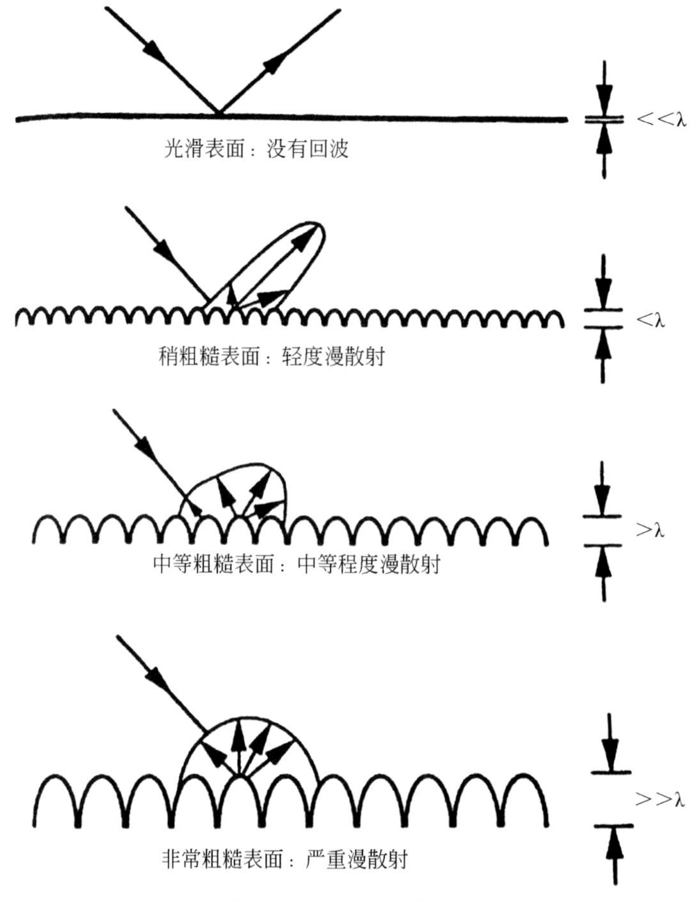

图 4-1　不同粗糙度表面的反射和散射特征

在中低海况条件下，对于常用的雷达遥感卫星波段，海面粗糙度相对于入射电磁波波长而言较为光滑，回波信号相对较弱。相对地，水面浒苔粗糙度较大，散射回波信号的强度较大，因此，雷达图像上浒苔后向散射强度通常高于海面，易于被 SAR 图像探测。典型浒苔目标在雷达图像上呈明亮的条带状，特征如图 4-2 所示。

在雷达图像上，浒苔、水体、船只和陆地的图像特征差异明显。为定量说明浒苔与其他目标在雷达遥感图像上的差异，我们利用辐射定标后的雷达卫星遥感数据提取其后向散射系数并进行了对比分析。利用 2008 年 7 月 18 日 5 时 59 分获取的加拿大 Radarsat-1 雷达卫星遥感数据，首先对其进行辐射定标，然后提取浒苔、水体、陆地、船只的后向散射系数进行统计分析，表 4-1 给出了对比结果。

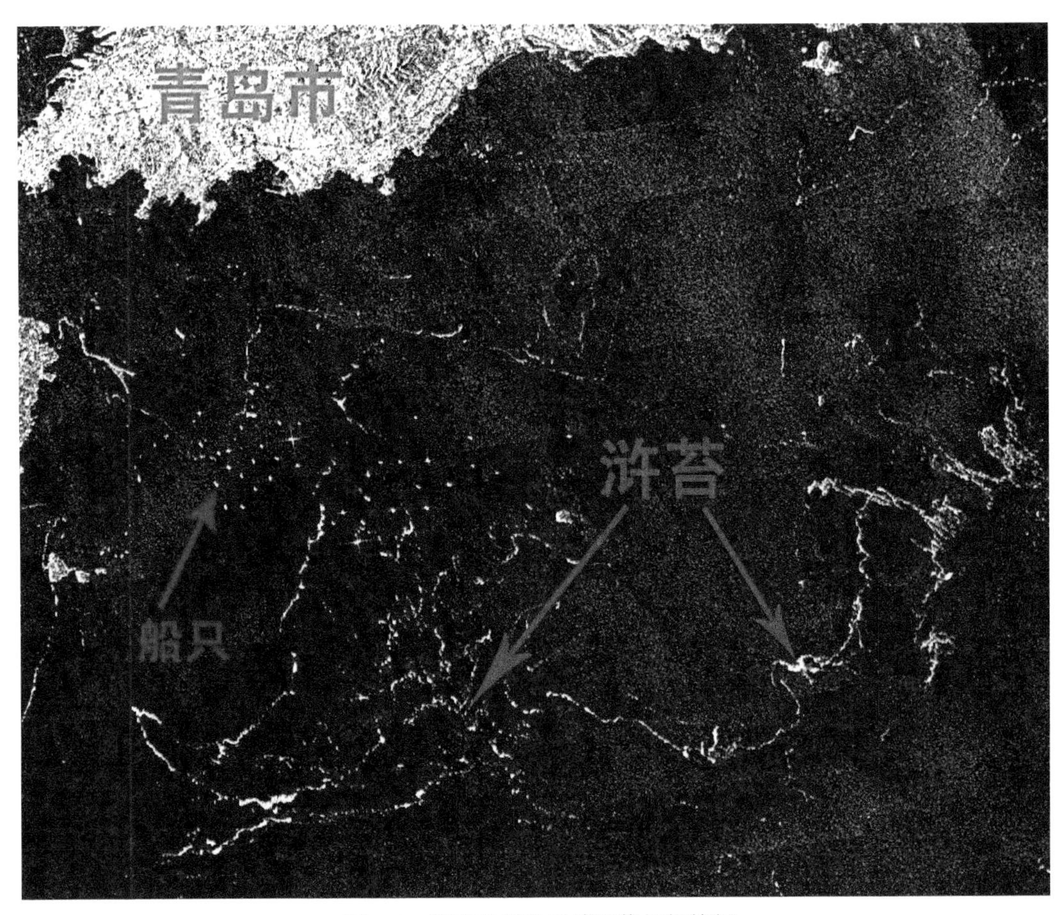

图 4-2　浒苔的雷达遥感图像细部特征

表 4-1　浒苔、水体、陆地和船只的后向散射系数对比

	最大后向散射系数/dB	最小后向散射系数/dB	平均后向散射系数/dB
浒苔	-4.88	-20.39	-11.97
水体	-15.35	-30.37	-21.15
陆地	-0.23	-17.62	-8.08
船只	6.28	-5.49	0.87

从表 4-1 的统计结果可以看出，浒苔的后向散射系数的平均为-11.97dB，远高于水体的后向散射系数（-21.15dB）；同为水面亮目标的船只，其后向散射系数的均值为 0.87dB，远高于浒苔，因此，在雷达遥感图像上可将水体、浒苔和船只等目标区分开来。

为了分析不同雷达波长和极化方式对浒苔检测效果的影响，利用 Cosmo-SkyMed 和 Radarsat 数据进行了对比分析。采用的数据源和浒苔检测结果如表 4-2 所示。

表 4-2 Cosmo-SkyMed 与 Radarsat 浒苔监测结果对比

卫星类型	成像时间（2008 年）	监测海域面/km²	浒苔分布面积/km²
Cosmo-SkyMed	7 月 15 日 18 时 46 分	7212.04	123.30
Radarsat-2	7 月 16 日 6 时 11 分	5861.58	23.94
Cosmo-SkyMed	7 月 16 日 18 时 16 分	15179.03	290.09
Radarsat-1	7 月 18 日 5 时 59 分	8746.29	45.58

Radarsat 和 Cosmo-SkyMed 分别工作在 C 波段和 X 波段，从表 4-2 对 Cosmo-SkyMed 与 Radarsat 浒苔监测结果的对比可以看出，在 X 波段可识别的浒苔数量远多于 C 波段可识别的浒苔数量，C 波段对浒苔探测效果不如 X 波段，这主要是因为 C 波段相对于 X 波段波长更长。散射表面的粗糙度与雷达入射波的波长高度相关，波长越长，则相对粗糙度越小。故水中浒苔形成的散射表面，对于 C 波段而言粗糙度要小一些，雷达天线接收到的后向散射回波的强度要低一些，而 X 波段接收到的后向散射相对较强，因此相对于 C 波段而言，利用 X 波段探测浒苔优势更为明显。

就极化方式而言，Radarsat 为 C 波段、HH 极化模式，其对浒苔的探测效果不如 X 波段、VV 极化的 Cosmo-SkyMed 雷达卫星图像，这是因为浒苔在水面上形成的粗糙表面对 VV 极化电磁波的衰减比 HH 极化弱，因此浒苔在 VV 极化图像上的后向散射更强，对浒苔的监测能力也就相对更强一些。

前面分析了浒苔的后向散射特征，除此之外，其在雷达遥感图像上的特殊几何形态特征也是对其识别的重要依据。一般来说，水中易与浒苔造成混淆的亮目标包括船只目标、钻井平台以及云团、风浪等大气海洋现象。对于这些亮目标来说，人工目标常具有规则的几何结构特征，而某些大气海洋现象形成的亮特征则通常具有较大的范围且具有渐变的、模糊的边界，相比较而言，浒苔在水面上一般呈较细的条带状分布，边界清晰但不规则，容易与其他亮目标区分开来。

4.2.2 海面浒苔目标的多光谱-SAR 图像特征对比分析

近十年来，中国近海海洋溢油、浒苔等海洋环境事故频发，海洋生态系统严重恶化，甚至威胁海上船只航行以及沿海人民生命财产安全。为了提高对海洋污染监测能力，往往需要投入人力物力。但传统的海洋灾害调查船舶和飞机的实际现场巡航，往往受客观因素影响，无法在恶劣的天气条件或对无法到达的海域实现有效监测。随着卫星遥感技术的发展，利用已在轨运行的卫星遥感影像则可以实现复杂海面污染物的高精度监测与预警。在已有的遥感卫星传感器中，光学卫星数量多、空间分辨率高、幅宽大，是一种常用的遥感数据获取方式（Hu et al.，2010）。合成孔径雷达由于能够在全天时、全天候条件下工作，并且其成像不受云和降雨的影响，逐渐成为复杂海面污染物监测的有效手段（田维等，2014；Tian et al.，2015；Wang et al.，2018a，2018b）。为对比光学和 SAR 遥感图像对于海面绿潮的探测性能，以 2014 年夏季我国黄海大规模浒苔暴发事件为监测对象，获取了准同步过境的我国环境 1 号 A 星多光谱卫星（HJ-IA 卫星）图像和加拿大 Radarsat-2 SAR 卫星图像，开展了对比分析研究。

图 4-3 为 2013 年 6 月 24 日我国北黄海海域海面大规模浒苔聚集的多光谱图像彩色合成图。由于 RGB 通道是采用 HJ-1A 卫星的 432 波段合成，图 4-3 中红色条带状目标为海面漂浮的浒苔。为对比浒苔目标在多光谱和 SAR 图像中的成像特征，还获取了大约 4h 之前过境的 SAR 图像，如图 4-4（a）所示。由于在前后 2 颗卫星过境期间，北黄海海域为

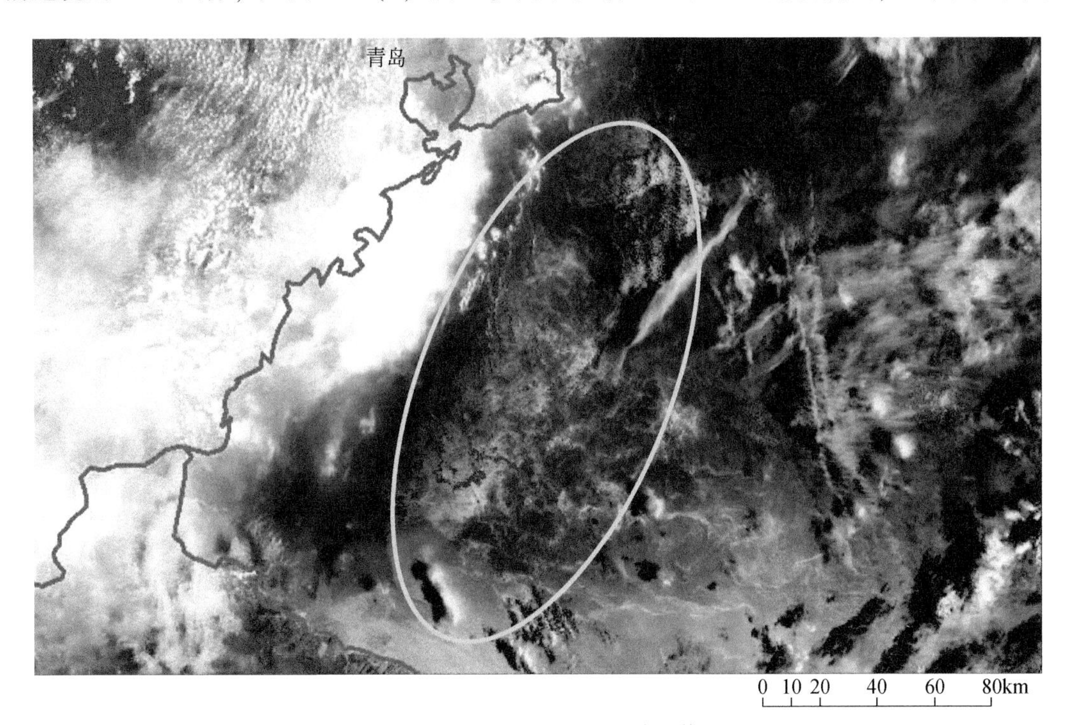

图 4-3　黄海浒苔卫星遥感图像

HJ-1A 卫星 CCD-1 多光谱图像彩色合成图，RGB：432 波段，2013 年 6 月 24 日 02:12:26 UTC，绿色椭圆框内为海面漂浮浒苔聚集区

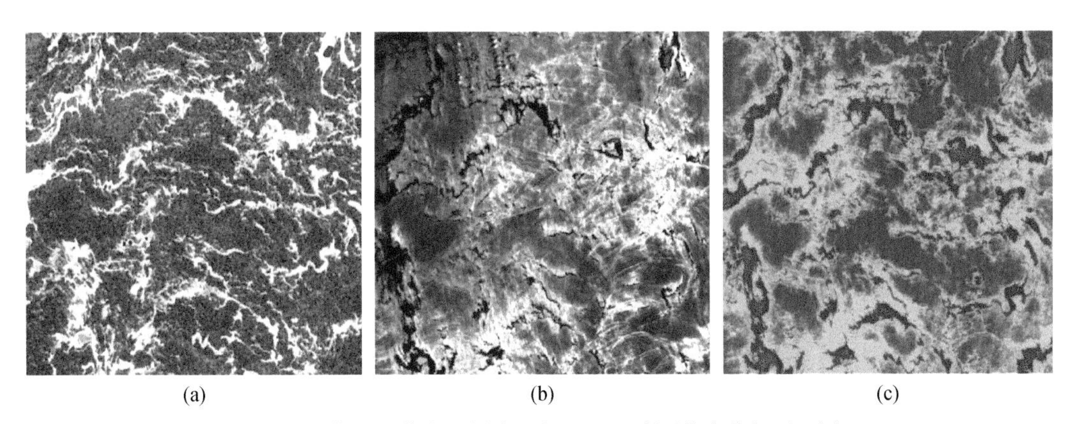

图 4-4　黄海浒苔在不同类型的卫星遥感图像中特征对比图

（a）Radarsat-2 SAR 卫星图像，C 波段、VV 极化、30m 分辨率，成像时间 2013 年 6 月 23 日 21:55:19 UTC；（b）HJ-1A 卫星 CCD-1 多光谱图像彩色合成图，RGB：321，30m 分辨率，成像时间 2013 年 6 月 24 日 02:12:26 UTC；（c）（b）图的 NDVI 密度分割图

中低海况条件，在洋流和海面风场的作用下，海面漂浮的浒苔目标由南向北移动速度较慢（经评估，约0.5km/h），且浒苔在4h的漂移过程中，形态变化较小，因此提取了SAR图像［图4-4（a）］和光学图像［图4-4（b）］中若干组对应的典型浒苔目标ROI像元对，并进一步开展了定量分析。

图4-5显示了2013年6月24日黄海典型浒苔目标的SAR图像RCS值与多光谱图像NDVI值拟合结果。由该图可见，不同浒苔目标的NDVI值差异较大，这是由于不同浒苔目标样本的聚集程度不同，或者说生物量不同，生物量高的浒苔目标其NDVI值较高。此外，对于同一个浒苔目标样本，其SAR图像的RCS值与多光谱图像的NDVI值表现出了较高的相关性（$R^2 \approx 0.7$）。这是因为随着浒苔聚集程度（生物量）的增加，其对入射电磁波的后向散射随之增强，在SAR图像上表现为像元亮度值也更高。

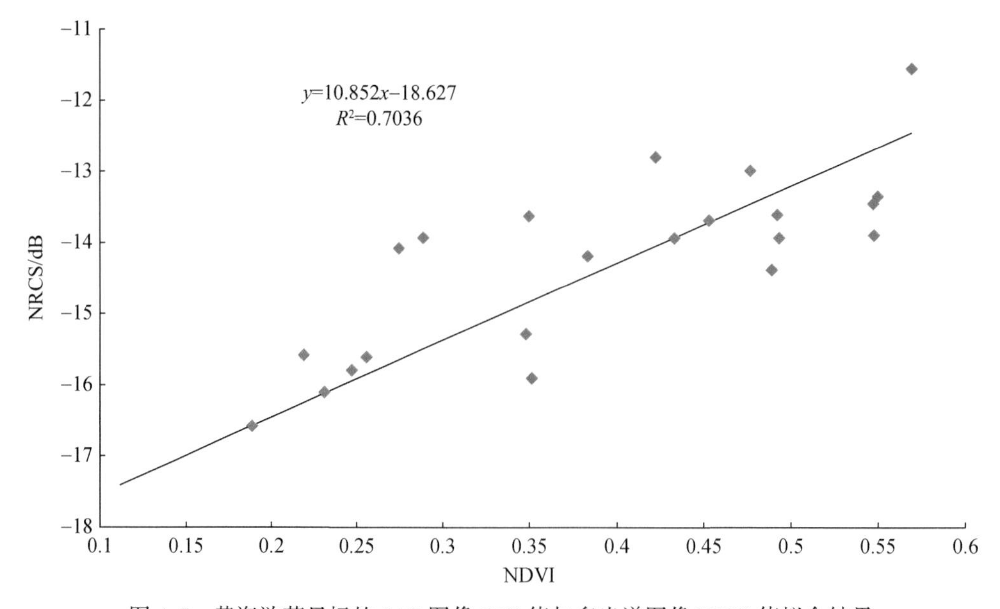

图4-5　黄海浒苔目标的SAR图像RCS值与多光谱图像NDVI值拟合结果

综上所述，对于海面绿潮遥感监测应用而言，多光谱图像具有较好的空间分辨率和成像幅宽，近红外波段图像（或NDVI图像）对于海面漂浮浒苔目标具有较好的探测性。在云雨遮挡的气象条件下，SAR图像也是较为理想的、甚至唯一可以利用的海面绿潮遥感探测数据源。不同聚集程度的海面浒苔目标可以被SAR或多光谱图像识别，这对于海洋绿潮灾害评估和灾情应急处置都具有十分重要的科学价值和应用意义。

4.3　基于极化SAR图像的复杂海面污染物分类

传统的单极化SAR只能提供单一极化通道数据，因此，一般根据图像的灰度特征、纹理特征、几何特征等对复杂海面污染物进行信息提取以及分类。然而，单一的海面后向散射系数不足以解释复杂海面污染物的物理机制以及散射特征，在溢油、浒苔等复杂海面污染物信息提取与分类方面仍存在一定局限。随着双极化、全极化甚至紧缩极化 SAR 技术的发展，星载 SAR 卫星可以获得更多的地面目标极化信息，可以比传统的单极化 SAR 数据更为可靠地开展复杂海面污染物目标的监测与分类识别。

4.3.1 极化分解方法

目标极化分解理论是为了更有效地解译极化数据而发展起来的，它最早是由 Huynen 提出的。利用目标分解理论可以从表征极化 SAR 数据的极化散射矩阵、Stokes 矩阵、极化协方差矩阵和极化相干矩阵中提取出多种表示目标极化特性特征参数，同时充分地利用目标的极化信息，从而有助于解释散射体的物理散射机制。经过近几十年的发展，产生了多种各极化目标分解方法。根据目标散射特性是否变化，这些方法可以大致分为两类。一类是对目标的极化散射矩阵进行分解，此时要求目标满足两个条件：散射特性确定和散射的回波相干，这种分解方法就称为相干目标分解（coherent target decomposition，CTD）；另一类是针对 Stokes 矩阵、极化相干矩阵、极化协方差矩阵的分解，此时要求的目标散射可以是非确定的，散射回波是部分相干的，称为非相干目标分解（incoherent target decomposition，ICTD）。

4.3.1.1 Pauli 分解

Pauli 分解是将全极化 SAR 图像的每个像素对应的极化散射矩阵按照 Pauli 基分解为四种成分之和，而且每种成分都代表了一定的物理意义。它的表示形式如下：

$$
\begin{aligned}
[\boldsymbol{S}] &= \begin{bmatrix} \boldsymbol{S}_{\mathrm{HH}} & \boldsymbol{S}_{\mathrm{HV}} \\ \boldsymbol{S}_{\mathrm{VH}} & \boldsymbol{S}_{\mathrm{VV}} \end{bmatrix} = \begin{bmatrix} a+b & c-jd \\ c+jd & a-b \end{bmatrix} \\
&= a\begin{bmatrix} 1 & 0 \\ 0 & 1 \end{bmatrix} + b\begin{bmatrix} 1 & 0 \\ 0 & -1 \end{bmatrix} + c\begin{bmatrix} 0 & 1 \\ 1 & 0 \end{bmatrix} + d\begin{bmatrix} 0 & -j \\ j & 0 \end{bmatrix}
\end{aligned} \tag{4-1}
$$

其中，a、b、c 和 d 是散射矢量中的复元素。Pauli 矩阵分解的四种成分都有非常直接的物理意义。第一种成分对应于各向同性的奇次散射，主要表示平坦表面、球体或三面角反射器这样的结构；第二部分对应于各向同性的偶次散射，主要表示方位角是 0°的二面角结构；第三部分对应于与水平方向有 45°倾角的各向同性偶次散射，主要表示与水平方向有 45°倾角的二面角结构；第四部分表征了非对称元素。每个极化基的系数分别表示了每一种成分所占的比重。Pauli 分解优点在于它非常简单，Pauli 基具有完备正交基，具有一定的抗噪性，即使是在有噪声或去极化效应的情况下，仍能用它进行分解。缺点在于只能区分两种散射机制：奇次散射和偶次散射，不能完整地描述实际情况。

利用 Pauli 分解对 RADARSAT-2 全极化海面悬浮物进行极化分解，得到不同悬浮物在不同散射机制下的表征，如图 4-6 所示。

由图 4-6 可见，无论奇次散射还是偶次散射，浒苔的散射强度都要高于海面，而溢油的散射强度最低，在图像上基本为暗像元。

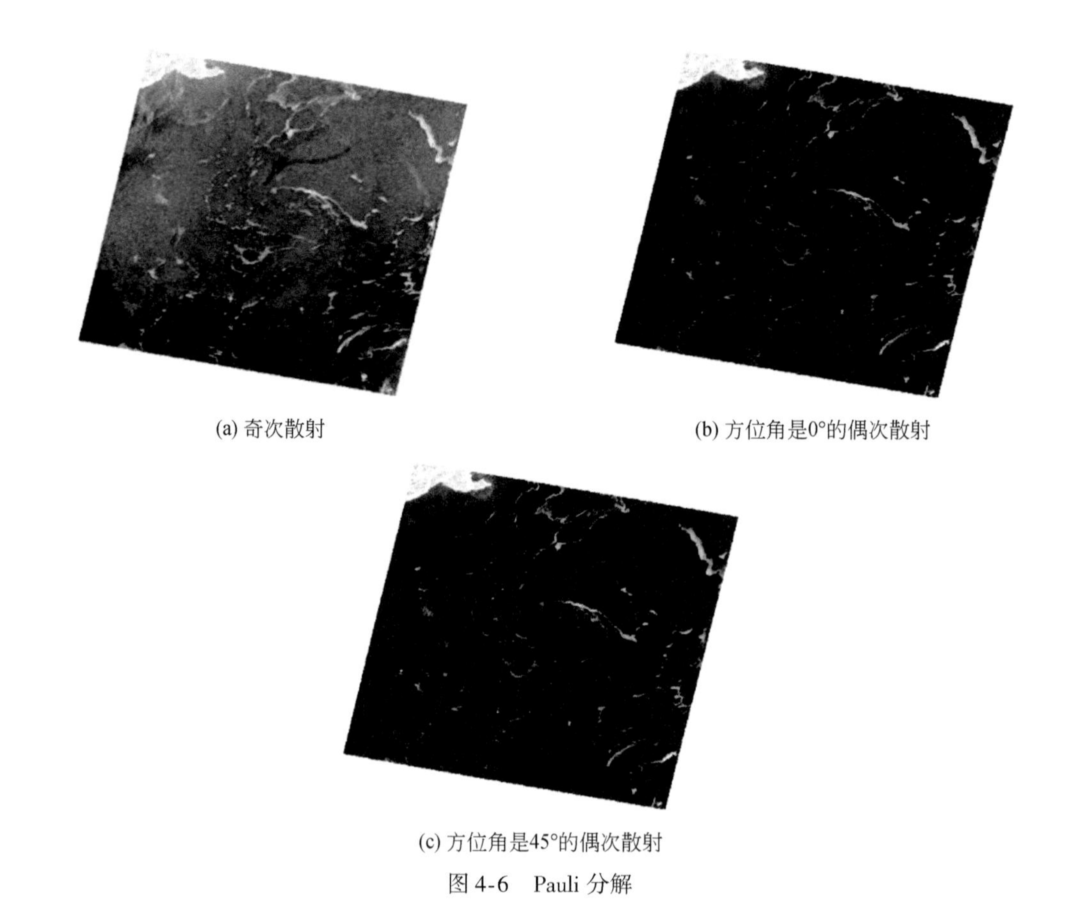

(a) 奇次散射

(b) 方位角是0°的偶次散射

(c) 方位角是45°的偶次散射

图 4-6　Pauli 分解

基于模型的目标极化分解主流的方法包括 Freeman 二分量分解方法、Freeman-Durden 三分量分解方法和 Yamaguchi 四分量分解方法。基于模型的目标极化分解方法采用的是正向推演方式，用典型目标的极化协方差矩阵［$\boldsymbol{C}$］来模拟相应的散射分量，并将总的散射回波功率分解成各独立散射机制分量之和。

4.3.1.2　Freeman 分解

Freeman-Durden 三分量模型以三种基本物理散射机制为对象建立理论散射模型，并以其作为基础分解观测数据，是最经典的非相干分解模型之一。三分量模型认为目标散射数据中主要包含表面散射$\boldsymbol{C}_{3\mathrm{S}}$、二次散射$\boldsymbol{C}_{3\mathrm{D}}$和体散射成分$\boldsymbol{C}_{3\mathrm{V}}$，目标的极化协方差矩阵可以表示为三者之和，即（Freeman and Durden，1998）：

$$\boldsymbol{C}_3=\boldsymbol{C}_{3\mathrm{S}}+\boldsymbol{C}_{3\mathrm{D}}+\boldsymbol{C}_{3\mathrm{V}} \tag{4-2}$$

在三分量模型中，表面散射体现为电磁波在粗糙表面的一阶布拉格散射过程，散射矩阵可表示为公式（4-3），其中 R_{H}和 R_{V}均是与电磁波局部入射角、介质表面相对介电常数相关的反射系数。

$$\boldsymbol{S}=\begin{bmatrix} \mathrm{R}_{\mathrm{H}} & 0 \\ 0 & R_{\mathrm{V}} \end{bmatrix} \tag{4-3}$$

由式（4-3）得到对应的布拉格表面散射的极化协方差矩阵如下，其中的f_{S}与β分别表示表面散射贡献与 Bragg 散射系数。

$$\boldsymbol{C}_{3\mathrm{S}}=f_{\mathrm{S}}\begin{bmatrix} \beta^2 & 0 & \beta \\ 0 & 0 & 0 \\ \beta & 0 & 1 \end{bmatrix} \tag{4-4}$$

二次散射体现为由电磁波在相互垂直的平面间经两次反射最终回到接收机的过程。二次散射极化协方差矩阵如下所示，其中，f_{D}代表二次散射贡献。

$$\boldsymbol{C}_{3\mathrm{D}}=f_{\mathrm{D}}\begin{bmatrix} \alpha^2 & 0 & \alpha \\ 0 & 0 & 0 \\ \alpha & 0 & 1 \end{bmatrix} \tag{4-5}$$

体散射主要是对植被冠层散射过程的模拟，通过对取向随机的基本偶极子关于绕雷达视向的旋转角度进行积分得到，其平均协方差矩阵为

$$\boldsymbol{C}_{3\mathrm{V}}=\frac{f_{\mathrm{V}}}{8}\begin{bmatrix} 3 & 0 & 1 \\ 0 & 2 & 0 \\ 1 & 0 & 3 \end{bmatrix} \tag{4-6}$$

一般需根据同极化相关项$<S_{\mathrm{HH}}S_{\mathrm{VV}}^*>$的实部符号判断主导散射机制：若其大于零，则主导机制是表面散射，强制$\alpha=-1$求解其余未知数；若其小于零，则主导的是二次散射，此时强制$\beta=1$来求解未知数。求得的f_{S}、f_{D}、f_{V}分别反映表面散射、二面角散射与体散射贡献。

利用 Freeman 分解对 RADARSAT-2 全极化海面悬浮物进行极化分解，得到不同悬浮物在不同散射机制下的表征，如图 4-7 所示。

(a) 奇次散射　(b) 偶次散射　(c) 体散射

图 4-7　Freeman 分解

由图 4-7 可知，奇次散射中三者区分比较明显，浒苔最强、海面次之、溢油最弱；而在偶次散射中，三者均存在一定的二次散射现象，但海面和溢油二次散射分量相近，无法区分；体散射中三者区分比较明显，其差异与奇次散射相近，浒苔最强、海面次之、溢油最弱。

4.3.1.3 Yamaguchi 分解

Yamaguchi 分解考虑了反射不对称的情况，通过改变相关方位角的概率密度函数来修正体散射分量，根据同极化通道的后向散射功率之比来选择不同的体散射协方差矩阵。同时，引入第四个分量螺旋体（Helix）散射分量，用于模拟螺旋体目标所产生的左旋或右旋圆极化回波的散射机理。螺旋体散射除了对同极化通道有贡献外，对交叉极化通道也有贡献，其对应的理想散射矩阵及其协方差矩阵如下（Yamaguchi et al., 2006）：

$$\boldsymbol{S}_{\text{Helix}}=\begin{bmatrix}1 & \pm\mathrm{j}\\ \pm\mathrm{j} & -1\end{bmatrix}\Rightarrow\langle[\boldsymbol{C}]\rangle_{\text{Helix}}^{\text{HV}}=\frac{1}{4}\begin{bmatrix}1 & \pm\mathrm{j}\sqrt{2} & -1\\ \mp\mathrm{j}\sqrt{2} & 2 & \pm\mathrm{j}\sqrt{2}\\ -1 & \mp\mathrm{j}\sqrt{2} & 1\end{bmatrix} \tag{4-7}$$

基于四分量散射模型的极化 SAR 目标分解算法，把任意像元的协方差矩阵看作是四个散射分量理想协方差矩阵的加权合成。

$$\langle[\boldsymbol{C}]\rangle^{\text{HV}}=f_{\text{S}}\langle[\boldsymbol{C}]\rangle_{\text{surface}}^{\text{HV}}+f_{\text{D}}\langle[\boldsymbol{C}]\rangle_{\text{double}}^{\text{HV}}+f_{\text{V}}\langle[\boldsymbol{C}]\rangle_{\text{volume}}^{\text{HV}}+f_{\text{H}}\langle[\boldsymbol{C}]\rangle_{\text{Helix}}^{\text{HV}} \tag{4-8}$$

式中，f_{S}、f_{D}、f_{V}和f_{H}分别为表面散射、偶次散射、体散射和螺旋体散射分量的系数。奇次散射和偶次散射分量采用与 Freeman 分解相同的表达模型；螺旋体散射分量合并表达右手/左手螺旋体目标；体散射协方差矩阵根据比值 T 的大小，调整矩阵的表达形式（当 T 大于 2dB 时，选择协方差矩阵的非对称形式；当 T 在±2dB 之间时，选择协方差矩阵的对称形式），如下所示：

$$\langle[\boldsymbol{C}]_3\rangle_{\text{V}}=\begin{cases}\dfrac{f_{\text{V}}}{15}\begin{bmatrix}8 & 0 & 2\\ 0 & 4 & 0\\ 2 & 0 & 3\end{bmatrix}, & T<2\text{dB}\\ \dfrac{f_{\text{V}}}{8}\begin{bmatrix}3 & 0 & 1\\ 0 & 2 & 0\\ 1 & 0 & 3\end{bmatrix}, & |T|\leqslant 2\text{dB}\\ \dfrac{f_{\text{V}}}{15}\begin{bmatrix}3 & 0 & 2\\ 0 & 4 & 0\\ 2 & 0 & 8\end{bmatrix}, & T\geqslant 2\text{dB}\end{cases} \tag{4-9}$$

利用 Yamaguchi 分解对 RADARSAT-2 全极化海面悬浮物进行极化分解，得到不同悬浮物在不同散射机制下的表征，如图 4-8 所示。

图 4-8　Yamaguchi 分解

如图 4-8 所示，Yamaguchi 分解结果与 Freeman 分解基本一致，其区别在于 Yamaguchi 分解对体散射进行了进一步修正。

4.3.1.4　H/A/Alpha 极化分解

H/A/Alpha 极化分解，是针对散射相干矩阵 $\boldsymbol{T}$ 的非相干极化目标分解方法，视数为 N 的全极化 SAR 数据的相干矩阵 $\boldsymbol{T}$ 可表示为（Cloude and Pottier，1997）

$$\langle \boldsymbol{T} \rangle = \frac{1}{N}\sum_{i=1}^{N} k_i \cdot k_i^{*T} \tag{4-10}$$

式中，k 为散射矢量；相关矩阵 $\langle \boldsymbol{T} \rangle$ 为 Hermite 半正定矩阵，它总是可以被对角化，且对角元素为非负的实数。

$$\langle \boldsymbol{T} \rangle = \boldsymbol{U\Lambda}\ \boldsymbol{U}^{*\mathrm{T}} \tag{4-11}$$

式中，$\boldsymbol{\Lambda}$ 为由特征值组成的对角阵；$\boldsymbol{U}$ 为归一化特征矢量组成的酉阵，$\boldsymbol{U}^{\dagger}$表示 U 矩阵的共轭转置矩阵。

$$\boldsymbol{U} = [\boldsymbol{e}_1, \boldsymbol{e}_2, \boldsymbol{e}_3], \boldsymbol{U}\ \boldsymbol{U}^{\dagger} = 1 \tag{4-12}$$

$$\boldsymbol{\Lambda} = \begin{bmatrix} \lambda_1 & & \\ & \lambda_2 & \\ & & \lambda_3 \end{bmatrix}, \lambda_1 \geqslant \lambda_2 \geqslant \lambda_3 \tag{4-13}$$

所以散射相干矩阵可以分解为三个独立相干矩阵之和。

$$\boldsymbol{T} = \sum_{i=1}^{3} \lambda_i \boldsymbol{T}_i = \lambda_1 \boldsymbol{e}_1 \boldsymbol{e}_1^* + \lambda_2 \boldsymbol{e}_2 \boldsymbol{e}_2^* + \lambda_3 \boldsymbol{e}_3 \boldsymbol{e}_3^* \tag{4-14}$$

式中，$\boldsymbol{e}_i$为特征向量；$\boldsymbol{T}_i$为秩 = 1 的独立相干矩阵，描述一定的散射机制；λ_i和对应$\boldsymbol{T}_i$表示该散射机制的强度。特征矢量$\boldsymbol{e}_i$表示为

$$\boldsymbol{e}_i = \boldsymbol{e}^{i\varphi_i}[\cos\alpha_i \quad \sin\alpha_i \cos\beta_i \boldsymbol{e}^{i\delta_i} \quad \sin\alpha_i \cos\beta_i \boldsymbol{e}^{i\gamma_i}] \tag{4-15}$$

式中，φ、β、γ 分别为特征矢量的相位角；β 为二倍的极化方位角；a 为$\boldsymbol{T}_i$对应的散射机制。从特征值与特征矢量中能够推导三个主要的参数：熵 H、平均散射机制α与各向异性度 A，即：

$$H = \sum_{i=1}^{3} \lambda_i - p_i \log_3 p_i \tag{4-16}$$

其中，$p_i = \dfrac{\lambda_i}{\sum_j \lambda_j}$。

$$\overline{\alpha} = \sum_{i=1}^{3} p_i \alpha_i \tag{4-17}$$

$$A = \frac{\lambda_2 - \lambda_3}{\lambda_2 + \lambda_3} \tag{4-18}$$

利用 H/A/Alpha 分解对 RADARSAT-2 全极化海面悬浮物进行极化分解，得到不同悬浮物在不同散射机制下的表征，如图 4-9 所示。

(a) 散射熵　　(b) 散射角　　(c) 反熵

图 4-9　H/A/Alpha 分解

如图 4-9 所示，H/A/Alpha 分解，在极化熵、散射角和反熵分量中，均是溢油最强、海面次之、浒苔最弱。

4.3.1.5　Touzi 极化分解

Touzi 分解是一种针对 Cloude-Pottier 分解特定散射机制散射类型模糊性问题提出的一种旋转不变的非相干分解方法。Cloude-Pottier 分解可以将相干矩阵［$\boldsymbol{T}$］分解成独立的相干矩阵［$\boldsymbol{T}_n$］之和（Touzi，2007）：

$$[\boldsymbol{T}] = \sum_{i=1}^{3} \lambda_i [\boldsymbol{T}_i] \tag{4-19}$$

因此，每一个散射机制 $i(i=1, 2, 3)$ 可以用秩为 1 的相干矩阵［$\boldsymbol{T}_i$］和相应的标准正实部特征值$\lambda_i/(\lambda_1+\lambda_2+\lambda_3)$ 来表示，并且可以用目标矢量$\boldsymbol{k}_i$来表示：

$$[\boldsymbol{T}_i] = \boldsymbol{k}_i \cdot \boldsymbol{k}_i^{*\mathrm{T}} \tag{4-20}$$

式中，$*$ 为共轭；T 为向量转置。Cloude 指出，每一个目标矢量$\boldsymbol{k}_i$有一个等价的单次散射矩阵$[\boldsymbol{S}]_i$，$\boldsymbol{k}_i$可以用该矩阵中的元素来表示：

$$\boldsymbol{k}_i = \frac{1}{\sqrt{2}}[(S_{\mathrm{HH}})_i+(S_{\mathrm{VV}})_i \quad (S_{\mathrm{HH}})_i-(S_{\mathrm{VV}})_i \quad 2(S_{\mathrm{HH}})_i] \tag{4-21}$$

Touzi 分解也是基于相干矩阵［$\boldsymbol{T}$］的特征分解，但与 Cloude-Pottier 不同的是，Touzi 分解使用的是旋转不变的相干散射模型来参数化$\boldsymbol{k}_i$。Touzi 分解可以得到以下非相干目标分解参数：

$$\mathrm{ITCD}_i = (\lambda_i, m_i, \psi_i, \tau_{mi}, \alpha_{si}, \Phi_{\alpha si}) \tag{4-22}$$

其中，每一个相干散射机制都可以用α_{si}，$\varphi_{\alpha si}$和代表对称度的 τ_{mi}的极坐标轴来表示。归一化特征值 λ_i 表示每一个相应的特征向量所代表的散射机制的相对能量。

利用 Touzi 分解对 RADARSAT-2 全极化海面悬浮物进行极化分解，得到不同悬浮物在不同散射机制下的表征，如图 4-10 所示。

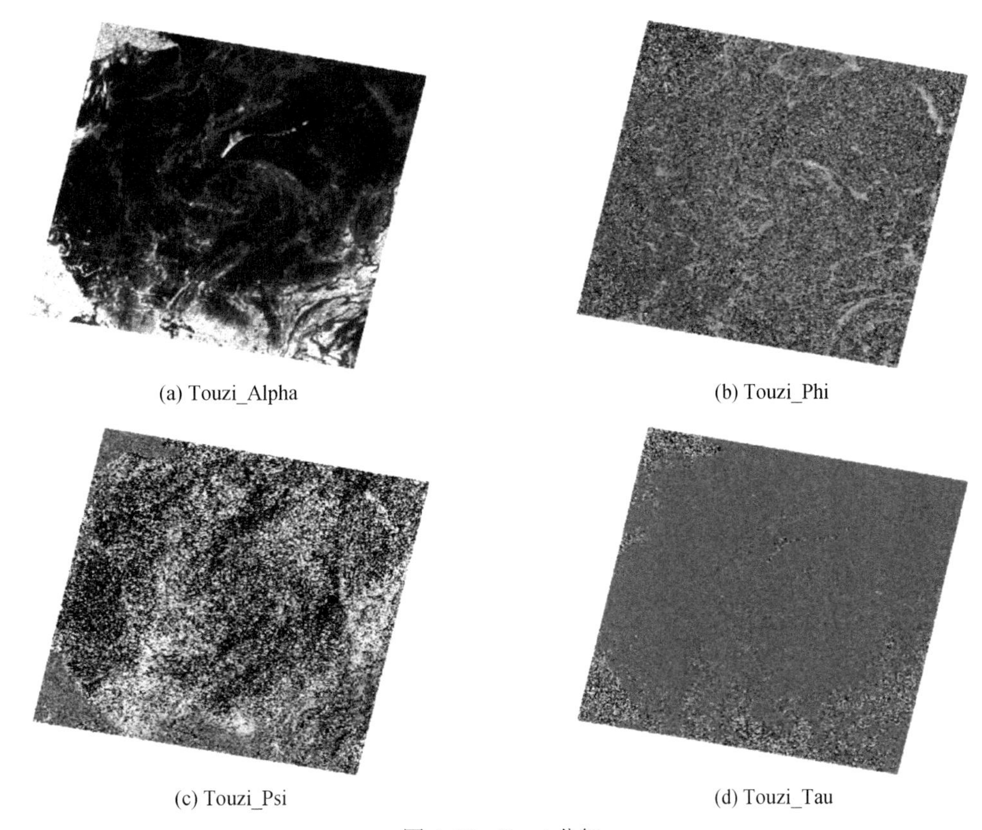

(a) Touzi_Alpha (b) Touzi_Phi

(c) Touzi_Psi (d) Touzi_Tau

图4-10 Touzi分解

如图4-10所示，Touzi分解中，Touzi_Alpha散射分量与H/A/Alpha分解的散射熵分量基本一致，溢油最强、海面次之、浒苔最弱；但Touzi_Phi、Touzi_Psi和Touzi_Tau三个分量并不能有效地区分浒苔、海面和溢油。

4.3.2 海面复杂污染物SAR图像特征分析

为了更准确地分析不同海面污染物极化分量图像特征，分别针对不同极化分解方法提取了植被、海面、浒苔和浮油等极化参数值。为了评估不同目标之间极化分量的差异性，我们使用Michelson对比度准则来描述区域间的对比度，如下所示：

$$C=\frac{F_{\max}-F_{\min}}{F_{\max}+F_{\min}} \tag{4-23}$$

式中，$F_{\max}$和$F_{\min}$分别为图像最大和最小值，C值越大，越容易区分不同类型。

通过对表4-3中不同目标极化参数的比较，得出不同类型的漂浮污染物在极化参数上表现出明显的差异性，可以利用极化参数对不同类型漂浮污染物的敏感性进行进一步分类。

表 4-3 不同类型污染物极化参数值

	极化分解参数	陆表	海面	浒苔	溢油	C
Freeman-Durden 分解	Dbl	0.0041	0.00064	0.00083	0.00057	0.7558
	Odd	0.0662	0.0572	0.1214	0.0287	0.6175
	Vol	0.2809	0.0018	0.0076	0.0012	0.9914
Yamaguchi 分解	Dbl	0.0065	0.00081	0.0016	0.00066	0.8156
	Odd	0.0646	0.0576	0.1232	0.0290	0.6189
	Vol	0.1802	0.00092	0.0037	0.00061	0.9932
	Hlx	0.0472	0.00013	0.00074	0.00011	0.9953
H/A/Alpha 分解	H	0.4780	0.0052	0.0100	0.0594	0.9896
	A	0.4247	0.4632	0.4623	0.4827	0.0639
	Alpha	38.140	7.3467	11.9180	13.1388	0.6769

Freeman-Durden 分解得到的面散射和二次散射与 Yamaguchi 分解相近，但 Freeman-Durden 分解中的体散射项估计过高，与实际海面情况相矛盾。因此本书采用 Yamaguchi 分解的结果进行进一步的分析。在 Yamaguchi 分解过程中，浒苔和陆表的二次散射分别约为 0.002 和 0.0065，而海面和溢油的二次散射近似为 0。浒苔与陆表的表面散射相似，约为 0.12，高于海面和溢油。陆表的体散射系数为 0.18，高于浒苔的 0.004。除陆表外，其余目标的螺旋散射几乎为 0。显然，我们可以通过 Yamaguchi 分解来鉴别陆表和浒苔。然而，溢油仍然无法与海洋背景区分开。

H/A/Alpha 分解得到的散射分量中，陆表的最大散射熵值约为 0.48，而海面的最小散射熵值约为 0.005。此外，浒苔和溢油的散射熵均为 0.01 和 0.06 的中等值，溢油的散射熵略高于浒苔。因此，利用极化熵可以区分海面和溢油。另外，四类目标的散射各向异性值基本相似，约为 0.4。陆表散射角最大值约为 38.1，海面、浒苔和溢油的散射角几乎相似，分别为 7.3、11.9 和 13.1。

综上所述，利用二次散射、体散射和极化熵，可以较好地区分海面、溢油、浒苔目标。

4.3.3 基于极化分解的复杂海面污染物分类算法

根据给出的 SAR 极化特征参数，可以得到相应的高维特征空间。为了从该高维特征空间中提取复杂海面污染物识别与分类的最优特征子集，有必要发展一种有效的特征优化方法，在保证精度的同时最大限度地减少信息冗余和计算量。目前，特征优化方法主要包括特征选择和特征融合。特征融合方法是通过特征变换等算法把高维空间映射到低维空间，比如主成分分析方法（principal component analysis，PCA）等。特征选择方法是基于某种标准，从高维特征空间中选择合适的数量较少的特征形成低维空间。

全极化 SAR 可以提供丰富的极化特征，这为复杂海面污染物识别与分类带来了巨大的便利，但是同样引入了信息冗余与计算低效的问题。导致了在高维情形下出现数据样本稀疏、距离计算困难等维数灾难问题。因此，需要通过降维减少过拟合现象，从而去除不相关的特征，降低学习任务的难度、速度，增强对特征和特征值之间的可解释性。极化冗余特征主要包含能从其他信息中推演出来的无关特征，其对模型训练没有效果，因此选择有意义的特征十分重要。

目前变量筛选的方法主要有模拟退火算法、多链方法、遗传算法（GA）等。其中遗传算法的研究与应用最为广泛，它由 J. Holland 于 1975 年提出，遗传算法利用了自然界中自然选择和遗传的机制，通过编码、种群初始化、选择、杂交和变异等对变量进行操作计算，它的核心是个体选择，即在初始化种群中选择优势个体因子，将优胜的个体基因之间进行杂交。将杂交后的个体遗传给下一代，通过杂交能够将父母一代的基因重组为全新的个体。GA-PLS 算法融合遗传算法和偏最小二乘法（PLS）于一体，是一种改进的多元统计回归方法。

利用 GA-PLS 算法对极化分解得到的极化参数进行特征选择，得到最优极化特征组合并输入到最大似然分类算法（maximum likelihood classifier，MLC）。MLC 分类方法基于贝叶斯判别方法，如下所示：

$$g_i(x)=p(\omega_i\mid x)=p(x\mid\omega_i)p(\omega_i)/p(x) \tag{4-24}$$

式中，$p(\omega_i\mid x)$ 为类型ω_i属于 x 的概率；$p(\omega_i)$ 为类型ω_i的先验概率；$p(x)$ 为 x 的发生概率。假设图像像素 s 符合高斯分布函数，则 MLC 判别标准可以表示为

$$g_i(x)=\ln[p(\omega_i)]-\frac{1}{2}\ln\left|\sum\nolimits_i\right|-\frac{1}{2}(x-u_i)^{\mathrm{T}}\sum_i^{-1}(x-u_i) \tag{4-25}$$

式中，x 为特征值；$\sum$ 表示协方差矩阵。

$$\sum=\begin{bmatrix}\delta_{11} & \delta_{12} & \cdots & \delta_{1n}\\ \delta_{21} & \delta_{22} & \cdots & \delta_{2n}\\ \vdots & \vdots & \vdots & \vdots\\ \delta_{n1} & \delta_{n2} & \cdots & \delta_{nm}\end{bmatrix} \tag{4-26}$$

式中，$\delta_{ij}=\dfrac{1}{N}\sum_k(x_{ik}-\mu_i)(x_{jk}-\mu_j)$，$x_{ik}$为第 i 个向量的第 k 个特征值；N 为第 i 个特征向量的特征值的个数；μ_i为第 i 个特征向量的平均矢量。

根据对海面复杂污染物 SAR 图像特征分析（表 4-3）可知，利用二次散射、体散射和极化熵，可以较好地区分海面、溢油、浒苔，因此可以利用 Yamaguchi 极化分解二次散射分量（R）、体散射分量（G）和 Cloude 极化分解散射熵分量（B）作为最优极化分解参数组合（Wang et al.，2018a），上述三分量的伪彩色合成图如图 4-11 所示。

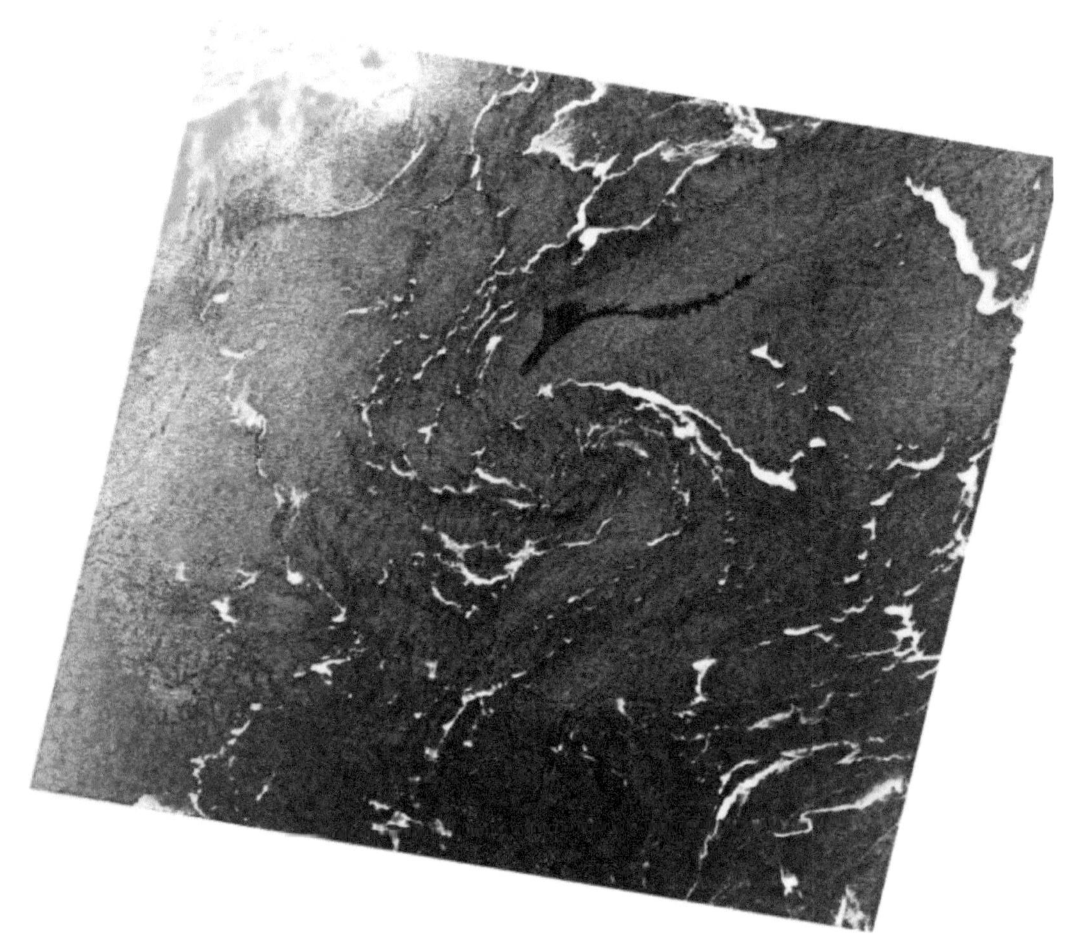

图 4-11　基于最优极化分解参数组合的复杂海面污染物图像伪彩色合成图

4.4　海洋绿潮雷达遥感监测案例

4.4.1　概述

2008 年 6 月中下旬，青岛及周边海域暴发大面积浒苔灾害，严重影响了奥运会帆船比赛的训练和青岛市作为奥运会帆船比赛举办城市的国际形象，形势严峻。应国家海洋局紧急支援的请求，中国科学院遥感应用研究所（现中国科学院空天信息创新研究院）从 2008 年 6 月底开始对浒苔灾害和治理状况进行连续遥感监测。

在遥感应急监测工作中，青岛东部海域多云多雾，光学遥感图像获取成功率较低。而合成孔径雷达能够不受时间和天气条件的限制成像，实现全天时、全天候对地观测，项目组调取了国内外多颗 SAR 卫星遥感数据，对青岛市东部海域的浒苔进行了连续、动态监测，并利用微波散射计反演的风场资料对浒苔的分布和动态趋势进行了分析，充分发挥了微波遥感不受天气影响的优势。

4.4.2　遥感数据源

在此次 2008 年青岛市东部海域绿潮污染监测工作中，所采用的雷达遥感数据源主要包括：RADARSAT-1、RADARSAT-2、Cosmo-SkyMed 等，如表 4-4 所示。此外，还获取了微波散射计风场反演资料。

表 4-4　青岛浒苔监测雷达遥感数据获取情况

成像时间	数据源	监测海域面积/km^2	浒苔分布面积/km^2
7 月 6 日 6 时 2 分	RADARSAT-2	—	—
7 月 8 日 17 时 58 分	RADARSAT-2	—	—
7 月 11 日 6 时 3 分	RADARSAT-1	—	—
7 月 12 日 6 时 2 分	Cosmo-SkyMed	—	188.60
7 月 15 日 17 时 58 分	Cosmo-SkyMed	5996.00	191.05
7 月 15 日 18 时 46 分	Cosmo-SkyMed	7212.04	123.30
7 月 16 日 6 时 11 分	RADARSAT-2	5861.58	23.94
7 月 16 日 18 时 16 分	Cosmo-SkyMed	15179.03	290.09
7 月 16 日 19 时 4 分	Cosmo-SkyMed	—	—
7 月 18 日 5 时 59 分	RADARSAT-1	8746.29	45.58
7 月 18 日 18 时 4 分	Cosmo-SkyMed	12789.97	18.32
7 月 20 日 6 时 2 分	Cosmo-SkyMed	14537.23	8.18
7 月 20 日 17 时 52 分	Cosmo-SkyMed	9630.28	26.63
7 月 22 日 17 时 51 分	RADARSAT-2	7749.79	41.12
7 月 23 日 17 时 58 分	Cosmo-SkyMed	6379.13	35.72
7 月 24 日 18 时 16 分	Cosmo-SkyMed	8185.50	52.88
7 月 25 日 5 时 55 分	RADARSAT-1	—	—
7 月 25 日 18 时 3 分	RADARSAT	8115.58	22.54
7 月 26 日 6 时 14 分	Cosmo-SkyMed	6346.20	48.55
7 月 29 日 18 时 10 分	Cosmo-SkyMed	10163.02	41.12

续表

成像时间	数据源	监测海域面积/km²	浒苔分布面积/km²
7月30日18时4分	RADARSAT-1	—	—
7月31日6时8分	Cosmo-SkyMed	—	—
8月1日18时16分	Cosmo-SkyMed	—	—
8月3日6时26分	Cosmo-SkyMed	4779.49	4.34
8月3日17时54分	RADARSAT	6075.57	4.26
8月5日6时2分	Cosmo-SkyMed	12594	11.41
8月8日5时20分	Cosmo-SkyMed	7975.59	1.46
8月11日	RADARSAT-1	—	—

注：—表示因海上风浪太大或成像条件不适宜，无法对浒苔进行有效检测。

加拿大 RADARSAT-1 卫星于 1995 年发射入轨，太阳同步轨道，所搭载的 SAR 传感器工作在 C 波段（5.3GHz），发射和接收极化均为水平极化（HH）。其入射角为 20°~50°可选，分辨率为 10~100m，幅宽为 45~500km。2007 年 12 月，加拿大发射了 RADARSAT-2 卫星，工作频段 C 波段，最高分辨率 1m，具有全极化测量能力。意大利分别于 2007 年 6 月和 12 月发射了 2 颗 Cosmo-SkyMed 卫星，并与 2008 年发射的第 3 颗和第 4 颗卫星组成四卫星星座，它可提供 1~100m 分辨率的雷达遥感数据，X 波段，具有多极化测量能力。1999 年 5 月，美国发射了载有 SeaWinds 散射计的 QuickSCAT 卫星。SeaWinds 散射计工作在 Ku 波段（13.4GHz），宽刈幅 1800km，可以提供全天候条件下的大范围海面风场数据。在此次绿潮灾害监测工作中，我们利用 SeaWinds 风场反演资料对浒苔动态分布进行分析。

4.4.3 监测结果

4.4.3.1 7 月 12 日监测结果

利用 2008 年 7 月 12 日 6 时 2 分获取的意大利 Cosmo-SkyMed 雷达卫星星座遥感数据，进行了山东省青岛市东部海域浒苔分布状况遥感监测与分析。结果如下：

（1）根据雷达遥感图像监测，浒苔主要分布在海岸带沿线，在图像的北部海域明显多于南部。藻类覆盖面积为 188.6km²，详见图 4-12。

（2）与 7 月 6 日和 8 日获取的雷达遥感图像相比，藻类覆盖的海域面积明显增加。

（3）7 月 11 日晚上的 QuickScat 风场数据显示，黄海海域仍然以东南风为主，东海海域则以南风为主，详见图 4-13。远海的浒苔会继续向青岛附近海岸漂移，漂向奥运会帆船赛区的可能性依然存在。

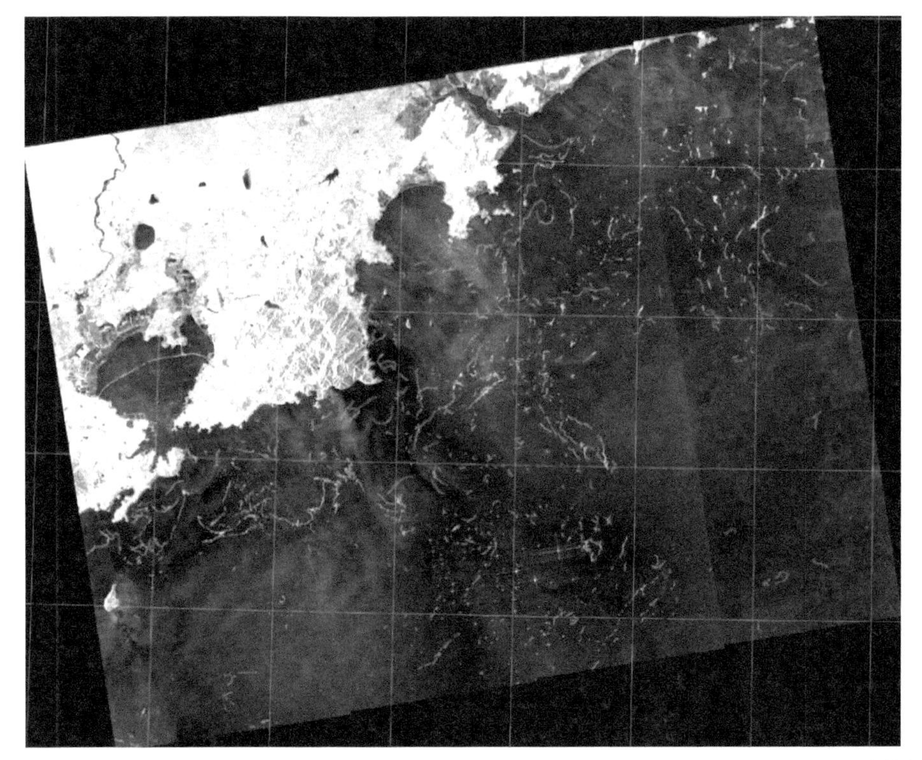

图4-12　黄海海域浒苔雷达遥感解译图（2008年7月12日 Cosmo-SkyMed 雷达卫星星座数据）

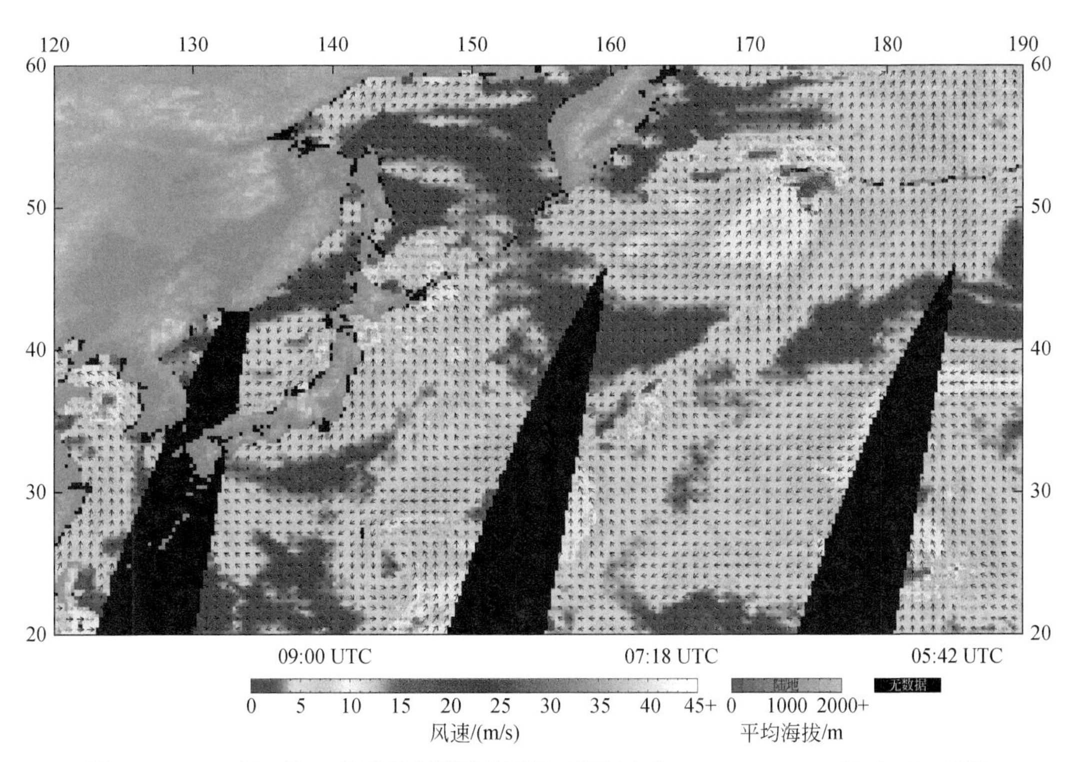

图4-13　2008年7月11日晚黄海海域风场图（数据来自 www. remss. com［2021-10-10］）

4.4.3.2 7月20日监测结果

利用2008年7月20日6时2分获取的意大利Cosmo-SkyMed雷达卫星星座遥感数据，进行了山东省青岛市东部海域浒苔分布状况遥感监测与分析。结果如下：

（1）在雷达图像覆盖范围内，浒苔呈较明亮的条带状分布于青岛市东南和东北部沿岸海域，监测海域面积为14537.23km^2，浒苔分布面积为8.18km^2，详见图4-14。图像质量不太理想，可监测到的浒苔个体面积明显变小，总体分布面积明显减少。

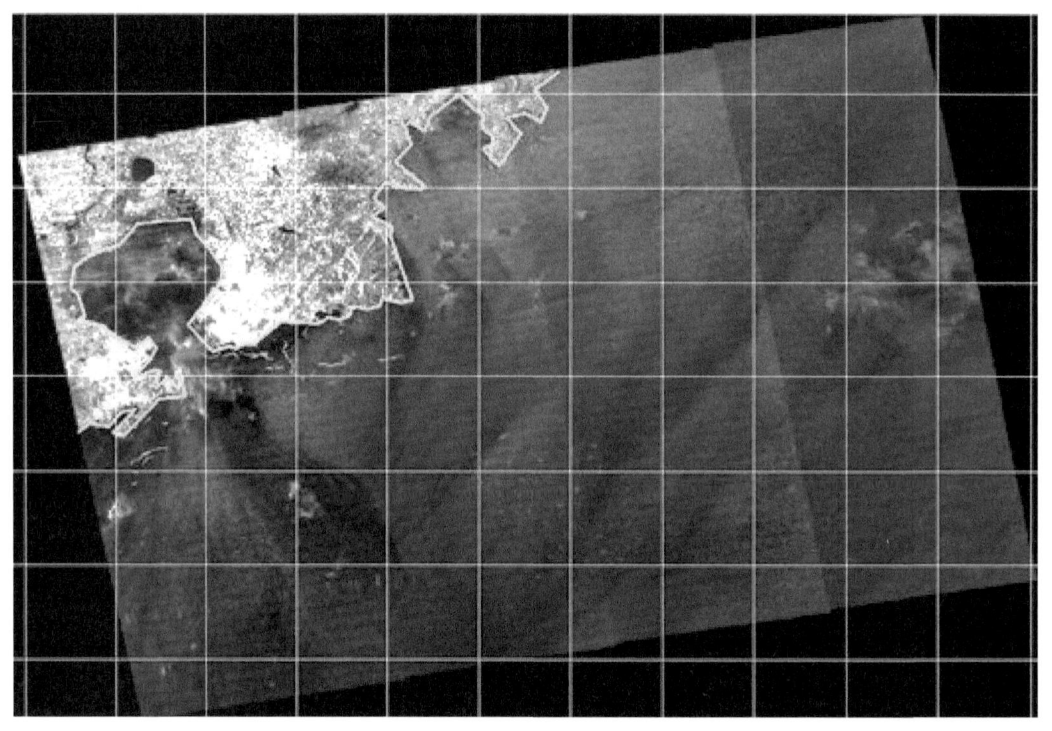

图4-14 黄海海域浒苔雷达遥感解译图（2008年7月20日Cosmo-SkyMed雷达卫星星座数据）

（2）7月18日早间和晚间的QuickScat风场数据显示，18日早上青岛附近海域风向以东南风为主，晚间以东风、东南风为主，详见图4-15。

4.4.3.3 7月29日监测结果

利用2008年7月29日18时10分获取的意大利Cosmo-SkyMed雷达卫星星座遥感数据，进行了山东省青岛市东部海域浒苔分布状况遥感监测与分析。结果如下：

（1）在雷达图像覆盖范围内，浒苔呈较明亮的条带状分布于青岛市东南部沿岸海域，与7月26日监测结果相比浒苔明显漂向岸边，监测海域面积为10163.02km^2，浒苔分布面积为41.12km^2，详见图4-16。

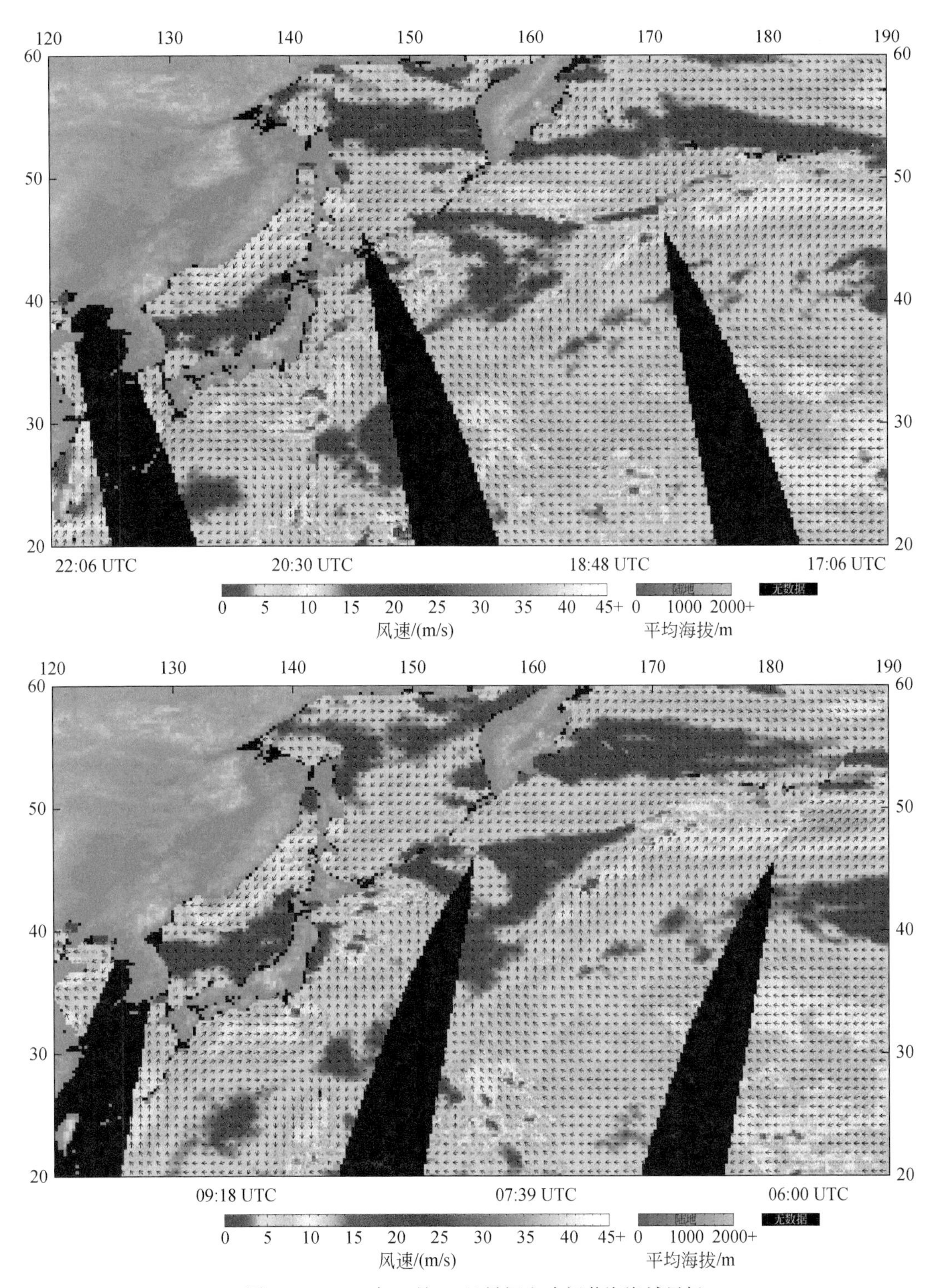

图4-15 2008年7月18日早间和晚间黄海海域风场

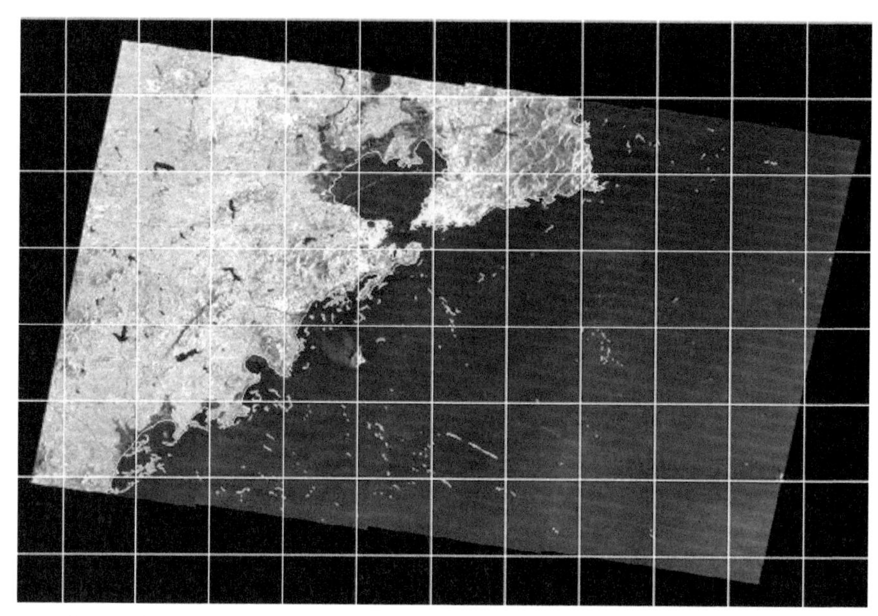

图 4-16 黄海海域浒苔雷达遥感解译图（2008 年 7 月 29 日 Cosmo-SkyMed 雷达卫星星座数据）

（2）7 月 29 日晚上的 QuickScat 风场数据显示，黄海、东海海域以东南风为主，详见图 4-17。

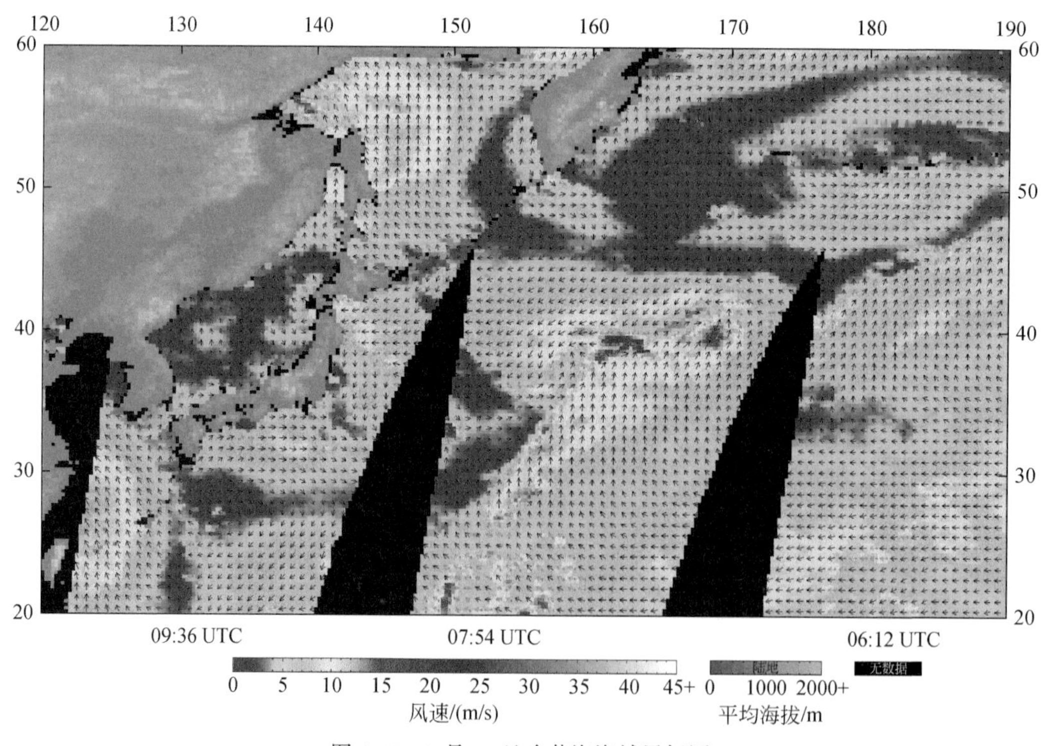

图 4-17 7 月 29 日晚黄海海域风场图

（3）7月31日的Cosmo-SkyMed图像分析结果表明，海面风浪较大，浒苔在图像上难以识别，因此无法确定其分布和面积。

4.4.3.4 8月8日监测结果

利用2008年8月8日5时20分获取的意大利Cosmo-SkyMed雷达卫星星座遥感数据，进行了山东省青岛市东部海域浒苔分布状况遥感监测与分析。结果如下：

在雷达图像覆盖范围内，浒苔呈较明亮的条带状分布于青岛市东南部沿岸海域，监测海域面积为7975.59km²，浒苔分布面积为1.46km²，整体面积较小，详见图4-18。

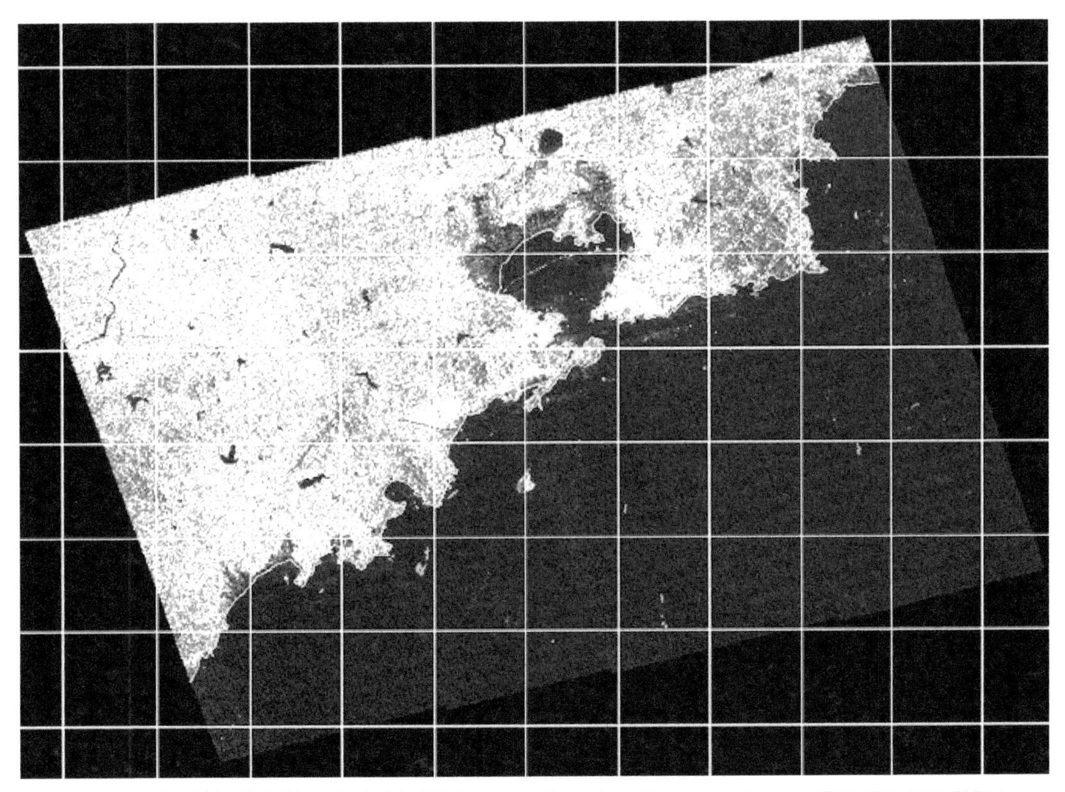

图4-18 黄海海域浒苔雷达遥感解译图（2008年8月8日Cosmo-SkyMed雷达卫星星座数据）

参考文献

田维，徐旭，卞小林，等，2014. 环境一号C卫星SAR图像典型环境遥感应用初探. 雷达学报，3：339-351.

Cloude S R，Pottier E，1997. An entropy based classification scheme for land applications of polarimetric SAR. IEEE Transcations on Geoscience and Remote Sensing，35：68-78.

Freeman A，Durden S L，1998. A three component scattering model for polarimetric SAR data. IEEE Transactions on Geoscience and Remote Sensing，36（3）：963-973.

Hu C，Li D，Chen C，2010. On the recurrent Ulva prolifera blooms in the Yellow Sea and East China

Sea. Geophys Res Ocean, 115: 1-8.

Liu D, Keesing J K, Xing Q, 2009. World's largest macroalgal bloom caused by expansion of seaweed aquaculture in China. Mar Pollut Bull, 58: 888-895.

Liu D, Keesing J K, He P, 2013. The world's largest macroalgal bloom in the Yellow Sea, China: Formation and implications. Estuar. Coast Shelf Sci, 129: 2-10.

Liu F, Pang S, Chopin T, 2013. Understanding the recurrent large-scale green tide in the Yellow Sea: Temporal and spatial correlations between multiple geographical, aquacultural and biological factors. Mar Environ Res, 83: 38-47.

Liu X, Li Y, Wang Z, 2015. Cruise observation of Ulva prolifera bloom in the southern Yellow Sea, China. Estuar Coast Shelf Sci, 163: 17-22.

Pang S J, Liu F, Shan T F, 2010. Tracking the algal origin of the Ulva bloom in the Yellow Sea by a combination of molecular, morphological and physiological analyses. Mar Environ Res, 69: 207-215.

Son Y B, Choi B J, Kim Y H, 2015. Tracing floating green algae blooms in the Yellow Sea and the East China Sea using GOCI satellite data and Lagrangian transport simulations. Remote Sens Environ, 156: 21-33.

Tian W, Bian X, Shao Y, 2015. On the detection of oil spill with China's HJ-1C SAR Image. Aquat Procedia, 3: 144-150.

Touzi R, 2007. Target scattering decomposition in terms of roll-invariant target parameters. IEEE Transactions on Geoscience and Remote Sensing, 45: 73-84.

Wang X, Shao Y, Tian W, 2018a. An investigation into the capability of compact polarized SAR to classify Multi-Sea-Surface characteristics. Can J Remote Sens, 44: 91-103.

Wang X, Shao Y, Tian W, 2018b. On the classification of mixed floating pollutants on the Yellow Sea of China by using a quad-polarized SAR image. Front Earth Sci, 12: 373-380.

Wang Z, Xiao J, Fan S, 2015. Who made the world's largest green tide in China? —an integrated study on the initiation and early development of the green tide in Yellow sea. Limnol Oceanogr, 60: 1105-1117.

Yamaguchi Y, Yajima Y, Yamada H, 2006. A four-component decomposition of POLSAR images based on the coherency matrix. IEEE Geoscience and Remote Sensing Letters, 3: 292-296.

第 5 章 海洋自然烃渗漏雷达遥感探测

海洋油气勘探开始于 20 世纪初，在美国加利福尼亚海岸几米深的海域，世界上第一口海上探井的钻探成功拉开了海洋石油勘探序幕。20 世纪 30 ~ 40 年代的海洋油气勘探首先集中在墨西哥湾、马拉开波湖等地区。50 ~ 60 年代油气勘探主要在波斯湾、里海等海区。70 ~ 90 年代是海上油气勘探快速发展时期，如北海含油气区的勘探与开发。从世界范围看，由于陆地和浅水石油勘探程度较高，油气产量已接近峰值。道格拉斯 · 威斯特伍德公司在 2005 年发布的《世界海洋油气预测》中提到，2004 年海洋油气产量分别占全球总产量的 34% 和 28%，到 2015 年将分别达到 39% 和 34%。近年来，全球油气重大发现 50% 以上来自海上。

"海洋蕴藏了全球超过 70% 的油气资源，海底的油气如同埋在地里的马铃薯一样等待我们去挖掘。"美国休斯敦大学石油化学及能源教授米切尔 · 伊科诺米季斯曾在 2007 年 4 月召开的第四届中国国际海洋石油天然气研讨会上这样说道。因此，世界各国尤其沿海国家，不断加大海洋油气资源的勘探和开发力度。

海洋油气藏同陆上油气藏一样，普遍存在烃类渗漏现象，在油气藏上方易形成渗漏异常。海洋烃渗漏异常主要表现为海底沉积物烃浓度异常、海水介质烃浓度异常和海面油膜异常（Abrams，1996）。海底烃渗漏的存在意味着烃源岩的存在，这预示着海底可能蕴藏着丰富的石油资源，其在海洋表面形成的油膜的分布状态可从一个侧面反映区域性烃渗漏信息，对海洋油气勘探前期有利目标区分析具有指示意义，尤其在数据资料获取困难的深水海域，渗漏烃检测是评价海上油气远景区的重要方法之一。

5.1 海洋自然烃渗漏雷达遥感探测机理

5.1.1 海洋中的自然烃渗漏

海洋环境中的烃类物质主要来自海底自然烃渗漏和海洋油泄漏。美国科学院曾先后三次对海洋环境中的石油来源、归宿及影响进行研究，其中一项研究内容是评估进入海洋的石油中来源于地质渗漏源的规模。据其统计，全球海洋中 47% 的烃类物质来自海底自然烃渗漏，53% 来自海上生产、交通和消费过程中发生的油泄漏，每年约有 60×10^4t 海底自然渗漏烃进入海洋环境，其不确定范围在 20×10^4 ~ 200×10^4t（Kvenvolden and Cooper，2003）。在三次评估中，自然渗漏烃占进入海洋石油总量的比例从 1975 年的 10% 到 1985 年的 6%，再到 2002 年的 45%，其大幅变化主要反映了因人类行为而进入海洋的石油评估量和自然烃渗漏误判的减少。其中，卫星遥感技术为准确评估海洋烃渗漏率提供了最有效的方法。利用遥感技术陆续在墨西哥湾、里海、印度尼西亚等海域发现了自然烃渗漏（MacDonald et al.，1993，1996；Kaluza and Doyle，1996；Quintero-Marmol et al.，2003；Joye et al.，2004；Kontoes et al.，2005），大量新发现的海洋自然烃渗漏区域丰富了之前已经确认的196个世界海洋油苗渗出点数据库，提高评估结果可信度。

实际的检测结果表明北美海域的自然烃渗漏并不是个案，在全球海域还存在大量从海底油气藏进入海洋的石油。BP（英国石油公司）等公司勘探表明，在世界含油气盆地中，超过75%都存在表面烃渗漏，事实上，80%的海洋油气勘探都是从寻找油气渗漏开始的。

5.1.2 海洋自然烃渗漏的地质控制因素及特征

5.1.2.1 烃类渗漏的地质控制因素

海洋烃渗漏与区域地质背景密切相关（Abrams，1992，1996），绝大多数含油气圈闭中的烃源岩都存在着不同程度的、可被检测到的烃类渗漏现象，但也有少数例外情况存在，如一些区域盖层密闭性非常好的岩性油气藏。烃类渗漏的规模与分布受地质因素控制，根据影响程度大小将地质控制因素简要归纳为两级。

主要控制因素包括：高沉积速率、盐岩构造、活动断层和倾斜含水层。

次级控制因素包括：高GOR（gas oil ratio，汽油比）石油、高API（美国石油学会制订的用以表示石油及石油产品密度的一种量度）石油和高地层水矿化度。

在具有上述地质因素的含油气盆地内，油气藏的供给率可能会超过圈闭渗漏率，从而反映到地表，在盆地内可能出现大量表面渗漏现象。不同类型的盆地，其烃渗漏速率不同，在海洋烃渗漏中，适合形成渗漏的盆地类型主要包括两类构造特征：一类是底辟上发育断裂；另一类是浸入式或穿刺式构造（Macgregor，1993）。

构造特征决定盆地渗漏类型，渗漏类型控制着运移烃在地表及近地表沉积物中的分布，而烃类微渗漏的地表溢出预示烃类运移路径的终端。因此，烃类渗漏信息能够提供成熟烃源和运移路径的关键信息，从侧面反映含油气盆地构造特征。

5.1.2.2 海洋自然烃渗漏特征

油气藏中的烃类物质在向上运移过程中，首先聚集在油气藏上方沉积物中，可能因吸附、滞留等作用而留置于沉积物中，或者在适宜条件下形成水合物而贮存于沉积物中，导致沉积物烃浓度异常（Abrams，1996）。进而在海底表面运移通道附近的岩石中形成油渍或焦油团块，或在运移通道处形成气泡、油珠或者混合型油滴。这些油滴或气泡继续向海面运移，或溶解于海水中，或呈游离态存在于海水中，形成“烃缕”异常，其中一部分上升到海面后破裂，形成海洋表面油膜异常。因此，烃渗漏物质从沉积物中进入海水环境后，不仅形成海水烃浓度异常，还可以形成水中气泡、海面油膜一类的宏观显示。

与陆上环境相比，海洋环境提供了独特的保存和观察烃渗漏异常的有利条件。在海洋环境中，由于海底沉积物处于缺氧条件，生物降解的速度大大降低，气体在水中的扩散速率比在空气中的低几个数量级，更有利于海底沉积物中渗漏烃的保存。同时，海水柱不仅可抑制细菌对烃的氧化作用，而且提供了观察烃渗漏异常的良好介质，用肉眼或借助仪器可以观察到在海水及其表面的一些渗漏烃产物。

20世纪60年代以来，一些石油公司在许多海域对海上油气藏的渗漏烃进行过大量研究，测区几乎遍及世界各大洲大陆边缘的近海海域。80年代，随着一些新的地球化学探测方法的出现，国际上更是掀起了一个海上油气地球化学探测高潮，先后在北海、挪威西陆架、墨西哥湾、黑海等十一个海域开展大规模的海洋海底沉积物油气地球化学探测。到目前为止，世界上许多海域的海底已经发现有海底烃类渗漏，这些渗漏可以形成在海底10~3000m不同深度范围以及各种沉积、气候和构造环境内（Abrams，2005；Yapa and Chen，2004）。

1. 海洋烃类渗漏活动性

在海洋环境不同的海区，甚至同一海区的不同渗漏区，海底烃类渗漏显示都不尽相同，有些渗漏区各种识别标志发育较为完全，相互之间关系密切，如墨西哥湾、澳大利亚近海等；有的渗漏区各种识别标志很不齐全，相互之间关系也难以总结。研究认为（Abrams，2004），烃渗漏的地表显示与烃类渗漏活动性相关，根据烃类渗漏的相对速率及其相关作用，将海底烃渗漏行为划分为活跃渗漏和惰性渗漏，二者的输出端元存在很大差异。

活跃渗漏是指持续性的运移烃渗漏，渗漏区为活跃生烃、密封性不好或具有良好运移通道的区域，大量烃类物质从深部向海底表层沉积物以及上覆海水中渗漏。一定水深的活跃渗漏会形成化能合成群落，还经常伴有气水化合物生成。活跃渗漏主要发生在具有良好运移通道，而且现在仍在活跃生烃的盆地内。烃的向上渗漏可以是连续的，也可以是多期次的（Roberts and Carney，1997；Quigley，1999；MacDonald，2000；Kvenvolden and Cooper，2003）。墨西哥湾、加利福尼亚海、北海部分海域和印度尼西亚海域都存在活跃渗漏。活跃渗漏在海底具有明显的显示，包括各种直接显示和间接显示，在海水和海底沉积物中均可检测到烃类异常。

惰性渗漏是指残余的运移烃渗漏，渗漏区为被动生烃、密封性不好或运移条件不好的区域，烃类物质从深部到海底表层的渗漏活动不活跃。阿拉斯加海域、澳大利亚陆架西北海域、苏门答腊中部和北海的一些海域都属于惰性渗漏区。渗漏区范围小，各种显示或有或无，在地震剖面上可能存在各种声波异常。在惰性渗漏区，沉积物烃类异常只能在渗漏中心或最大干扰带之下才能检测到。

渗漏区的活动性控制着海洋沉积物中近地表渗漏烃的分布。不同的物理特性决定了烃类渗漏异常在垂直方向及水平方向上的分布具有各自特点。在活跃渗漏区，渗漏烃异常可以在渗漏点上方或距离主要渗漏点较远距离的近地表沉积物、海水中以及海洋表面检测到；在惰性渗漏区，渗漏烃只有在距离主要渗漏点较近或局部运动带附近的近地表海洋沉积物中检测到。

活跃渗漏和惰性渗漏是两种不同的渗漏行为。而事实上，许多渗漏体现的是介于这两种渗漏行为之间的特征。因此，烃类渗漏的表现不是完全相同的，一个区域的渗漏烃检测方法与认识不一定适用于其他区域。此外，烃渗漏与地下油气藏的规模、类型和产能没有直接的关联性。

2. 海洋烃类渗漏类型

根据烃类渗漏的强度，可以将渗漏类型分为宏渗漏和微渗漏。

宏渗漏是高浓度的烃类渗漏，用肉眼可以观测到，并且与连续流动有关。在海水中可以检测到明显的烃类气体异常。宏渗漏的烃类组成包括烃类气体和中、高分子烃类，渗漏烃的运移路径可以是连通性好的断裂和裂隙、不整合面、底辟体和流体等，渗漏机制以流体运移为主，也包括对流和渗透等。

微渗漏指的是低浓度的烃类渗漏。这种类型的渗漏用肉眼难以识别，只能用标准的仪器检测到。在海水中难以检测到明显的烃类气体异常。微渗漏的烃类组成主要是烃类气体，中、高分子烃类很少或没有，烃类运移路径是连通性差的断裂、微裂隙和岩层空隙等，渗漏机制为扩散、渗透和微气泡浮力等。

活跃渗漏多数是宏渗漏，惰性渗漏在渗漏带附近通常表现为微渗漏，但有时也存在中、高分子烃类渗漏引起宏渗漏的现象。

3. 海洋烃类渗漏显示

在海洋环境中，烃类物质在从深部向海底表面渗漏的过程中，一方面会影响运移路径及其附近地层以及海底沉积物的物理性质，如地层中烃类组分（包括气体、液体）的运移会改变地层的声学特征，形成各种可识别的地球物理标志；另一方面，渗漏烃到达海底后，会因动力作用和次生变化，改变海底表面形态，形成各种与渗漏有关的表面特征。另外，渗漏烃进入海水后会继续上升，在海水中和海洋表面形成异常显示。

海底烃类渗漏显示包括直接显示和间接显示。烃类渗漏的直接显示主要是指由于烃类渗漏而在海水及其表面、海底沉积物形成的肉眼可见或通过仪器测量可发现的烃类异常，其中包括海水表面油膜、海水渗漏气体羽流、海底沉积物中的油斑、团块，也包括在海水和沉积物中检测到的烃类异常等；烃类渗漏的间接显示是指烃类渗漏在深部、浅部和海底表面形成的一系列与烃类渗漏有关的特征，如气烟囱构造、海底隆丘、泥火山、海底麻坑构造、海底表面断裂或古河道等，也包括因烃类渗漏导致的海底沉积物中的次生变化（Milkon，2000），如自生碳酸盐岩、自养生物群落以及天然气水合物等。海底烃类渗漏的直接显示和间接显示常常伴生。

海洋表面油膜是海底烃类渗漏在海洋表面的一个直接显示。从海底逸散的石油会以一串连续的液滴运移到海洋表面，液滴直径一般小于1cm。油滴在海洋表面破裂呈彩虹晕状散开，几秒钟内快速扩散成油膜，且无法用肉眼观测，颜色变为银灰色。海面油膜异常规模与海底渗漏逸散规模相关。由海底烃类渗漏形成的油膜在空间上具有一定的分布规律。在墨西哥湾，海底渗漏是沿着海底断层呈线状分布的。关于海域内海水表面油膜的调查结果表明，表面油膜围绕着声波探测发现了气泡流（指向渗漏源）的分布，当渗漏源不是一个而是多个时，围绕多个渗漏源分布着多套表面油膜。

烃类渗漏羽和海水烃类气体组分异常是烃类渗漏在海水中的直接显示。这种渗漏羽是由于烃类从沉积物中进入海水，压力释放，运动速度大大增加，因而在海面形成肉眼可见的气泡串。潜水艇水下作业已经在众多海域发现成串的气泡链，利用回声探测仪、侧扫声呐等调查方法也在许多海域发现了烃类渗漏羽的存在（Beukelaer et al.，2003；Jeong，2004；Barthold，2005；Rollet，2006；Rollet at al.，2009）。海水烃类气体组分异常可以利用各种直接检测海水烃类异常的嗅测仪（Sniffer）探测到。石油公司采用这种技术在众多近海海域开展了海水烃类异常检测（Klusman，1993；Wernecke，1994；MacDonald and Leifer，2002；

Leifer and MacDonald, 2003; Casas et al., 2003)。

5.1.3 海洋自然烃渗漏雷达遥感探测

海底烃渗漏在从地下深层向上运移的过程中，会在海底沉积物、海底表面、海水中及海洋表面形成一系列烃渗漏异常显示。有关研究表明，海底油气藏烃类渗漏产生的海底特征可稳定保存几百年。由于海底表层物质含烃量的增加，一些烃类呈连续不断的小油（气）珠（泡）（其直径一般小于1mm）浮向海面，在海洋表面形成表面石油油膜。在平静的海面状况下，油气藏渗漏产生的海面石油油膜，稳定地分布在渗漏源的上方一定范围的海域内，可对短海洋表面波（厘米级）产生一种平滑作用，直接影响海面电磁波反射特征。海洋表面烃类油膜的存在，主要从两个方面改变遥感获取的海洋表面信息：一方面改变海水的波谱反射特征；另一方面改变海洋表面的纹理特征。此外，由于石油的比辐射率与海水的比辐射率不同，海面石油油膜与清洁海水之间就会存在热特性差异，可检测海洋表面石油油膜的存在。这些标志可以利用遥感方法进行探查。

但是，由于海洋油气藏烃类渗漏受其上方海洋水体的影响，在海面形成的烃类渗漏标志有所不同。同时，海面烃类渗漏又受海水温跃层、海流、潮汐、海况及气象条件影响，使得遥感准确探测难度加大，油气藏是否存在的判断技术更为复杂。大量研究成果表明，海洋油气藏的烃类渗漏引起表面石油油膜聚集在大气/海水界面，影响并改变大气/海水界面的相互作用过程，在这些相互作用引起的表面效应中，可被遥感方法探查的主要是表面油膜对电磁波和短表面波的阻尼效应。

雷达遥感检测海洋表面浮油膜主要利用表面膜对海面波浪的阻尼作用，表面膜不仅可以使水面存在的毛细波衰减，而且可以阻止波的形成，因此，油膜可以很大程度地降低波浪破碎和减少波浪产生湍流，降低表面粗糙度。相对周围区域的高后向散射来说，它的后向散射减少了，大部分雷达发射电磁波被反射，雷达接收回波较周围海面弱，在卫星雷达数据上呈现暗区异常。在一定的风速条件下，这种差别能在雷达图像上显示。

海洋表面油膜SAR检测多针对海洋溢油污染油膜，初期阶段的方法研究主要集中于研究表面油膜SAR探测的物理机制，验证SAR图像检测的有效性，分析SAR检测技术条件以及适合目标检测的海洋条件（Cox and Munk, 1954; Elachi and Walter, 1977; Jones, 1986, 1998; Trivero et al., 1998）。通过分析随机粗糙表面的电磁散射特征，总结电磁波与海洋表面波相互作用后的后向散射模型。同时，开展试验研究（Witte, 1991; Gade and Ufermann, 1998; Gade et al., 1998a, 1998b; Wismann et al., 1998; Huhnerfuss et al., 1989, 1996），利用机载多频率雷达传感器在海上开展现场试验，总结表面油膜SAR检测的雷达技术条件、海洋气象条件以及检测方法。随后，方法研究的重点逐渐集中于暗区目标检测方法研究（Calabresi et al., 1999; Huang et al., 2005; Bertacca et al., 2005; Nirchio et al., 2005）。然而，由于SAR的成像机理使得SAR图像中海面油膜的识别存在不确定性，很多可以影响海面粗糙度的疑似现象呈现出与海面油膜类似的暗区特征，干扰目标信息提取。学者们开展大量工作研究SAR图像中暗区目标的不同成因及其类型特征，来区分海面油膜和“似油膜”，分析海洋自然烃渗漏油膜特征（Alpers and Huhnerfuss, 1989;

Bedborough, 1996; Mervin and Carl, 1997; 黄晓霞, 1998; Espedal and Wahl, 1999; Fiscella et al., 2000; Gade et al., 2006; Topouzelis et al., 2007; 刘杨, 2010)。

海洋自然烃渗漏形成的海面油膜SAR探测的关键是如何准确识别海底自然烃渗漏形成的海面油膜。由于海底油气藏形成的海底自然烃渗漏具有稳定的海底表面渗漏源，会在渗漏源上方一定范围海域重复出现，其海面分布受区域海水及海面洋流运动影响。因此，通过对同一海域进行长时间连续观测，结合海域内航线、人工设施、气象等特征进行综合分析，遥感平台可以检测到油渗漏形成的海洋表面膜，并根据遥感提取的海洋表面渗漏点分布，对遥感检测到的烃渗漏进行区域评估，结合重力、磁力、区域地质构造、海底地形等多元数据，快速圈定有利油藏聚集区的远景靶区，降低地震勘探、钻探的风险，从辅助角度推动勘探进程。

国际商业油公司已将海洋表面渗漏遥感检测作为海洋勘探的第一步纳入海上勘探工作流程中 (Alan, 2000; O'Brien et al., 2005)。英国NPA公司在墨西哥湾、里海、澳大利亚、南大西洋、南亚印度河盆地等海域勘探应用中以遥感 (雷达与激光荧光传感器技术相结合) 检测油藏渗漏油膜为主要技术手段，预测勘探目标取得了成功。由于遥感检测的是海洋表面渗漏点，所以不论海域深度，只要存在海面渗漏油膜，就有可能通过遥感手段检测到，目前此项技术应用的最深海域达5000m。

5.2 海洋自然烃渗漏油膜SAR探测

据估计，全球10%的海洋表面被各种油膜覆盖 (Girard-Ardhuin et al., 2003)，海洋表面油膜主要分为三大类：污染油膜、自然表面生物油膜和自然烃渗漏油膜。三种油膜在识别过程中，经常出现交叉误判，再加上其他能够引起SAR低散射情况的现象干扰，海洋自然烃渗漏油膜的遥感检测存在很多不确定性。海面油膜一方面会对海洋环境产生很多不良影响；另一方面，又会给海洋油气资源勘探提供有益信息。目前关于海洋表面油膜的各种遥感识别方法研究主要针对海洋溢油的应用需求。

研究主要针对海洋自然烃渗漏油膜的SAR检测，建立标准低后向散射区训练数据集，定量研究海洋烃渗漏油膜SAR图像特征，基于拟合特征分量研究海洋自然烃渗漏油膜的识别。

5.2.1 海洋自然烃渗漏油膜SAR图像特征分析

SAR图像成像机制决定海洋表面暗区异常成因存在不确定性，前人开展大量工作研究SAR图像中暗目标成因及其类型特征，并研究区分溢油油膜与疑似现象的特征量 (Espedal and Johannessen, 2000)。表5-1中列出各种不同成因的海洋表面膜的SAR影像特征。

表5-1 海洋表面膜的SAR影像特征

海洋表面特征	SAR影像特征	可能出现的地理位置	气候条件限制
天然膜	当与海流相互作用时很容易改变形状	海岸带和上升流出现地区	在海面风速>7m/s时溶解
油脂状海冰	大面积的黑斑	主要沿冰线分布，但在大洋中也可出现	冬季或靠近冰线区的寒冷夜晚

续表

海洋表面特征	SAR 影像特征	可能出现的地理位置	气候条件限制
低风速区	大面积的黑斑	随处可见	海面风速小于3m/s
背风岬角	近岸边的黑色斑块	陆地边缘附近和峡湾地带	即使在很高风速的情况下也可出现（15m/s）
雨点	具有特征的黑色中心的亮斑	热带地区	滂沱大雨和强风
内波	一系列平行的暗-亮条带	海山附近或较浅水域，如大陆架边缘和海流切变区	风速<8m/s
波浪、海流沿剪切带相互作用	狭窄的或亮或暗弧形特征	强海流地区	风速小于2m/s
上升流	黑斑	表面海流散开处，主要出现在海岸带附近	风速小于8m/s
泄漏原油	黑斑	随处可见	风速小于12m/s
海底油气藏渗漏烃类油膜	黑斑	与有利的油气圈闭构造位置一致	风速小于6m/s

研究表明目前共有14种因素能够产生低散射区：①海洋内波；②海底地形；③海流锋面；④上升流；⑤河口；⑥海岸排污；⑦生物表面膜；⑧大气重力波；⑨大气边界滚动；⑩大气锋面；⑪岛屿尾流；⑫海岸风；⑬海上降雨；⑭海上溢油（船舶、石油平台、自然烃渗漏等）。目前还没有确定SAR图像海洋自然烃渗漏油膜的充分必要判据。

收集渤海海域、南海海域以及世界典型自然烃渗漏海域的SAR数据，提取典型暗区目标样本建立标准样本数据集。筛选建立的数据集包括三类标准SAR图像特征（图5-1）：

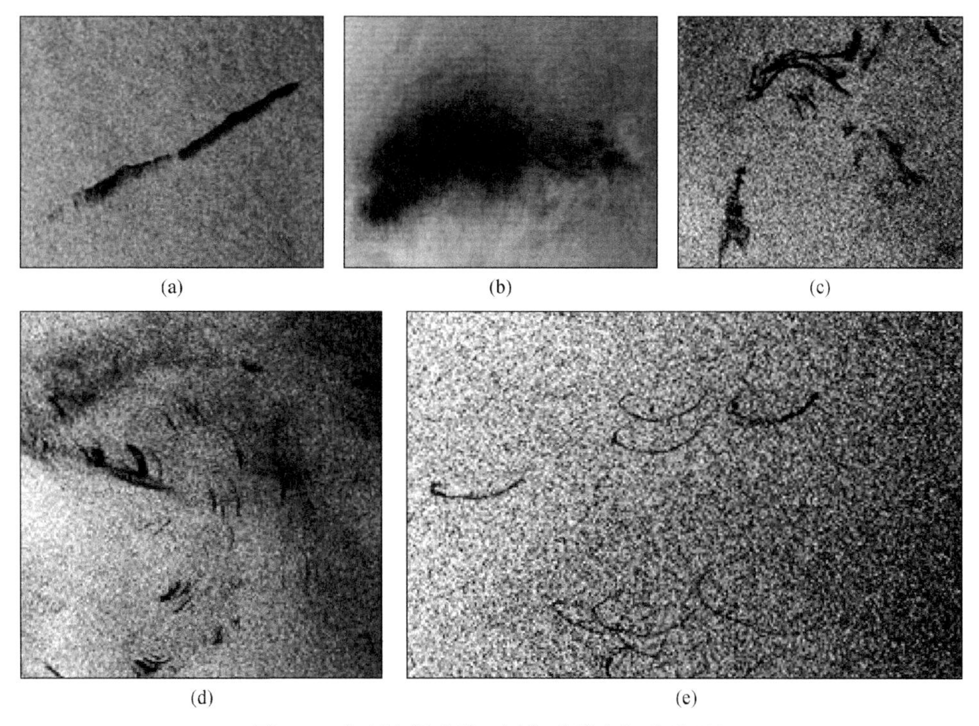

图5-1 典型渗漏油膜、污染油膜和似油膜现象

（a）污染油膜；（b）低风速；（c）污染油膜；（d）（e）渗漏油膜

海洋自然烃渗漏油膜（简称渗漏油膜）、各种溢油污染油膜（简称污染油膜）和各种自然现象等非油膜因素引起的似油膜现象（简称似油膜）。其中，似油膜目标指低风速、雨团、背岬和涡流等海况形成的小规模不规则暗条纹，内波等形成的有规律且规模较大的暗条纹，因其相对渗漏油膜特征明显，没有采集样本。

经过辐射定标、降噪滤波等数据处理后，提取图像中的暗区目标，基于暗目标定量提取 17 个特征参量，详见表 5-2，其中包括：5 个基于后向散射特征的基本参量和由此衍生的 5 个特征参量；4 个基于几何特征的基本参量和由此衍生的 3 个形态特征参量。

表 5-2　特征参量

特征参量		定义
后向散射特征参量	目标后向散射系数均值	$\mu_{\text{dark}} = \frac{1}{n}\sum_{i=1}^{n}\sigma_{\text{dark}}^{0}(i)$
	背景后向散射系数平均值	μ_{sea}
	目标后向散射系数标准差	$\sigma_{\text{dark}} = \sqrt{\frac{1}{n}\sum_{i=1}^{n}[\sigma_{\text{dark}}^{0}(i) - \mu_{\text{dark}}]^{2}}$
	背景后向散射系数标准差	σ_{sea}
	平均边缘梯度	$\nabla\sigma_{\text{dark-sea}}^{0} = \frac{1}{n}\cdot\sum_{i=1}^{n}\text{grad}(\sigma_{i}^{0})_{\text{prewitt}}$
	目标均质性	$\mu_{\text{dark}}/\sigma_{\text{dark}}$
	背景均质性	$\mu_{\text{sea}}/\sigma_{\text{sea}}$
	目标背景均质性比	$(\mu/\sigma)_{\text{dark/sea}}$
	目标背景标准差比	$\sigma_{\text{dark}}/\sigma_{\text{sea}}$
	目标背景均值差	$\Delta\mu_{\text{dark-sea}}$
几何特征参量	目标面积	A
	目标周长	P
	目标长度	L
	目标宽度	W
	紧致度	$C_{\text{o}} = \frac{4\pi\cdot A}{P^{2}}$
	长宽比	L/W
	边界发育度	$D = \frac{L}{2\sqrt{\pi\cdot A}}$

在表 5-2 中，n 为暗目标内像元数；$\sigma_{\text{dark}}^{0}(i)$ 为暗目标内第 i 个像元的后向散射系数；$\text{grad}(\sigma_{i}^{0})_{\text{prewitt}}$ 为目标边界上像元点的 Prewitt 梯度；$\nabla\sigma_{\text{dark-sea}}^{0}$ 为沿暗目标边界所有像元后向散射系数边缘梯度的平均值。

在后向散射特征参量中，μ_{dark}和μ_{sea}分别反映暗目标和背景海域雷达后向散射系数的整体平均水平；σ_{dark}和σ_{sea}分别反映暗目标和背景海域雷达后向散射系数的离散程度，值越大，表明目标内后向散射特性越不稳定；$\nabla\sigma^0_{dark\text{-}sea}$反映暗目标边缘沿梯度方向的后向散射系数变化速率，值越大，表明变化越快，边缘越清晰，可用于说明油膜的扩散特性；均质性与滤波评价中等效视数的意义相同，这里用于反映目标内后向散射特性的均质度；$(\mu/\sigma)_{dark/sea}$反映目标与背景均质性变化的相对程度，值越大，表明目标相对背景海面均质性更好；$\sigma_{dark}/\sigma_{sea}$反映目标与背景海面后向散射离散程度的相对性，值越大，表明目标相对背景海面后向散射离散程度越大；$\Delta\mu_{dark\text{-}sea}$反映目标与背景海面后向散射系数的平均差距。

在几何特征参量中，L为基于 Delaunay 三角形法生成的目标多边形对象骨架中主线的长度；W为目标多边形骨架中所有三角形高度的平均值；C_o反映致密性，值越大，紧致度越高，圆的紧致度为1；L/W反映多边形的狭长程度；D反映边界不规则程度，值越大，表明边界越不规则，值越低，边界越平滑。

渗漏油膜样本均采集于典型自然烃渗漏海域，基于提取的特征参量，从边缘特征、后向散射特征、形态特征和规模尺度特征四个方面对海洋自然烃渗漏油膜的 SAR 特征进行定量分析。

5.2.1.1　烃渗漏油膜的边缘特征

不同类型暗目标平均边缘梯度直方图（图5-2～图5-4）和统计结果（表5-3）表明，似油膜的边缘梯度平均值明显低于不同类型油膜的边缘梯度，主要分布区间相对更集中。污染油膜表现为双峰现象，边缘梯度峰值在10和15附近，而渗漏油膜表现为单峰正态分布，边缘梯度平均值为11.81，介于污染油膜的双峰平均值之间，与低峰值更接近。

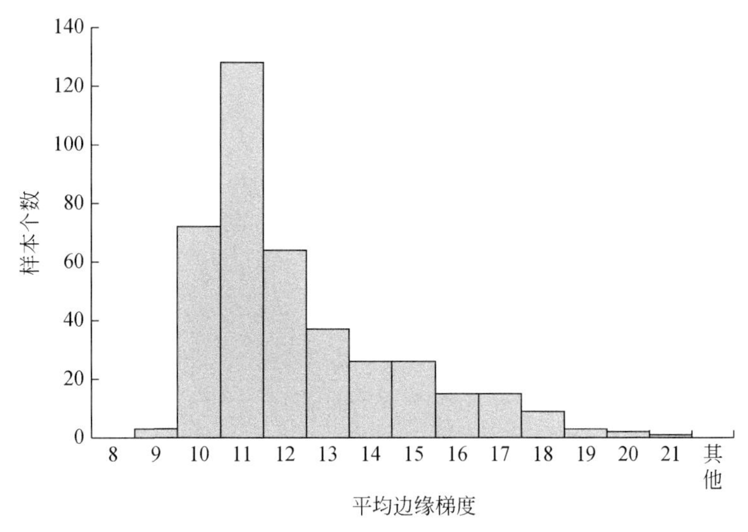

图5-2　渗漏油膜平均边缘梯度直方图统计

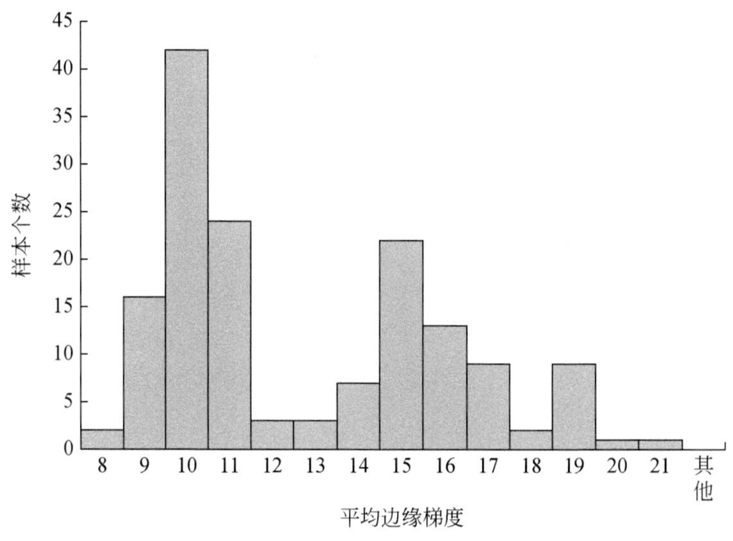

图 5-3　污染油膜平均边缘梯度直方图统计

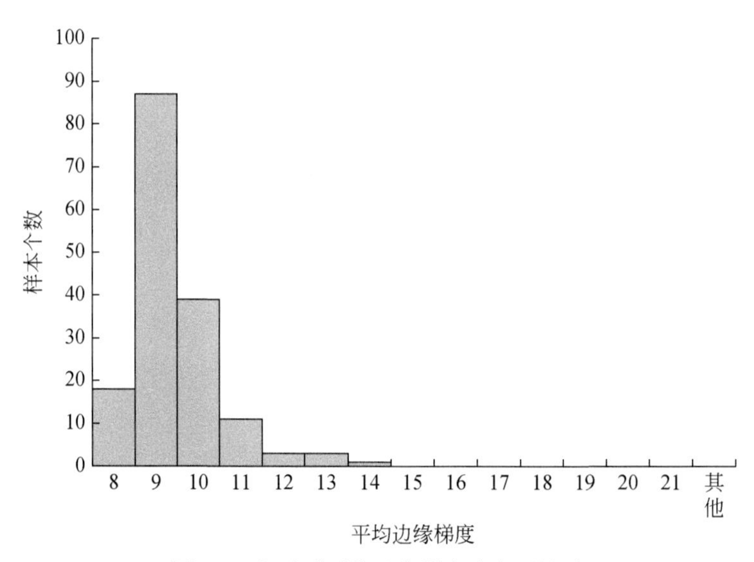

图 5-4　似油膜平均边缘梯度直方图统计

表 5-3　不同类型暗目标平均边缘梯度统计结果

暗目标	平均值	标准差	中值	最小值	最大值
渗漏油膜	11.81	2.26	10.95	8.41	20.2
污染油膜	12.24	3.23	10.48	6.96	20.08
似油膜	8.9	1.02	8.61	7.37	13.45

边缘梯度反映目标边缘锐化程度。似油膜多是各种海洋气象引起的区域现象，对海洋表面波产生的阻尼作用表现为区域性的空间变化规律。而油膜的阻尼效应具有边界性，在

能被检测到的相同情况下，没有油膜就没有阻尼作用。因此，油膜对雷达后向散射的衰减表现出相对更强的边缘特征。

污染油膜边缘梯度的双峰分布表明，污染油膜表现出比较明显的两种边缘特性，分别对应油膜的弱扩散和强扩散特征，即实际海面上已经扩散和刚发生扩散不久的污染油膜。渗漏油膜边缘特征相对统一，表现为比污染油膜梯度低峰值略高的边缘特性，这可能与渗漏油膜形成机制有关系。污染油膜多由人为导致，其渗漏集中程度和排放动力都大于渗漏油膜，与海面对抗能力强。而渗漏油膜来自海底烃渗漏，油滴或气泡到达海面后自行破裂，没有任何外力辅助，油膜的自主性能力弱，即使在形成初期，也难以达到污染油膜形成初期的边缘特征。同时，污染油膜由于具有排放动力，常表现出明显的形态特征，有助于影像识别，因此具备更低的边缘特征检测门限值，在相同扩散程度，渗漏油膜特征可能被淹没在海面背景信息中而无法检测。

5.2.1.2 烃渗漏油膜的后向散射特征

从表5-4统计结果可以看到，渗漏油膜与污染油膜在一些后向散射特征参量上表现出较大的差异。渗漏油膜目标与背景的后向散射系数差（$\Delta\mu_{\text{dark-sea}}$）的均值明显高于污染油膜，而背景海域后向散射系数的标准差（σ_{sea}）却明显偏低。这表明，SAR检测到的渗漏油膜比SAR检测到的污染油膜具有更强的后向散射衰减作用，目标所处局部海域的海面条件相对更平稳。分析认为这与渗漏油膜因自主能力差而具有更高的检测门限有关。

表5-4 不同类型暗目标后向散射特征统计结果

暗目标		$\Delta\mu_{\text{dark-sea}}$	σ_{dark}	σ_{sea}	$\mu_{\text{dark}}/\sigma_{\text{dark}}$	$\mu_{\text{sea}}/\sigma_{\text{sea}}$	$(\mu/\sigma)_{\text{dark/sea}}$	$\sigma_{\text{dark}}/\sigma_{\text{sea}}$
渗漏油膜	均值	6.05	3.35	2.71	5.37	4.38	1.21	1.24
	标准差	2.79	0.62	0.34	1.37	1.12	0.15	0.20
污染油膜	均值	4.98	3.47	4.17	4.59	3.19	1.56	1.01
	标准差	2.32	0.84	2.73	1.85	4.75	0.24	0.38
似油膜	均值	6.77	3.2	2.15	5.01	4.05	1.17	1.49
	标准差	2.97	0.66	0.11	1.39	0.42	0.19	0.29

但总体上，渗漏油膜没有表现出明显区别于污染油膜和似油膜的后向散射特征，它和污染油膜在多数特征参量上都表现为相对似油膜的统一变化趋势，其后向散射特征参量值相对污染油膜更接近于似油膜。

5.2.1.3 烃渗漏油膜的形态特征

表5-5统计了一些典型多边形的形态特征，选取四种近似水果形状多边形：苹果、梨、胡萝卜和香蕉作为参考目标，表中统计规律显示了多边形形态特征的变化趋势。

表 5-5 典型多边形的形态特征

长宽比	2.96	3.86	5.81	8.19
紧致度	0.99	0.73	0.54	0.34
边界发育度	1.27	1.43	1.48	2.08

研究中暗目标形态统计结果显示渗漏油膜表现出明显区别于污染油膜和似油膜的形态特征（表 5-6）：长宽比高出污染油膜和似油膜几倍之多，分布区间也相对更集中；油膜边缘发育度呈明显高值；紧致度呈明显低值。

表 5-6 不同类型暗目标形态测量统计结果

暗目标		紧致度	边界发育度	长宽比
渗漏油膜	均值	0.08	5.19	60.47
	标准差	0.07	1.85	43.23
污染油膜	均值	0.25	2.89	18.15
	标准差	0.15	1.52	23.13
似油膜	均值	0.21	3.07	17.8
	标准差	0.14	1.47	16.19

数据表明渗漏油膜的形态明显比污染油膜和非油膜更趋于狭长线状，研究分析这点与其边缘特性一样，与渗漏油膜的形成机制有关。海洋表面油膜的线状与块状形态除了受外界海洋风场和流场影响，还与渗漏速度与规模相关，当油的渗漏速度大于油膜扩散漂移速度时，油膜会更多表现为块状；当渗漏速度小于扩散漂移速度时，在海流与风作用下，更多表现为狭长状；渗漏停止后，则主要受外力影响。渗漏油膜是一种海底自然烃渗漏形成的油膜，其渗漏机制稳定持续或稳定断续，一般不会在短时间内集中大量释放，因此，渗漏油膜多呈明显线状形态。

渗漏油膜的边缘发育更复杂，通过分析发现与其自主性差相关。渗漏油滴或气泡上升到海面破裂后形成的油膜没有任何动力因素，完全受海面及风场控制，油膜的“自由”扩散使边缘形态相对更复杂；而污染油膜或者规模大，或者为海上交通运输及人工设施引起，在形成初期具有与海况相作用的初始动力，油膜的“自我保护”能力相对强于渗漏油膜；海洋现象多表现为区域性分布，局部小暗区的形态多服从周边一定区域内的整体形态规律，很少表现为个体区别于区域的形态规律，因此，似油膜的边界复杂度低于渗漏油膜。

5.2.1.4 烃渗漏油膜的规模尺度特征

研究统计了三种类型暗目标的几何尺度特征参量，并根据目标提取参量值，统计了各特征值的主要分布区间。根据正态数据分布的统计规律，主要分布区间下限取最小值与($\mu-2\sigma$)的低值，统计结果见表5-7。

表5-7 不同类型暗目标规模尺度统计结果

参数	暗目标类别	均值	标准差	最小值	最大值	主要分布区间
面积/km^2	渗漏油膜	2.43	3.06	0.07	18.88	0.07～8.55
	污染油膜	2.77	8.79	0.05	89.8	0.05～20.35
	似油膜	3.71	44.57	0.03	769.52	0.03～92.85
周长/km	渗漏油膜	26.14	16.89	1.58	83.95	1.58～59.92
	污染油膜	16.06	33.09	1.28	320.7	1.28～82.24
	似油膜	10.03	25.69	0.78	340.65	0.78～61.41
长度/km	渗漏油膜	9.24	5.59	0.47	24.29	0.47～20.42
	污染油膜	4.15	6.03	0.34	41.25	0.34～16.21
	似油膜	2.47	4.28	0.19	60.34	0.19～11.03
宽度/km	渗漏油膜	0.18	0.1	0.06	0.6	0.06～0.38
	污染油膜	0.21	0.13	0.06	0.84	0.06～0.47
	似油膜	0.15	0.29	0.05	4.64	0.05～0.73

渗漏油膜的平均面积规模略小于污染油膜和似油膜，但面积大小分布范围更加集中，远低于污染油膜和似油膜。其平均周长明显大于污染油膜和似油膜，分布范围集中，渗漏油膜长度普遍更长，其平均长度比污染油膜高出近一倍。

研究分析认为，渗漏油膜是由海底持续性的、规律性的渗漏形成的，虽然没有污染渗漏集中或量大，但细水长流使得油膜的条带状具有更强的连续性。而污染油膜多为临时现象，具有很强的实效性，事发突然但又很快结束。因此，经历最初的扩散之后开始破碎，由于没有持续供给源，污染油膜在海面上多呈小块状或条带块状。统计数据中污染油膜和似油膜的大长度主要集中于大规模污染和区域性海洋现象引起的低散射区现象。

5.2.2 基于拟合特征的海洋自然烃渗漏油膜SAR识别

通过SAR图像特征分析，渗漏油膜的形态特征相对其后向散射特征表现出更加明显地区别于污染油膜和似油膜的统计特征。学者开发了很多溢油目标分类识别方法，主要针对污染油膜识别。研究基于后向散射特征和形态特征参量，构建二维拟合特征参量空间，根据暗目标的分布特征识别渗漏油膜。

5.2.2.1 特征空间构建

基于标准样本数据集，共提取了707个暗目标，其中渗漏油膜样本249个，污染油膜和似油膜样本分别为273个和185个。计算目标的17个特征参量，用于三类暗目标的识别分析。从样本训练集中分别选择 121 个渗漏油膜、120 个污染油膜和 89 个似油膜样本参与训练，剩余样本进行验证。

拟合递归方程式为

$$Y=a_1X_1+a_2X_2+\cdots+a_nX_n+\varepsilon \tag{5-1}$$

式中，Y 为拟合特征参量；X_n为参与拟合的独立变量；a_n 为递归系数，代表独立变量对拟合特征参量的贡献；ε 为常数。

研究拟合了两个特征参量：后向散射特征分量 Y_B 和形态特征分量 Y_S，根据独立变量对拟和分量的贡献，省去低贡献值的边缘分量。拟合的后向散射特征分量表示为

$$Y_B=a_1\cdot\mu_{dark}+a_2\cdot\sigma_{dark}/\sigma_{sea}+a_3\cdot\mu_{dark}/\sigma_{dark}+a_4\cdot\mu_{sea}/\sigma_{sea}+a_5\cdot(\mu/\sigma)_{dark/sea}+\varepsilon_B \tag{5-2}$$

形态分量表示为

$$Y_S=b_1\cdot D+b_2\cdot C_o+b_3\cdot \lg(L/W)+\varepsilon_S \tag{5-3}$$

令 $\boldsymbol{a}=[a_1,\ a_2,\ a_3,\ a_4,\ a_5]$，$\boldsymbol{b}=[b_1,\ b_2,\ b_3]$，$\boldsymbol{S}^T=[D,\ C_o,\ \lg(L/W)]$，$\boldsymbol{B}^T=[\mu_{dark},\ \sigma_{dark}/\sigma_{sea},\ \mu_{dark}/\sigma_{dark},\ \mu_{sea}/\sigma_{sea},\ (\mu/\sigma)_{dark/sea}]$，则后向散射特征分量和形态特征分量可表示为

$$Y_B=\boldsymbol{a}\cdot\boldsymbol{B}+\varepsilon_B \tag{5-4}$$

$$Y_S=\boldsymbol{b}\cdot\boldsymbol{S}+\varepsilon_S \tag{5-5}$$

为了对比分析渗漏油膜在二维特征空间的分布特征，拟合了两组特征分量。

（1）特征空间 1

目标为渗漏油膜时，取 $Y_B=1$；目标为污染油膜或似油膜时，取 $Y_B=0$，得到拟合后向散射特征分量为

$$Y_B^{seep}=\boldsymbol{a}_{seep}\cdot\boldsymbol{B}+\varepsilon_B^{seep} \tag{5-6}$$

目标为渗漏油膜时，取 $Y_S=1$；目标为污染油膜或似油膜时，取 $Y_S=0$，得到拟合形态特征分量为

$$Y_S=\boldsymbol{b}_{seep}\cdot\boldsymbol{S}+\varepsilon_S^{seep} \tag{5-7}$$

（2）特征空间 2

目标为渗漏油膜和污染油膜时，取 $Y_B=1$；目标为似油膜时，取 $Y_B=0$，得到拟合后向散射特征分量为

$$Y_B^{oil}=\boldsymbol{a}_{oil}\cdot\boldsymbol{B}+\varepsilon_B^{oil} \tag{5-8}$$

拟合形态特征分量同式（5-7）。

训练样本在两组特征空间的分布见图 5-5 和图 5-6，渗漏油膜在形态分量轴上具有一定分离度，整体值域分布高于污染油膜和似油膜。在后向散射分量轴上，训练样本在两组特征空间中的分布差异明显。在特征空间 1 中，样本后向散射分量值域区间几乎覆盖样本分布的所有区间，相互混淆，以 0.6 为临界，在大于 0.6 区间，分离相对较好；在小于 0.6 区间，混淆严重。在特征空间 2 中，渗漏油膜后向散射值域收敛性得到明显改善，与似油膜分离度较高，与污染油膜的混淆区间主要集中分布于 0.5～1，结合形态分量可以较好地区分渗漏油膜。因此，特征空间 2 更适合渗漏油膜的识别。

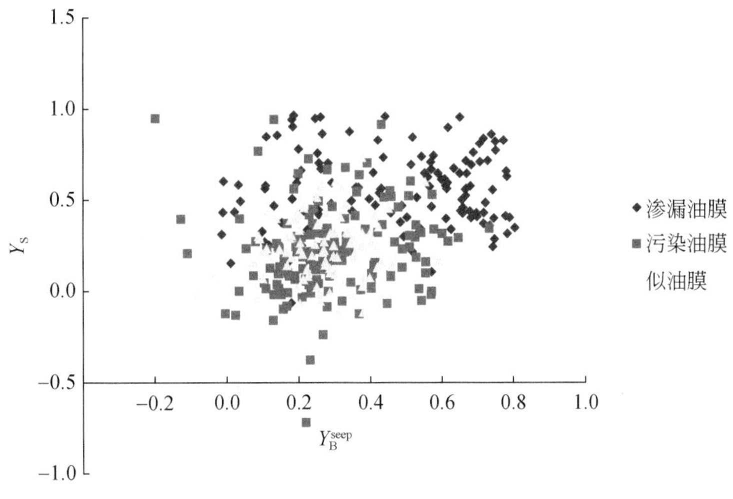

图 5-5　训练样本在特征空间 1 中的分布

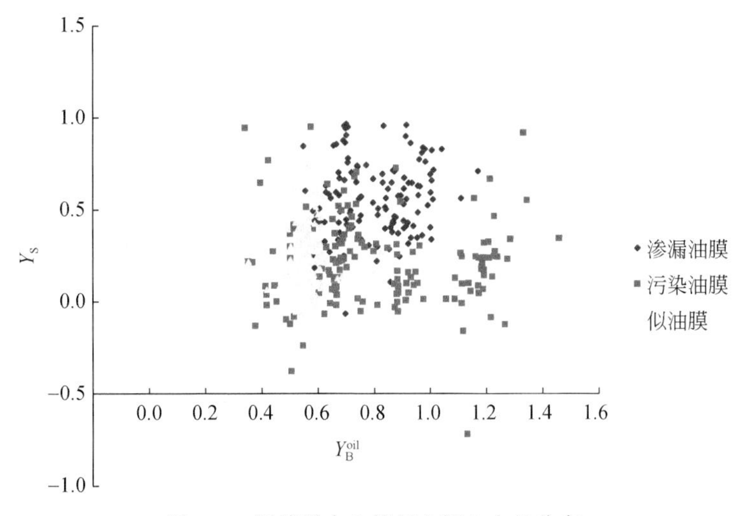

图 5-6　训练样本在特征空间 2 中的分布

两组特征空间中样本点的分布表明，渗漏油膜的形态在识别中起着更重要的作用，渗漏油膜的后向散射特征相对污染油膜与非油膜没有典型差异，而油膜与非油膜在后向散射特征上还是存在相对明显的差异。这与实际情况相吻合，渗漏油膜归根结底就是油膜，其对海面波的阻尼作用与其他油膜并无本质区别，但由于其渗漏形成机制的差异，形态受外界因素影响更快也更明显。研究认为，在渗漏油膜的识别过程中，渗漏油膜的形态特征和油膜的后向散射特征是应该主要考虑的两大类影响因素。

研究中 $a_{seep} = [-0.0602, -0.0208, 0.1375, -0.0769, -0.0466]$，$\varepsilon_B^{seep} = -0.1352$；$a_{oil} = [-0.0634, -0.6637, 0.2023, -0.0599, -0.0706]$，$\varepsilon_B^{oil} = 1.4018$；$b_{seep} = [0.0829, 0.0331, -0.0511]$，$\varepsilon_S^{seep} = 0.4207$。

在特征空间 2 中不同类型暗目标训练样本点具有较好的分离性，为了便于提取，对样

本拟合特征进行数据变换，其变换公式为

$$f(Y'_B, Y'_S) = \boldsymbol{M} \cdot f(Y_B, Y_S) + \boldsymbol{N} \tag{5-9}$$

式中，$f(Y'_B, Y'_S) = [Y'_B, Y'_S]^T$为变换后的样本点形态分量和后向散射特征分量值；$f(Y_B, Y_S) = [Y_B, Y_S]$为变换之前的样本点形态分量和后向散射特征分量值；$\boldsymbol{M}$ 和 $\boldsymbol{N}$ 为变换矩阵，$\boldsymbol{M}$ 为 2×2 矩阵，$\boldsymbol{N}$ 为 2×1 矩阵。研究中取$\boldsymbol{M}_{11} = 0.6088$，$\boldsymbol{M}_{12} = 0.7934$，$\boldsymbol{M}_{21} = -0.7934$，$\boldsymbol{M}_{22} = 0.6088$，$\boldsymbol{N}_{11} = 0$，$\boldsymbol{N}_{21} = 1$。因此，SAR 图像提取的目标特征经过特征拟合与拟合变换后，再进行渗漏油膜信息识别。综合考虑渗漏油膜样本后向散射分量和形态分量的均值（μ）与标准差（σ）统计结果和样本点的实际分布，取渗漏油膜的识别窗口为$Y_B \in [\mu - 1.6\sigma, \mu + 2.4\sigma]$，$Y_S \in [\mu - 0.25\sigma, \mu + 2.37\sigma]$，并在验证分析时对比了识别窗口调整对提取精度产生的影响。

5.2.2.2 结果分析

利用剩余样本对上述提取方法进行验证，为便于定量评估，定义渗漏油膜的检测率和误检率为

$$\text{渗漏油膜检测率} = \frac{\text{检测出的渗漏油膜数}}{\text{实际渗漏油膜总数}} \times 100\% \tag{5-10}$$

$$\text{渗漏油膜误检率} = \frac{\text{检测为渗漏油膜的非渗漏油膜}}{\text{所有检测为渗漏油膜的数量}} \times 100\% \tag{5-11}$$

由于渗漏油膜形态分量分布相对集中，而后向散射分量的取值对提取结果影响较大，因此形态分量取值范围不变，改变后向散射分量的取值范围，统计检测结果。设计四种识别窗口，Y'_S 取值范围［0.565，1.22］固定，Y'_B 选取四个取值范围［0.865，1.4］、［0.915，1.4］、［0.995，1.4］和［1.025，1.4］，分别对应Y'_B值域区间为 0.535、0.485、0.405 和 0.375，取值区间不断收敛。渗漏油膜识别结果统计见表 5-8。

表 5-8 渗漏油膜识别结果统计

Y'_B值域区间	实验提取	SAR 图像		总和	检测率/%	误检率/%
		渗漏油膜	非渗漏油膜			
0.535	渗漏油膜	93	11	104	72.1	10.6
	非渗漏油膜	36	236	272		
0.485	渗漏油膜	78	8	86	60.5	9.3
	非渗漏油膜	51	239	290		
0.405	渗漏油膜	53	6	59	41.1	10.2
	非渗漏油膜	76	241	317		
0.375	渗漏油膜	50	3	53	38.8	5.7
	非渗漏油膜	79	244	323		

渗漏油膜的检测率最高达到 72.1%，随着后向散射分量取值区间的收敛，检测率降低，当取值区间收敛到一定程度，检测率会稳定在一定水平。误检率在取值区间收敛的过

程中，变化比较小，但随着取值区间收敛到一定程度，检测率降低至一个稳定的水平时，误检率出现一个明显的降低，由之前的10%左右降至5.7%。可见随着检测率的降低，只有明显区别于其他类型暗目标的渗漏油膜进入检测窗口，误检率才得到明显改善。图5-7显示后向散射分量取值收敛性与渗漏油膜识别精度关系。检测标准与检测精度是矛盾的，苛刻的检测标准会降低误检率，但也会造成大量漏检现象，放宽检测标准，可能使误检率增加，但漏检现象会减少。因此，检测标准的最终确定是对误检率和漏检率的权衡考虑。

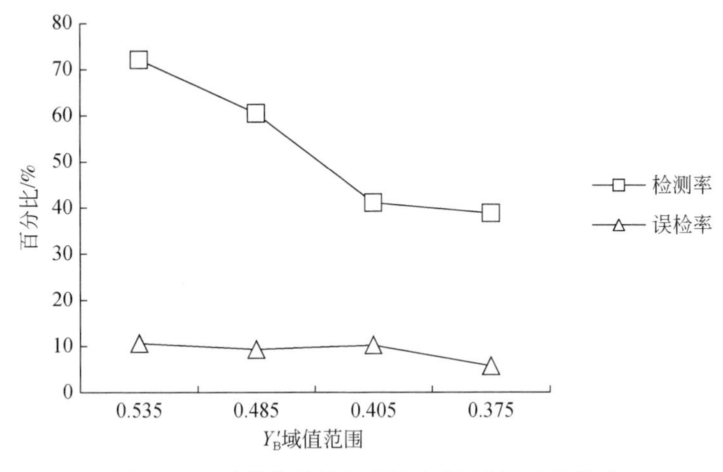

图5-7 Y_B'取值收敛性与渗漏油膜识别精度的关系

5.2.3 海洋自然烃渗漏油膜SAR探测可靠性评价

据统计，全球海洋中47%的烃类物质来自海底烃渗漏，53%来自海上生产、交通和消费过程中发生的油泄漏（Kvenvolden and Cooper，2003）。其中部分烃类物质在海洋表面形成油膜，在各种海面油膜中只有5%是来自海底的自然烃渗漏（Williams and Lawrence，2002）。因此，海洋烃渗漏油膜遥感检测是一个复杂的弱信息提取过程，在遥感识别中存在很多不确定性因素，难以通过固定的指标准确分离。基于拟合特征的判别方法是基于统计模式的识别，对于先验知识具有依赖性，该方法主要针对在已检测到确认渗漏油膜的海域建立区域渗漏认识模式，而不同地质区域的海洋烃渗漏油膜是否表现为相同的遥感特征，还没有定论，检测识别模式的区域性也需要进一步验证。鉴于海洋烃渗漏油膜检测的复杂性，对所有检测到的可疑油膜进行自然烃渗漏油膜可靠性评估非常必要。

5.2.3.1 海洋烃渗漏油膜SAR检测的不确定性因素

在SAR图像中，各种其他类型的表面油膜和疑似现象表现出与渗漏油膜类似的低散射图像特征，如海洋内波、海底地形等。这些疑似现象由于成因不同，还是存在一些各自相关典型特征，污染油膜常分布在航线附近，或周边有平台设施的地方；自然生物膜有典型形态特征，它的出现与季节相关，当风速大于7m/s时，自然膜混入海水，很难检测到；

大部分似油膜现象有各自的形态特征以及海洋气象、海底地形条件，借助相关辅助信息，一些自然现象，如内波、雨团、海岸背岬等可以被明确判定。但实际情况中，很多现象常交织在一起，表现为不明显的独立特征，可能还有其他原因导致雷达数据的低散射现象，目前还不被认识，也就是说，还存在许多无法明确判定的情况。

此外，SAR 对表面油膜的检测能力强烈依赖于海面风速，风速过低，海洋表面不能形成短重力毛细波，在雷达图像上呈暗区反映，无法检测到表面油膜；风速过大，一方面海洋表面短波获得足够能量克服表面油膜的抑制作用，另一方面，海洋上层湍流作用使油膜破碎或下沉，同样检测不到表面油膜，适合表面油膜 SAR 检测的风速条件为 3 ~ 10m/s。这些因素使渗漏烃油膜 SAR 检测存在很多不确定性。

5.2.3.2 海洋自然烃渗漏油膜典型特征

根据海洋自然烃渗漏油膜的形成机制与目前已检测到的自然烃渗漏油膜所表现出的特征，总结自然烃渗漏油膜典型特征主要体现在三个方面：

（1）形态特征。海底烃渗漏的气泡或油珠上升到达海洋表面后破裂形成油膜，在海洋表面流场及风场作用下，油膜会被拉长，油膜长度与表面流速、油膜蒸发率以及遥感传感器能检测到的最小油膜厚度等因素有关，加上海水的动态性，渗漏烃油膜多呈各种线状，形态与海流及表面风场变化相关。

（2）时间重复性。海底自然烃渗漏属于持续或断续固定量渗漏，具有稳定的渗漏源，这是有别于其他任何类型油膜的最典型特征。如果在同一海域，不同季节、不同年限反复检测到表面油膜，它来自海底油气渗漏的可能性非常大。

（3）空间分布特征。海洋烃渗漏油膜的空间分布与区域地质渗漏构造条件具有相关性。

由此可见，仅凭 SAR 图像还不足以提供足够的信息有效识别自然烃渗漏油膜，需要基于 SAR 图像信息和相关信息进行全面考虑。

5.2.3.3 海洋烃渗漏油膜 SAR 检测的可靠性评价

在一个全新的、还没有建立海洋自然烃渗漏油膜认识模式的海域进行检测时，渗漏油膜的识别标准会随着研究的深入而不断调整。研究根据是否检测到确认渗漏油膜，将海洋自然烃渗漏油膜 SAR 检测分为初期检测和深入检测两个阶段。初期检测阶段主要针对没有建立渗漏油膜认识模式的海域开展普查性检测；深入检测阶段主要针对已经检测到确认渗漏油膜的海域，通过建立渗漏油膜的检测认识模式在海域内进行检测。无论哪个阶段的渗漏油膜检测都存在很多不确定性因素，研究基于对各种疑似现象的认识，通过建立一套评价准则对检测到的可疑油膜进行可靠性分级，按照可疑油膜为渗漏油膜的可靠性由高至低将其分为 R1、R2、R3 三个级别，对不同级别可疑目标进行有针对性的分析，得到不同级别的检测结果。

通过对比不同类型油膜和似油膜特征，烃渗漏油膜的可靠性评价分级主要考虑三方面影响因素：SAR 特征、海洋气象条件和环境信息。

SAR 特征包括：油膜位置、面积、形态、后向散射特征、时间序列特征等；

海洋气象条件包括：风速、风向、降雨、海温等；

环境信息包括：航线、固定平台、海岸线、盆地边界等。

可靠性评价分级遵循先排除、后评价的原则，将烃渗漏油膜检测分为暗区检测、确定性非烃渗漏油膜识别、可疑非烃渗漏油膜识别和烃渗漏油膜评估四步，评价方法流程见图 5-8。第二、三步主要是排除各种可疑目标，集中渗漏油膜检测范围，第四步对排除后的剩余可疑目标按照渗漏油膜认识模式进行评价分析。

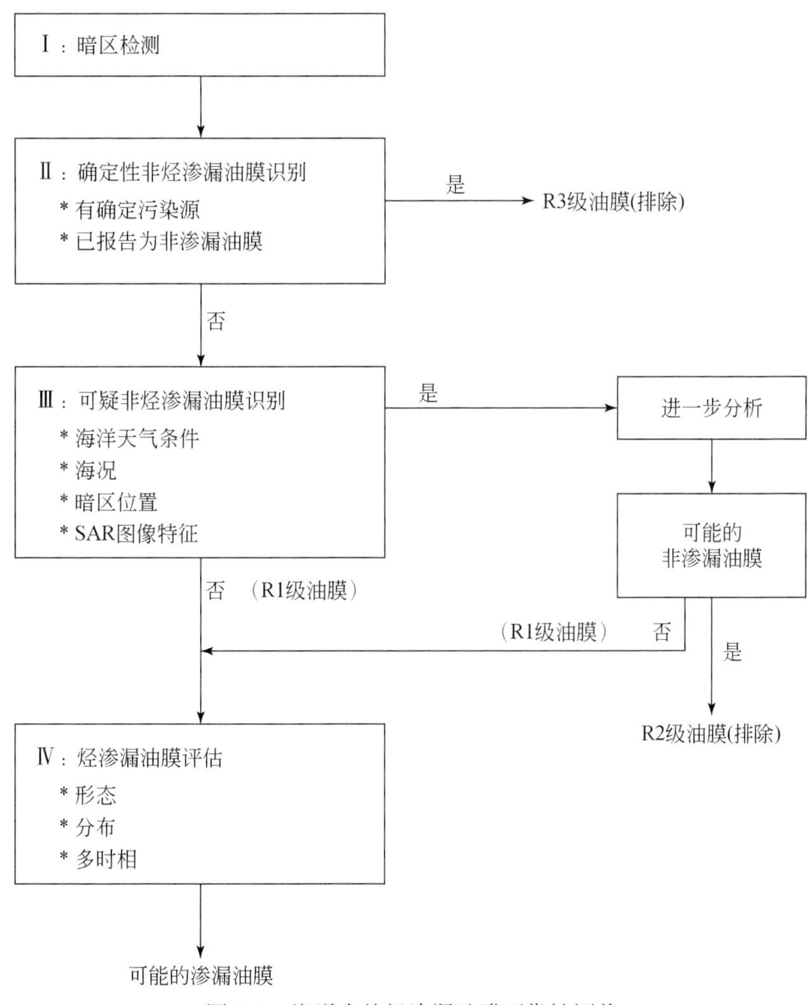

图 5-8　海洋自然烃渗漏油膜可靠性评价

1. 暗区检测

对检测数据进行预处理，提取 SAR 图像中的所有可疑暗区，将提取结果作为渗漏油膜检测评价的基础数据源，建立研究区可疑暗区数据库。

2. 确定性非烃渗漏油膜识别

确定性非渗漏油膜的识别准则是指有确定污染源或已报告为非渗漏油膜。污染源主要指平台设施或船只，在SAR图像中能够明确识别。所有被识别为确定性非烃渗漏油膜的目标被划分为R3级油膜，不参与后续分析。

3. 可疑非烃渗漏油膜识别

基于第二步检测结果，提取所有具有非烃渗漏油膜可疑成因的暗区，对其进行单独分析，经分析所有可能为非烃渗漏油膜的可疑暗区被划分为R2级油膜，不参与后续分析，剩余目标被划分为R1级油膜，进入第四步分析。

非烃渗漏油膜可疑成因有三个。①海洋天气条件：风速<3m/s或风速>10m/s；降雨；海面温度。(是低风速、雨团、上升流和不易检测的海洋条件。) ②暗区位置：潮间带内；航线附近；石油平台附近；工厂附近；港口附近；岛礁附近。(是污染溢油、近海岸现象易形成的敏感区域。) ③SAR图像特征：形态、面积、后向散射特征和时间序列特征。(形态：识别自然生物表面膜、内波、船只溢油等目标；面积：识别大规模污染溢油和大型海洋现象；时间序列特征：识别海冰、污染油膜和自然渗漏油膜；综合特征：峰面、海底地形等需要考虑综合特征的疑似现象。)

4. 烃渗漏油膜评估

主要针对是否具有自然烃渗漏油膜的典型特征对R1级油膜进行评价。R1级油膜已经排除各种可以识别的干扰因素，烃渗漏油膜的检测范围更加集中。对于初级检测阶段，建立区域渗漏油膜认识模式之前，R1级油膜可以作为初级检测结果；对于深入检测阶段，可以利用第4章的方法建立区域渗漏油膜检测模式，对R1级油膜进行检测，得到可信度更高的检测结果。

5.2.4 渤海海域检测实践与分析

环渤海沿线经济热点区域密布，海岸带经济非常发达，海上交通繁忙，同时，渤海海域作为我国海上油气勘探与开发的热点海域，分布着大量海上作业平台，因此，海域受人文因素影响较大，属于海洋溢油高风险区域，各种污染溢油时有发生，加之海况复杂，给烃渗漏油膜检测带来很多干扰因素。研究基于这种评价分析方法在渤海进行海洋烃渗漏油膜SAR检测的应用实践，并将检测结果与区域地质信息结合，分析检测结果与地质背景相关性。

5.2.4.1 渤海海域概况

1. 自然概况

渤海位于37°07′N～41°00′N、117°35′E～121°10′E，是我国唯一的半封闭型内海，东面有渤海海峡与黄海相通，其余三面均被大陆所围，南北长约550km，东西宽约300km。由于渤海犹如北黄海伸入内陆的一个大海湾，也被称作渤海湾或内黄海。渤海是我国水深最浅的领海，平均水深18m，有26%的海域在水深10m以内，中央海盆最深处的水深只有30m。由于海域面积较小，水深较浅，它的水温、盐度、透明度等水文因素都直接受到大陆气候和河流淡水注入的影响，水温等值线大致与海岸平行。因受降水和来自大河流径流的影响，渤海的含盐度远低于大洋。

渤海的波浪与风的关系十分密切，波浪以风浪为主，其波向、波高等要素主要受季风交替的影响，具有一定的季节性。在渤海，冬、春两季多为北风或西北风，夏、秋两季多为南风。渤海的水团和环流也有明显的季节性，概括起来，主要有夏、冬两种类型。夏季型以8月为代表，沿岸河流自渤海北、西、南大量注入渤海，形成强盛的低盐高温沿岸水团，而黄海水团入侵的势力明显减弱；冬季型以2月为代表，由于河流封冻使入海径流量剧减，沿岸水团被强烈入侵的黄海水团切割。这使得辽东湾的环流在夏季以逆时针为主，在冬季以顺时针为主；而在渤海湾和莱州湾的渤南环流则经年沿逆时针方向流动。海域内海况直接受附近陆地边界影响（如河流淡水入海、悬浮泥沙、沿岸建筑物、航运等），加之洋流、潮汐变化，与开放性海域相比更为复杂。

2. 区域地质背景

渤海湾盆地系发育在华北地台基底之上的中新生代裂谷断陷盆地，西北受限于燕山山脉，西部毗邻太行山脉，南部为鲁西隆起，东部是胶辽隆起，盆地面积约$20\times10^4km^2$，是继大庆油田发现之后在我国东部地区发现的另一个重要的含油气盆地。

渤海海域是整个渤海湾盆地自古近纪以来，由周边山前和隆起区逐步剥蚀夷平、伸展裂陷、沉降充填，由水域覆盖变成陆地的变化过程中仅存的水域部分。海域面积为$7.3\times10^4km^2$，其中的渤海盆地面积约为$5.5\times10^4km^2$（张训华等，2008），包括13个古近纪的凹陷和10个隆（凸）起。自1966年，渤海的第一口探井海1井在浅层明化镇组发现了油层，近10年来，渤海油气勘探进入浅层油气藏大发现阶段，发现地质储量约30×10^8t（邓运华和李建平，2008）。油藏埋深一般在1000～1500m，最浅的仅800m，最深的在1700m左右（朱伟林等，2009）。

渤海湾盆地最重要的构造特征：一是凸-凹相间；二是断层非常发育。①凸-凹相间，大盆地小凹陷。隆起将盆地分成多个拗陷，凸起又将拗陷分成多个凹陷。凹陷是油气生成、运移、聚集的基本单元。凸起的两侧或四周是凹陷，凸起是沉积、油气运移的分界线。1995～2000年发现了十多个大中型油田，这些油田主要分布在生烃凹陷包围的隆起上。②发育丰富的断裂体系。断裂是渤海湾盆地构造活动的主要产物，断层多、活动时间长是其主要的构造特征。断裂控制了盆地、拗陷和凹陷的形成、演化；控制了烃源岩、储层及油气的展布。

渤海有北西向、北东向和近东西向三组断裂（图5-9）。北西向断裂活动最早，在中生代就已生成，分布在渤海中部，属山东半岛北海岸断裂与唐山北西向断裂的延伸。北东向断裂以郯庐断裂带、沧州断裂带为代表，在辽东湾及渤海东部广泛发育，是最重要的一组断裂，它控制了新生代凹陷的形成、演化和油气的展布。在整个渤海油区，北东向断裂表现非常突出，凹陷和凸起受其控制呈北东走向相间排列，含油背斜也呈北东走向成排分布。近东西向断层是一组晚期断层，形成于新近纪，以北塘-乐亭断裂带、广饶断裂带为代表，在渤海的南部与中部及乐亭以南的海域都有广泛的发育，是北东向大断层的伴生断裂，起到切割圈闭、分配油气的作用。

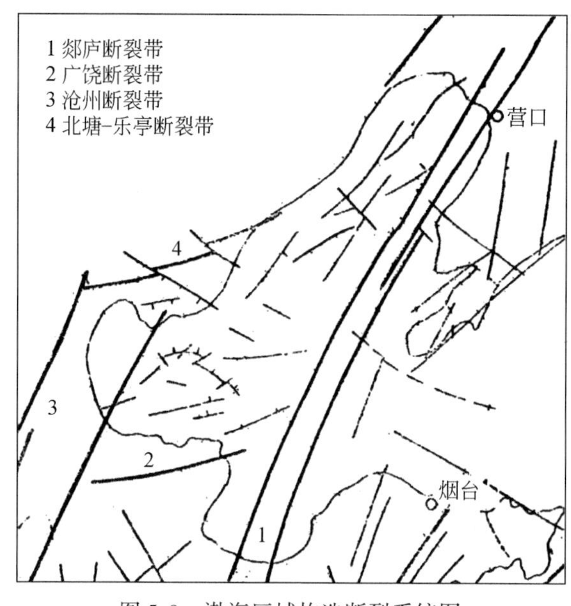

图 5-9 渤海区域构造断裂系统图

郯庐断裂带是纵贯中国东部的一条巨型断裂带，是渤海湾盆地内最重要的断裂，在渤海东部的一段长 500km、南部宽 40km、北部宽 20km 的断裂，其走向在庙岛群岛西为 15°，至辽东湾为 30°，呈弧形构造，为渤海与北黄海的天然界线。郯庐断裂在渤海海域活动最强，对圈闭形成、油气运移具有积极作用，但对油气保存具有负面影响。

5.2.4.2 海面可疑烃渗漏油膜 SAR 检测

研究收集了渤海海域 1993 ~ 2007 年 74 景 ERS-1/2 和 Envisat ASAR 雷达数据，其中 2000 年以前的数据占数据总量的 33%，2006 年和 2007 年的数据占 48%。数据经过预处理后，提取图像中可疑暗区，提取结果见图 5-10，共检测到可疑暗区 3459 个，利用可靠性评价方法得到 R3、R2、R1 级检测结果，分别检测到 1526 个、1156 个和 777 个可疑暗区，其中 R1 级可疑油膜占所有检测可疑暗区的 22.5%，各级检测结果的空间分布如图 5-10（b）（c）（d）所示。

海域内检测到大量可疑暗区，主要集中分布于进出渤海的渤海海峡以及向北进入辽东湾和向西进入渤海湾的沿线海域。R3 级检测结果主要为各种大规模污染事件和航道内船只溢油，还包括沿岸潮间带内自然现象引起的暗区异常，检测结果的空间分布显示渤海湾和渤海海峡是渤海污染油膜的两个主要分布区域。R2 级检测结果主要分布于渤海海峡北向和西向的沿线海域，其空间分布仍然显示与海上交通的较大相关性，尤其渤海湾西部沿岸港口附近的可疑暗区分布密度相对更高。R1 级检测结果排除了大量干扰因素，研究主要利用 R1 级可疑油膜分析渤海检测可疑油膜与区域地质背景之间的相关性。

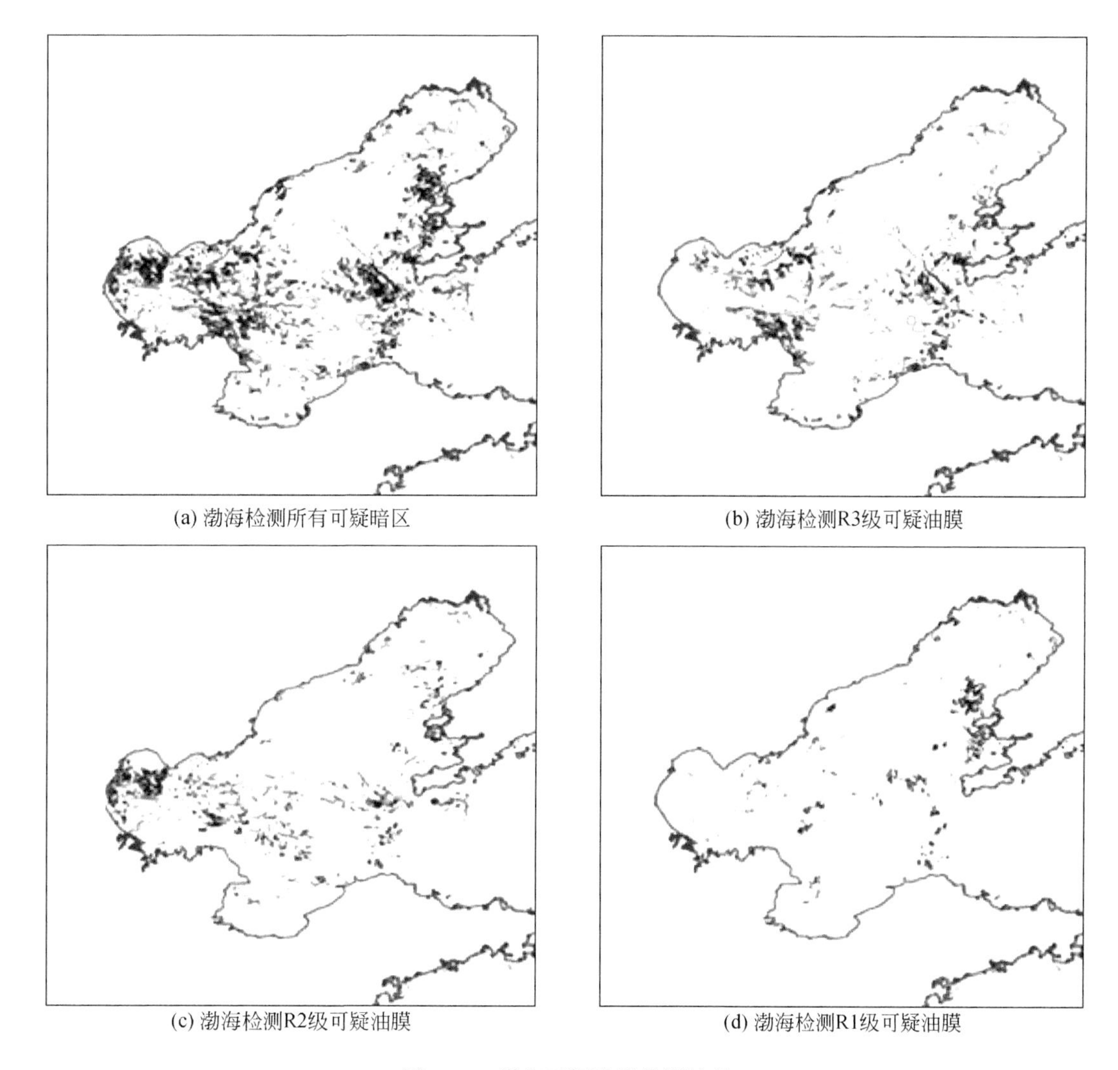
(a) 渤海检测所有可疑暗区

(b) 渤海检测R3级可疑油膜

(c) 渤海检测R2级可疑油膜

(d) 渤海检测R1级可疑油膜

图 5-10　渤海可疑油膜检测结果

5.2.4.3　结果分析

海底构造中贮存的油气只有通过地质裂缝形成的天然运移通道，才有可能到达海面形成油膜，遥感检测的可疑油膜分布必须与区域地质信息结合，才能建立检测结果的地质意义。渤海油区发育丰富的断裂构造，存在形成渗漏油膜的地质条件，研究将检测可疑油膜与区域断裂和卫星重力数据进行对比分析。

1. 与区域断裂构造相关性分析

图 5-11 显示检测可疑油膜分布与区域断裂分布的关系。渤海海域的走滑断裂主要表现两个分布特点：沿莱州湾至辽东湾一线分布的北东向主走滑断裂和渤海海域中部发育的一系列近东西向的卷心菜式断裂系（朱伟林等，2009）。检测到的可疑油膜在渤海分布范围较广，由于断裂发育，可疑油膜附近多发育断裂构造，但整体上表现为与断裂分布相关

的分布趋势，可疑油膜主要沿主走滑断裂和东西向断裂系分布。

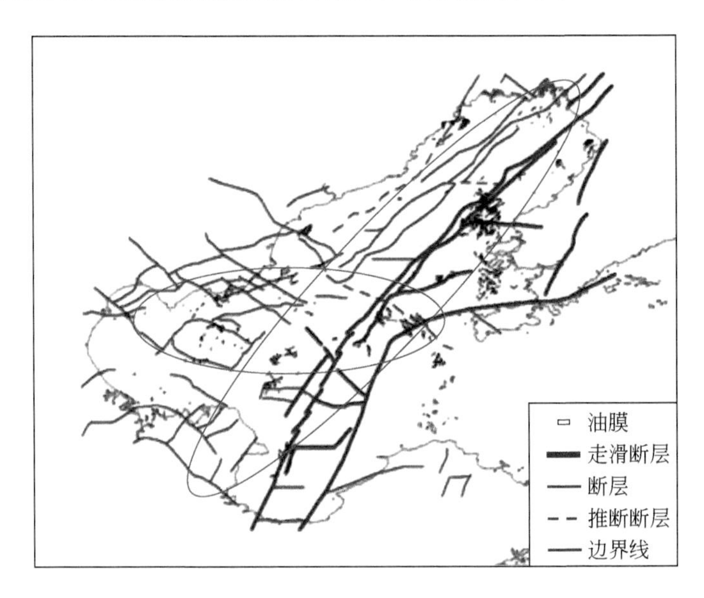

图 5-11 渤海断层分布与 R1 级可疑油膜分布叠合图（根据朱伟林等，2009）

2. 与卫星重力相关性分析

重力异常高的区域一般与凸起一致，而重力异常低的区域一般与凹陷吻合，重力异常梯度大的条带与基底大断裂的分布和走向比较一致。渤海卫星重力显示在渤海中部有一个块状正异常区，将渤海分为东、西两个负异常区，即渤西拗陷和渤东拗陷。再向东有一条北东向的线性正异常带，即郯庐断裂带在渤海的延伸部分。图 5-12 显示可疑油膜的分布与重力异常梯度带具有相关性，可疑油膜多分布在隆起边缘。

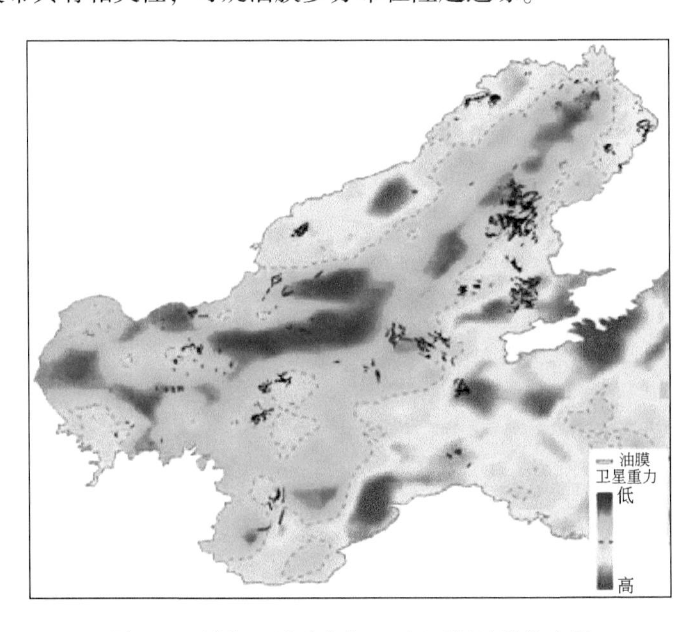

图 5-12 渤海卫星重力与 R1 级可疑油膜叠合图

3. 与海域航线、油田分布相关性分析

渤海海上交通繁忙，海上石油作业平台众多，图5-13显示可疑油膜分布的同时表现出与海上交通航线和石油平台的相关性。

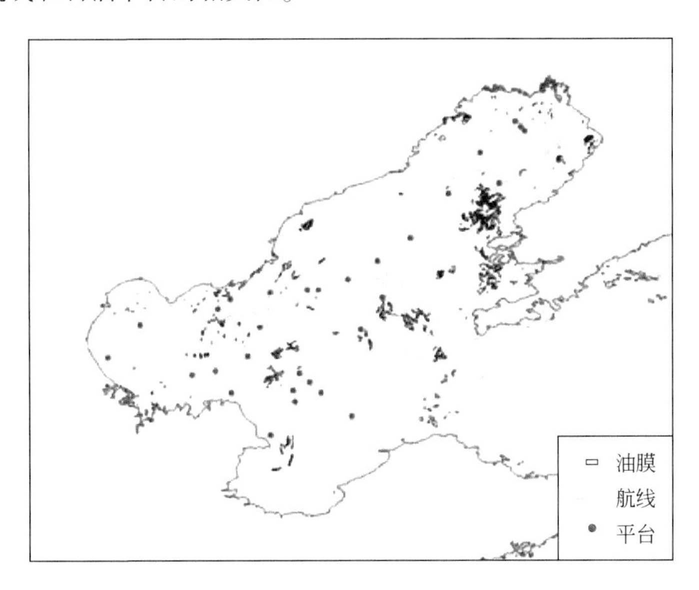

图5-13　渤海航线、平台与R1级可疑油膜叠合图（根据朱伟林等，2009）

4. 与油气藏相关性分析

前面的分析表明渤海海面的油膜分布既表现出与区域地质构造特征的相关性，又表现出与海域内石油生产、运输和海上交通之间的相关性。由于海域内人文因素与地质背景特征之间存在交叉性，在进一步验证之前，还无法准确判别油膜成因的地质属性，但检测结果从另一个侧面反映出一个信息：如果在没有人为干扰因素的海域，油膜的分布信息会更多地表现出与区域地质背景的相关性。

海面油膜分布并不意味着对应海底存在油气藏。烃类物质在海底表面的渗出点代表烃类从油气藏沿运移通路运移的终端显示，大多与断层等相应的地质构造相伴，油气藏与表面渗漏点的位置关系取决于油气成藏模式。海底烃渗漏到达海面后受到洋流及风场变化的影响，位置会发生漂移，海面油膜位置与海底渗漏点之间不具备直接的对应关系，尤其在深海，但海面上油膜的空间分布与海底渗漏点的分布具有相关性。海面烃渗漏油膜的存在虽然不能证明该区域肯定存在工业油气藏，但它是该区域有油气显示的一个有利证明。同时，海面没有油膜分布也不意味着海底一定不存在油气藏，可能海底存在不利于油气渗漏的地质构造，如油藏构造的顶部具有良好的盖层。

因此，海面可疑油膜的分布信息更多反映的是区域内的油气渗漏情况，为区域渗漏构造分析提供一维信息源，无论是否在海面检测到可疑油膜，都从一个侧面反映了区域构造的渗漏特征。

5.3 基于 SAR 的海面油膜扩散规律分析

海洋自然烃渗漏在海洋中的运动经历了从海底表面到海洋表面和海洋表面扩散运移的运动过程。由于海水中与海洋表面环境不同，溢油在海水中与海洋表面的赋存特征和表现形式也不同。在海水中，以油滴或气泡形式存在，到达海洋表面后，水气界面压力差导致气/油泡破裂，在海面扩散形成油膜。研究溢油在海水中与海面的运动扩散对于分析海面油膜的来源，追踪海洋自然烃渗漏区域具有重要意义。

海洋表面在风、浪、流的调制作用下始终处于非惯性、非线性运动中，油膜在海面的运动及变化是一个极其复杂的过程，其中漂移、扩散等动力学过程的数值模拟方法是国内外溢油研究的重点，研究人员建立了大量描述溢油行为的数值模型。而卫星 SAR 数据因能客观记录溢油油膜的瞬时状态，更能反映油膜变化的真实过程，为海面油膜扩散研究提供了重要的观测数据。雷达信号不仅包含油膜轮廓信息，不同类型、厚度的油膜对海洋表面短波及重力毛细波的抑制作用存在差异，对雷达信号也具有不同的衰减作用，因此，雷达后向散射特征对海面油膜的扩散行为具有反映能力。

海洋自然烃渗漏从海底到海面的运动更多受区域海洋环流动力系统影响。目前对烃类渗漏在水体中运动方面的研究不是很多，水下溢油模型的研究也比较少，其中以海底扩散的模型方法研究居多，主要针对发生于海水中的水下溢油，如海底石油管道溢油和沉船溢油等，其渗漏速度、规模、持续性以及海底深度与海底自然渗漏不完全相同，但相关研究成果对于认识海底烃渗漏在海洋中的运动具有参考意义。

5.3.1 溢油在海水中及海洋表面的运动

5.3.1.1 溢油在海水中的运动

海底烃渗漏形成的气泡、油滴或混合型油珠在海水中或溶解或形成渗漏羽，其中的一部分渗漏物从渗漏点溢出后经历在水体中的扩散运移过程后到达海面。如果渗漏物质是气体，则扩散于上方大气中；如果是液体，则在海面形成油膜。

图 5-14 是一个简单的海底扩散模型，假定渗漏气泡羽在向上扩散运动过程中，所占空间是角度为 θ 的圆锥形空间（图 5-14），则气泡羽的扩散半径与渗漏深度具有固定的比例关系：$b(z)=z \cdot \tan(\theta/2)$。在海底溢油的数值模拟中，通常假定 θ 是不随渗漏速率和深度变化的固定参数，一般 θ 取值为 10°～12°，也有达到 23°的，在不同的模型中 θ 取值存在很大差异。对于圆锥角 θ 取值在 10°附近的模型，一般认为没有考虑海洋表层附近的射流影响。也有学者认为这个取值范围没有充分考虑气泡突破海洋表面时与表面的相互作用，气泡羽到达海面后的扩散半径会达到渗漏羽半径的两倍，尽管这种观点还没有被实际的观测所证实，但也为大圆锥角取值提供了一种解释依据。

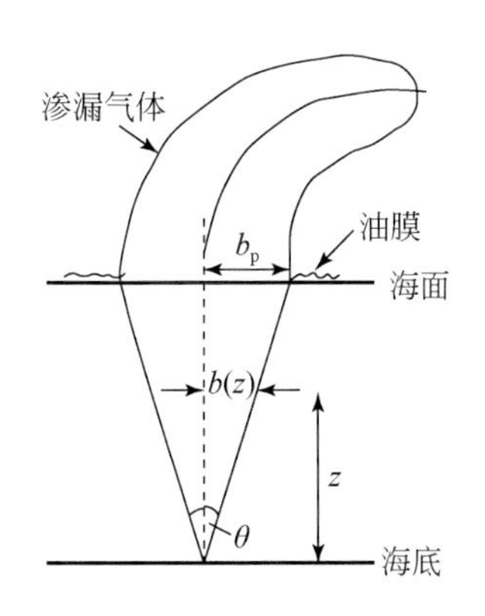

图 5-14 海底扩散的简单圆锥模型

目前，海底扩散模型研究的目的主要是为了获得渗漏羽宽度、渗漏量以及到达海面的平均速度，以便获得输入参数对海底渗漏可能导致的海面灾害进行评估与控制。典型的海底渗漏模型研究主要基于图 5-15 描述的框架，海底渗漏从渗漏点到海面的扩散一般被划分为三个区带。

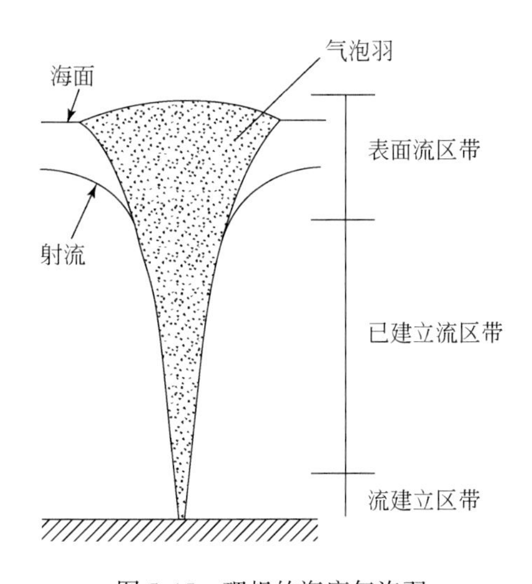

图 5-15 理想的海底气泡羽

(1) 流建立区带 (ZOFE)：这个区带位于渗漏点和开始扩散形成羽状结构的高度之间的区域。在这个水深之间，与浮力产生的动力相比，初始渗漏动力对扩散的影响是次要的。

(2) 已建立流区带 (ZOEF)：这个区带是扩散的羽状区域，位于流建立区带到自由表面下一个羽直径左右的深度范围之间。

(3) 表面流区带 (ZOSF)：这个区带位于已建立流区带以上的区域，气泡羽与表面水射流的相互作用引起气泡羽扩大。

上述框架只考虑了稳定的羽群，而与水下渗漏的初始瞬时特征还具有很大差异，如渗漏速度、海流条件、渗漏物性质等。因此，在此基础之上，考虑不同的外部条件，基于不同的数学理论，发展了各种海底扩散模型，这些模型多针对水下井喷以及大规模海底管线溢油，研究主要集中于传播轨迹的模拟与预测。

无论在海面还是在海水中，溢油都是以不同大小的漂浮粒子或液滴形式存在。海面上的溢油，在海面湍流和波浪作用下，油膜破碎成油滴夹带在水中。水下溢油形成射流和羽流，当油到达某一水平面，即射流/羽流的动力特性不再重要的时候，分解形成的小油滴开始控制传输过程（Rew et al.，1995；Rye et al.，1996）。

研究人员在挪威曾开展了多次海面和海下溢油试验，结果表明，海底渗漏油滴在海水上升羽流中不发生乳化，到达海面后才开始乳化。同时，海底渗漏速率与渗漏物上浮速度相关，海底渗漏速率越小，形成油滴越大，扩散运移到海面时间越长。试验中在海面下100m水深以不同的渗漏速率进行渗漏试验，渗漏速率越大，形成油滴越小，在海面形成油膜时间越快。而且，由于海底渗漏在开始时具有更快的扩散能力，相同情况下，100m水深处的海底渗漏在海面形成的油膜相对海面渗漏形成的油膜更大，海底渗漏油滴在海面形成的油膜会局限在一定范围之内。

深水试验（850m水深）结果表明，海底渗漏形成的羽状水柱被温跃层捕获后（>500m水深），气泡和油珠会被温跃层海水分散开，以油滴和气泡各自的上浮速率向海面持续运动。纯气泡在上升700m左右就已经被完全溶解于水中，而油滴或油气混合泡能够到达海面形成油膜。因此，在深水烃渗漏中，由于温跃层的影响，在海面形成的油膜区域会更加有限（图5-16）。

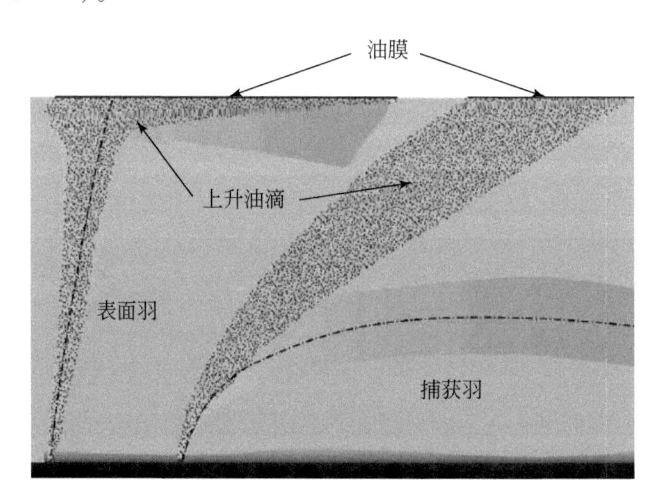

图5-16　中等深度（左）和深水（右）的海底溢油示意图（Daling et al.，2003）

5.3.1.2　油膜在海洋表面的运动

1. 海洋溢油随时间演变的过程

溢油在海面上的演变受物理、化学、生物等因素影响，经历扩散、蒸发、溶解、分散、乳化、沉降、生物降解和自氧化等一系列复杂的变化过程。这些过程虽然在时间和空间上有先后和大小的差异，但大多是彼此交互，相互影响的。石油的理化特性和进入海洋环境后发生的变化使其在海面上表现为与其他物质不同的情形，即在海面上会形成非均匀分布，中间比边缘厚，并且大部分油聚集在溢油点的下风向。

扩展过程是溢油在海洋里最重要的变化过程。溢油在海洋表面会迅速扩展成薄膜，如果油的溢出形式是瞬间大量溢油，其扩散要比持续缓慢溢油快得多。高黏度的原油和重燃料油不易扩散，以块状形式存在于海面上，当环境温度低于倾点温度时，它们几乎不扩散。在溢油发生后的 10h 内，扩展过程起主要作用，根据油量规模不同，时间会有所不同。溢油在海面形成薄膜后，进一步的扩散主要是靠海面的紊流作用，进而在风浪和海流作用下漂移扩散。

漂移过程主要受风、浪和表面流控制，发生于溢油的整个过程。油膜团的漂移与扩展过程和油膜体积无关。

蒸发是油膜的初期降解过程，油的组分对蒸发的影响最大。溢油中碳原子数小于 15 的烷烃可以全部蒸发，$C_{16} \sim C_{18}$ 的烷烃可蒸发 90%，$C_{19} \sim C_{21}$ 的烷烃可蒸发 50%。溢油在海面的蒸发速率随时间的延长而减小，溢油在最初几小时蒸发很快。一般的环境条件，多数原油及其轻质炼制品在 12h 内，可蒸发掉 25%~30%；在 24h 内，可蒸发掉 50%。

溶解是石油中的低分子烃向海水中分散的物化过程，是一个自然混合过程。最易挥发的烃类最易溶解在水中。大部分原油的溶解能力相对较差，在水中的自然混合作用也相对较弱。溢油的分散作用则在 10h 后达到最大，分散作用导致油膜表面积增加，大的表面积又加快挥发、溶解和乳化过程。同时，海流和风进一步加速油膜扩散，使油膜发生破碎，参与乳化、沉降等物理化学过程。生物降解作用一般发生在溢油 10^2h 之后，乳化作用形成的乳浊液在上层海域存留时间可达 10^4h 之久。对溢油初始变化影响较大的是扩散、蒸发、漂移过程，其他作用相对较小。

2. 海洋表面油膜的扩散与漂移

油膜在海面上的扩散主要受重力、表面张力、惯性力和黏性力的作用，重力和表面张力表现为扩散的驱动力，惯性力和黏性力表现为阻力。Fay（1971）基于静水假定，将油膜的扩散分为三个扩展阶段：重力–惯性力、重力–黏性力和表面张力–黏性力三个阶段。在重力–惯性力扩展阶段，溢油在重力作用下向四周扩展，在海面形成一定厚度的油膜，同时，由于水和油的密度差异，产生了阻滞扩散的惯性力，在这个阶段，重力是油膜扩展的动力，惯性力则阻止油膜的扩展；随着油膜范围扩大，油膜厚度变薄，油层惯性力随之减小，当油膜厚度小于黏滞层厚度时，重力和黏性力成为主要的作用力，扩展进入重力–黏性力扩展阶段；当油层厚度越来越小时，重力已不重要，扩展主要是表面张力作用的结果，这时表面张力和黏性力成为主要的作用力，这个过程为表面张力–黏性力扩展阶段。

在定常均匀流场中，溢油的扩展可以分为重力扩展、剪切扩展和随流漂移三个阶段。刘栋等（2006）实验研究表明，油膜在非定常水流中的运动主要受水流与风的影响。溢油发生初期首先经历重力扩展阶段，油膜扩展受水流和风的影响较小，油膜在重力作用下迅速扩展，但历时很短。随着油膜厚度逐渐变薄，重力扩展减弱，油膜扩展进入剪切扩展阶段。这个阶段的油膜扩展受水流和风影响显著，是油膜充分扩展的主要时期。油膜上部和底部与风和水之间的黏性力是油膜扩展的主要驱动力。当流向与风向相同时，油膜内的垂向速度梯度减小，使油膜扩展减缓，漂移速度增加；反之，油膜扩展加快，漂移速度减小。随着油膜厚度的进一步减小，油膜扩散进入随流漂移阶段，通常在溢油发生 1.5～2 个潮周期后出现。油膜在风、浪、流的紊动作用下开始破碎、分散，被分割成大小不等的块状或带状油膜，随风漂移扩散。油膜的扩展与漂移过程通常同时进行，只是在开始阶段，自身扩展是油膜扩散的主要运动形式，之后逐渐转化为以漂移为主的运动形式。因此，油膜一面向四周扩展，一面在风应力和潮流作用下向前漂移，在主风向上，油膜将被拉长。

在流动水域中，油膜的随流漂移速度和方向大体与水流一致。实际应用中，常以风速的 3%～4% 作为估算油膜随风漂移的速度（Reed et al.，1999）。油膜在靠近海岸或河口水域运动时，会受潮汐和波浪作用。在离岸较远的外海中，潮流的影响忽略不计，可以根据海风和海流估算油膜的运动方向和运动速度。扩展、离散、漂移和破碎分散是溢油进入流动水体后，在水面上随时间推移的主要物理变化过程。

在海面油膜的扩展模型中，应用最多的是 Fay 模型及其改进模型。根据 Fay 公式，三个扩展阶段扩散尺度的计算公式为

重力–惯性力扩展阶段：

$$D=K_1(\Delta gV_0t^2)^{1/4} \tag{5-12}$$

重力–黏性力扩展阶段：

$$D=K_2(\Delta gV_0^2t^{3/2}/\nu^{1/2})^{1/6} \tag{5-13}$$

表面张力–黏性力扩展阶段：

$$D=K_3(\sigma^2t^3/\rho^2\nu)^{1/4} \tag{5-14}$$

其中：

$$\Delta=(\rho_w-\rho_o)/\rho_w \quad \sigma=\sigma_{aw}-\sigma_{oa}-\sigma_{ow}$$

式中，D 为油膜扩散直径；g 为重力加速度；V_0 为溢油体积；t 为溢油发生后经历的时间；ρ_o 和 ρ_w 分别为油和水的密度；ν 为水的运动黏滞系数；σ 为净表面张力；σ_{aw} 为空气与水之间的表面张力；σ_{oa} 为油与空气之间的表面张力；σ_{ow} 为油与水之间的表面张力；K_1、K_2、K_3 分别为经验系数，$K_1=2.28$，$K_2=2.9$，$K_3=3.2$。

由于 Fay 理论没有考虑风和流的影响，油膜扩展始终保持圆形，而实际油膜扩展表现为明显的各向异性。因此，Lehr 等考虑风场影响，对油膜扩展模型进行修正，认为油膜扩展是椭圆形，油膜扩展短轴仍按上述公式计算，长轴 l 为

$$l=D+C_2W^{\delta}t^{\varepsilon} \tag{5-15}$$

式中，C_2 为经验系数；W 为风速；δ 和 ε 为待定的正常数。根据经验通常 $C_2=0.03$，$\delta=4/3$，$\varepsilon=3/4$。

油膜在水面的漂移运动主要受表面流和风力控制，至于波浪的作用，一般可以忽略不计，油膜的漂移速度$\boldsymbol{v}$为

$$\boldsymbol{v}=\boldsymbol{v}_s+\alpha\boldsymbol{v}_w \tag{5-16}$$

式中，$\boldsymbol{v}_s$为流速矢量；$\boldsymbol{v}_w$为风速矢量；α 为经验系数。

油膜中心的运动为

$$\boldsymbol{S}=\boldsymbol{S}_0+\int_{t_0}^{t_0+\Delta t}\boldsymbol{v}\,\mathrm{d}t \tag{5-17}$$

式中，$\boldsymbol{S}_0$为溢油初始位置；t_0为初始时间；$\boldsymbol{S}$ 为 Δt 时间后的油膜中心位置。

5.3.2　海面扩散油膜后向散射特征的试验研究

油膜对雷达后向散射的衰减程度等于在 Bragg 波数 $k_B = 2k\sin\theta$ 处的海面波浪谱密度的衰减程度。Wismann 等（1998）的试验研究表明海面油膜对雷达信号的衰减作用随 Bragg 波数、表面油膜黏性及厚度的增加而增强。因此，在相同环境条件下，同次成因海洋表面油膜的雷达后向散射信号强度的变化特征对油膜厚度的相对变化趋势具有一定反映能力。

2008 年 10 月，在渤海海域开展星地同步观测试验，利用雷达后向散射特征分析海面油膜的扩散特征。

5.3.2.1　试验概况

试验区位于 E119°35′，N39°43′附近海域，试验期间海面风速为 4 ~ 6m/s，风向为西南风，海流处于落潮期，海水流向北东向，与海面风向大致吻合。同步观测 SAR 数据采用 RADARSAT-2 卫星数据，其工作频率为 C 波段，频率为 5.4GHz，接收数据为 3m 分辨率的 VV 极化数据，入射角为 34° ~ 35.3°。

选择机油为试验用油，利用 3L 机油一次性定点生成的方式生成少量海洋表面油膜，同步编程接收 RADARSAT-2 数据，14min 后卫星过境，记录油膜状态。为减小船只对海洋表面波造成的干扰影响油膜扩散，试验时关闭船上发动机，并保持试验状态至卫星过境。现场试验相关信息见表 5-9。

表 5-9　海上试验现场记录

现场记录时刻	时间（北京时间）	船只位置	
		经度	纬度
泼油时刻	17:42:06	119°35.796′E	39°43.588′N
卫星过境时刻	17:56:06	119°36.006′E	39°43.586′N

试验用油进入海水后，在海面快速扩散形成长条带状薄油膜，现场观测扩散油膜呈亮银灰色，扩散速度较快。试验过程中，船只呈西北至东南方向停放，船尾朝东南。试验船发动机关闭后，由于海流作用，船只仍具有一定的漂流速度，船只漂速不稳定，变化范围在 0.9 ~ 1.1kn。

5.3.2.2　试验结果

根据试验时风向和流向，油膜与船只在海流作用下均相对泼油点向东北方向漂移。由于船只受力面大，漂移速度明显大于油膜漂速，漂移距离相对更远。现场泼油点、扩散油膜、试验船只三者位置关系见图 5-17。图像记录了油膜生成操作的 14min 后油膜在海面的扩散状态，油膜呈一定宽度长条状展布，长约 78m，最宽处约 27m。根据 SAR 提取油膜边界轮廓，统计扩散油膜面积为 1758.11m^2，计算表面油膜平均厚度为 1.71μm。根据 SAR 图像测得船只与扩散油膜之间相距约 280m。

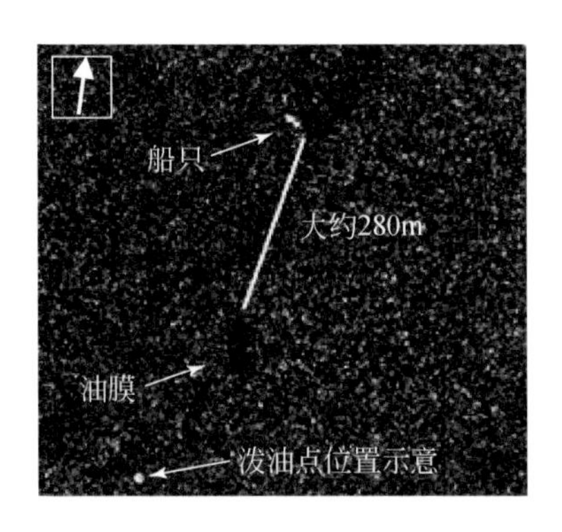

图 5-17 海上试验区 RADARSAT-2 数据

试验生成油膜 SAR 图像如图 5-18（a）所示。油膜覆盖海面平均后向散射系数（σ^0_{oil}）为-24.08dB，周边无油膜覆盖海面平均后向散射系数（σ^0_{sea}）为-19.12dB。本次试验条件下，试验生成表面油膜对海水表面具有 4.96dB 的衰减作用。为分析油膜区后向散射系数的变化，经降噪处理后［图 5-18（b）］，对油膜区进行密度分割［图 5-18（c）］。分割结果显示后向散射系数低于-26dB 的区域主要集中于油膜区域北部，该区域表面油膜对海面波的衰减作用更强，图像位置关系显示此处为泼油点。同时，后向散射系数具有由中间向两侧逐渐升高的趋势。

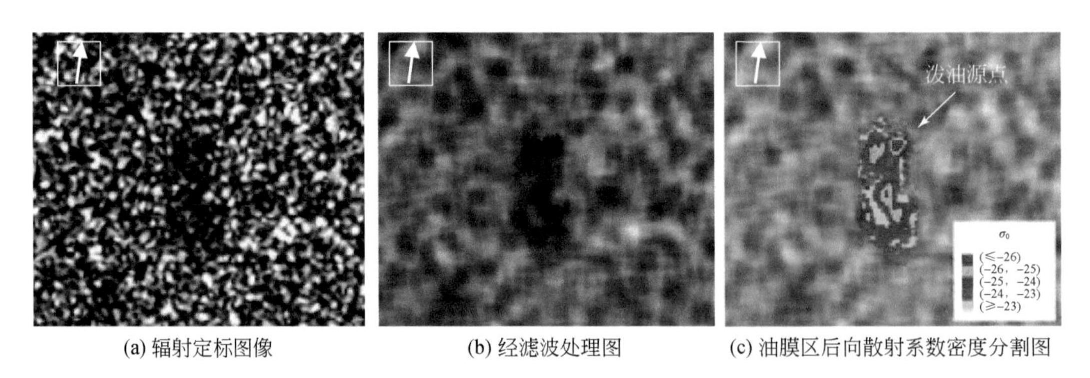

(a) 辐射定标图像　(b) 经滤波处理图　(c) 油膜区后向散射系数密度分割图

图 5-18 油膜区图像（箭头表示正北方向）

5.3.2.3 结果分析

SAR 数据油膜区后向散射系数分布显示油膜对雷达信号的衰减作用具有随着离泼油点距离增加而由强变弱，并且沿油膜带中心向两侧逐渐变弱的特征。油膜内后向散射特征的分布变化反映出油膜从泼油点开始随海流向外扩散，并在沿流向扩散的同时，向两侧扩散的趋势。油膜在海面初期的运动行为表现就是向四周扩散的同时，在风和流作用下漂移，并在漂移运动作用下，被拉长呈条带状。因此，油膜雷达后向散射特性的空间分布变化规律可以反映出油膜的瞬时扩散特征，从而为分析油膜的过去与演变提供更加详细的信息。

海洋表面油膜对海洋表面波的衰减作用已经得到大量试验证明。油膜黏度越大，扩散能力越弱，扩散速度越慢，在相同条件下会形成更厚的油膜，对海面波抑制作用更强。在Wismann等（1998）的试验中（海面风速7～9m/s），轻质油（黏度为5mm^2/s的汽油）油膜对海面波的衰减作用在C波段大约为4dB，重质油（黏度为2000mm^2/s的IFO180油）油膜产生的衰减作用大约为10dB。本次试验条件下，统计试验机油（黏度在12.5～16.3mm^2/s的机油）油膜在C波段产生约5dB的衰减作用，试验机油黏度虽然高于汽油，但与重油黏度相比，仍属于轻质油范围，对海面波的衰减作用更接近汽油。试验SAR计算油膜平均厚度约为1.7μm，而实际油膜厚度的空间分布并不均匀，油膜内后向散射特征的变化已经说明这种非均匀分布性。因此，油膜厚度会在1.7μm附近变化，远离泼油点处存在更薄的油膜。

试验结果表明，雷达后向散射特征可以刻画海面油膜的扩散特征，在海洋表面的运动初期，油膜雷达后向散射特征空间变化表现出明显的趋势性，空间分布归整。雷达后向散射特性对油膜扩散状态具有描述能力。

5.3.3 海面油膜扩散时空演变模式的试验研究

2009年9月，在南海海域开展星地同步观测试验，利用SAR数据连续观测获得的油膜雷达后向散射特征反演研究油膜在海面扩散过程中的时空演变特征。

5.3.3.1 试验概况

试验区位于南海109°32′E，18°00′N附近海域，距离最近海岸约17.5km。试验期间，海面平均风速3m/s，风向东南风，平均波高0.2m，流向为近东向，海面条件稳定。同步观测SAR数据采用Cosmo卫星数据，其工作频率为X波段，频率为9.6GHz，接收数据为3m分辨率的VV极化数据，接收数据参数见表5-10。

表5-10 试验接收Cosmo数据参数

接收时间	卫星	轨道	升降轨	左右视	入射角	极化方式
18:41	CSK S1	12329	降轨	右视	34.021°～37.1502°	VV
19:11	CSK S3	4849	降轨	左视	32.4637°～35.4853°	VV

选择机用齿轮油为试验用油，利用5L机油定点等时间间隔的方式生成海洋表面油膜，同步编程连续接收两期Cosmo SAR数据，记录油膜状态。

试验用油选用机用齿轮油，利用定点等时间间隔连续生成油膜的方式，在试验海域生成试验海面油膜。17:41 开始，利用 5L 油海面油膜，每隔 20min 操作一次，连续操作三次。编程接收两期 Cosmo SAR 数据，18:41 第一次卫星过境试验海域，19:11 第二次卫星过境试验海域。试验期间关闭船上发动机，同时，考虑到操作时间较长，为防止船只因无动力而漂流改变油膜生成位置，船只抛锚，并保持试验状态至第一次卫星过境。试验时船只呈南北向摆放，船尾朝北。试验用油一次性泼洒于海面，试验结束后，船只根据油膜漂移方向原路返回，泼洒适量消油剂。

试验油进入海水后，首先表现为很多小油滴，随后迅速扩散形成油膜，呈晕彩状，很快变为银灰色，并随流漂移。现场记录油膜生成与卫星过境时间见表 5-11，试验数据中所有时间均为北京时间。

表 5-11　油膜生成与卫星过境时间

试验过程	第一次油膜生成	第二次油膜生成	第三次油膜生成	第一次卫星过境	第二次卫星过境
操作时间（时:分）	17:41	18:01	18:21	18:41	19:11

对接收 SAR 数据进行辐射定标和滤波降噪处理。同时，为提取油膜漂移特征，将辐射定标数据转换为 8 位数据，并利用数据自带控制点进行几何校正。

18:41 接收数据如图 5-19 所示，油膜 a、b、c 分别对应海上第三次、第二次、第一次生成的油膜。19:11 接收数据如图 5-20 所示，油膜 a′、b′、c′分别对应 30min 前的油膜 a、b、c，其中油膜 c 在 19:11 时已经分裂为两块，将主体油膜记作 c′，分裂后形成的小油膜记作 c_{up}′。油膜 a、b、c、a′、b′、c′、c_{up}′的生成时间分别为 20min、40min、60min、50min、70min 和 90min。油膜 a 在生成 20min 时扩散规模非常小，几乎被淹没在海水背景中，生成 50min 时才在数据图像中有比较清晰的反映。

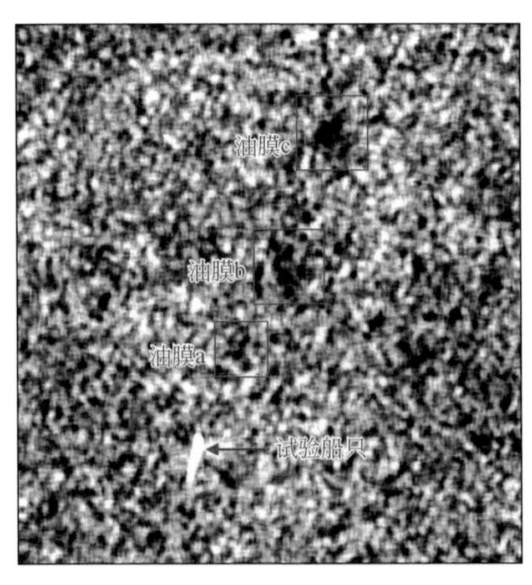

图 5-19　2009 年 9 月 17 日 18:41 接收试验区 Cosmo 雷达数据

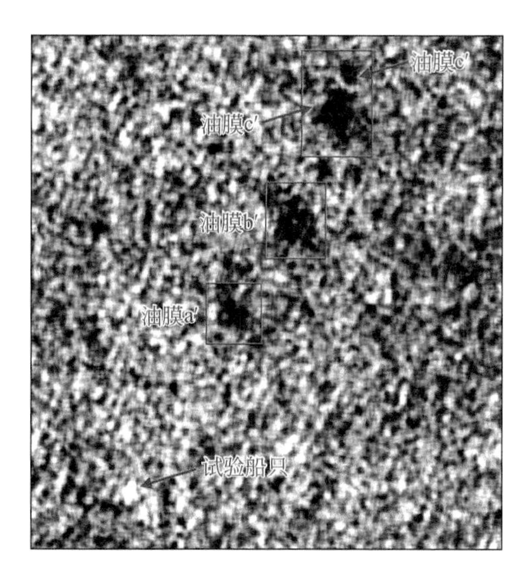

图5-20 2009年9月17日19:11接收试验区Cosmo雷达数据

5.3.3.2 海面油膜扩散的空间演变

分别统计油膜与背景海水的平均后向散射系数及标准差（表5-12），油膜a、b、c及其背景海水的平均后向散射系数普遍比油膜a′、b′、c′的低2dB左右，现场观测半小时之间海面及风场没有明显变化，差异主要与数据接收参数相关。由于两景Cosmo数据分别为左视和右视，而且入射角不同，19:11接收数据雷达入射角更陡，传感器接收后向散射信号相对更强。统计两景图像中油膜背景海面的平均后向散射系数差在2dB左右。与渤海试验相比，两次试验的海面条件虽不完全相同，但差异不大，都属于较低海况条件，虽然这次试验生成油膜油量更大，但海面油膜在X波段产生的衰减比C波段（4.96dB）小了一半多。两次试验用油都属轻质油范畴，Wismann等的试验研究已经发现轻质油在C波段可以产生约4dB的衰减，研究中的两次海上试验表明海面油膜在两个波段产生的衰减相差较大。

表5-12 油膜与背景海水平均后向散射系数统计

目标油膜	μ_{oil}	μ_{sea}	σ_{oil}	σ_{sea}	$\Delta\mu_{sea\text{-}oil}$
a	-22.5	-20.54	2.43	2.63	1.96
b	-22.68	-20.7	2.42	2.53	1.98
c	-22.4	-20.67	2.67	2.57	1.73
a′	-20.24	-18.38	2.4	2.54	1.86
b′	-20.2	-18.35	2.53	2.51	1.85
c'/c'_{up}	-20.21/-19.36	-18.32	2.36/2.64	2.45	1.89/1.31

研究根据油膜周边海水平均后向散射系数的统计信息，计算油膜的相对后向散射系数 $\Delta\sigma^0_{\text{oil-sea}}$。

$$\Delta\sigma^0_{\text{oil-sea}} = |\sigma^0_{\text{oil}} - \sigma^0_{\text{sea}}| \tag{5-18}$$

得到油膜后向散射系数衰减分布图（图 5-21）。后向散射系数衰减程度越大，油膜对海洋表面波的阻尼作用越大，在相同海况、相同油品、相同传感器系统条件下，油膜厚度具有相对更厚的趋势。

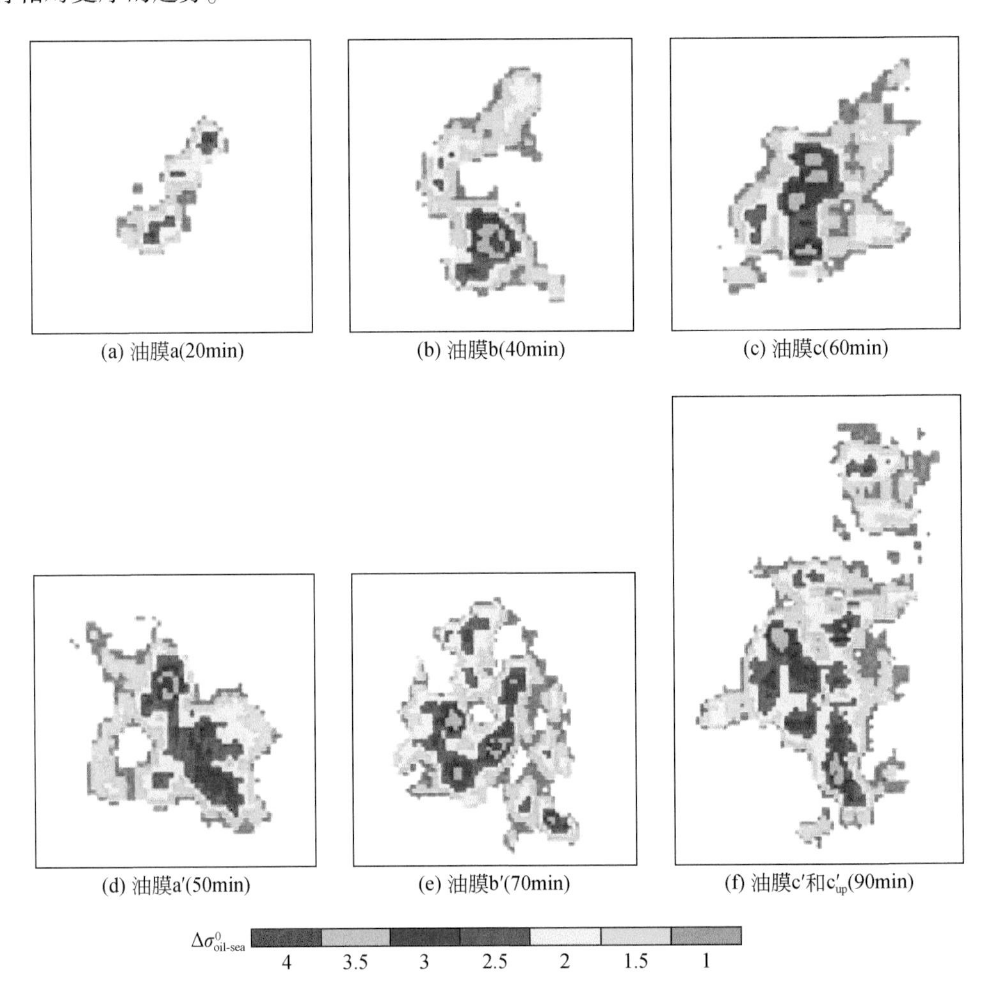

图 5-21 试验油膜后向散射系数衰减空间分布（括号内为油膜年龄）

5.3.1.2 节已经分析了油膜在海洋表面的运动过程：扩展的同时伴随漂移。随着油膜厚度的变薄，在海洋条件作用下破碎、分散，几种行为交互存在。图 5-21 中试验油膜的形态变化清晰显示油膜在海面的扩散运动。扩散初期，油膜向四周扩展，同时在海流作用下被拉长呈条带状[图 5-21（a）（b）]；随后，在海流和海面风场作用下，进入充分扩展阶段，逐渐形成块状［图 5-21（c）（d）］；最后，逐渐开始分裂［图 5-21（d）（e）］、破碎［图 5-21（f）］，油膜被分割，形成次生独立油膜。

试验油膜后向散射系数衰减的空间分布更加详细地刻画了油膜的运动过程。在扩散初期，油膜对雷达后向散射的衰减作用沿油膜带中心主轴向两侧逐渐变弱［图5-21（a）（b）］，油膜厚度沿扩散主轴向两侧由厚变薄；随着油膜面积的不断扩大，油膜形态逐渐不规则，水流表面与油膜之间的黏性力阻碍油膜的扩展，使油膜出现不同程度收缩，但仍能观测到油膜扩散的主轴［图5-21（c）（d）］。同时，油膜边缘已经表现出即将分裂的趋势；随着油膜面积的进一步扩大，油膜厚度越来越薄，表面张力作用减弱，很容易受紊动水流和风浪的影响，油膜扩散时开始断裂，破碎首先从远离扩散主轴的外侧开始，破碎后的次生独立油膜表现出自己的扩散主轴趋势［图5-21（e）（f）］。油膜对雷达后向散射衰减的空间分布比较清晰反映油膜在海面运动初期一段时间内的运动行为，油膜生成时间越短，衰减作用的空间分布规律性越明显；生成时间越长，表现得越凌乱。

5.3.3.3　海面油膜扩散的时间演变

图5-21中油膜的SAR后向散射特征显示油膜对海面波的阻尼作用并没有在一开始就达到最强，而是经过一段时间后逐渐增强。研究将油膜后向散射系数衰减的中心主轴称为后向散射扩散主轴（简称扩散主轴）。根据油膜后向散射特征变化提取油膜扩散主轴，沿扩散主轴切剖面（图5-22），提取剖面上的相对后向散射系数，剖面方向统一为图5-22中由下至上，对比各油膜扩散主轴剖面的后向散射衰减变化。

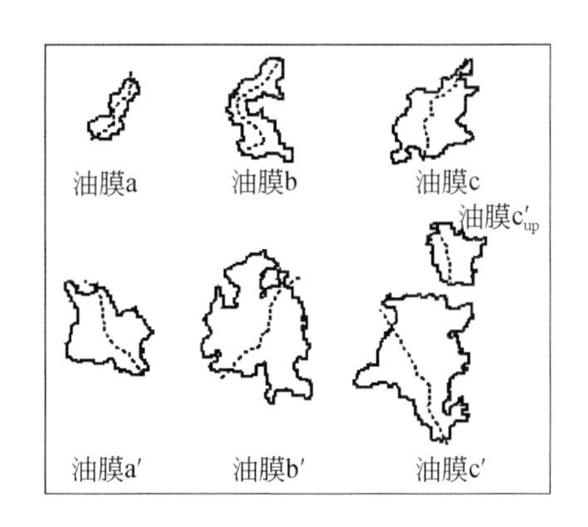

图5-22　海上试验提取的油膜边界（实线）及扩散主轴（虚线）

首先对比油膜a、b、c之间的剖面变化。在18:41接收图像中，生成20min的油膜a对雷达后向散射衰减明显弱于油膜b、c，作用范围相对小很多（图5-23），SAR图像显示油膜没有完全扩散开。油膜b、c产生的衰减强度相近，而且衰减作用都表现为明显的强、弱两部分。在17:11接收图像中，油膜a′、b′、c′对雷达后向散射的衰减强度相近（图5-24），破碎后形成的次生独立油膜c'_{up}产生的衰减作用低于主体油膜。

按照油膜生成先后顺序，油膜a、b、c的扩散可以代表油膜扩散的不同时期，分别对比油膜a–a′、b–b′、c–c′沿扩散主轴的相对后向散射系数（图5-25～图5-27），由扩散剖面曲线可看到：

（1）a–a′（20～50min）：油膜对后向散射的衰减作用明显增强，对海面波的阻尼作用增强，作用范围更大。

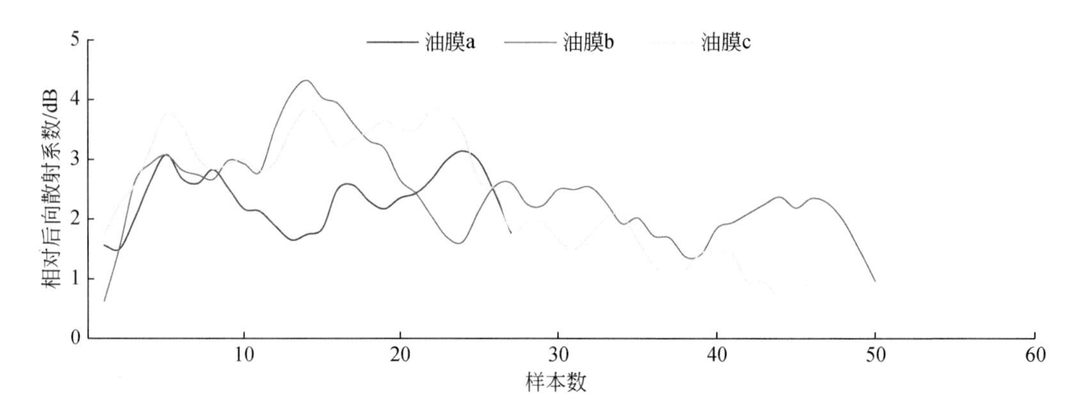

图 5-23 油膜 a、b、c 剖面相对后向散射系数对比

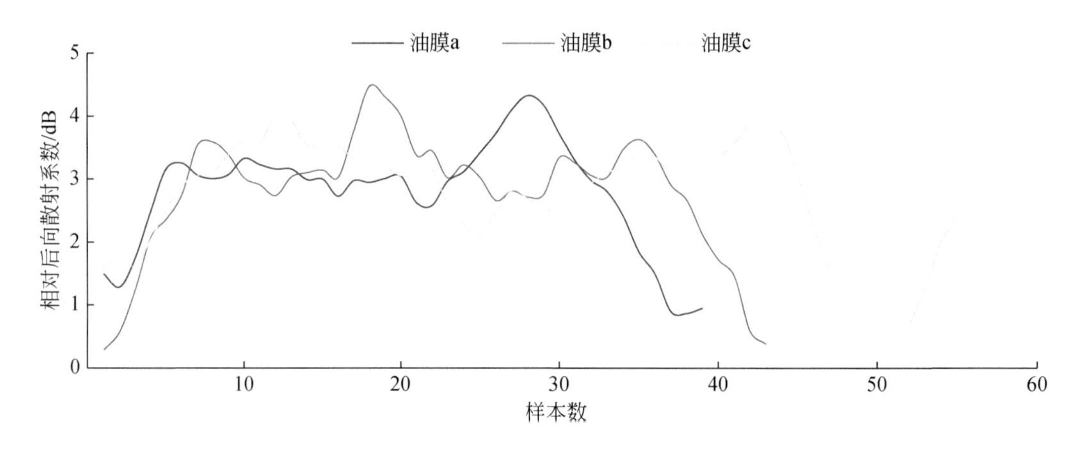

图 5-24 油膜 a′、b′、c′剖面相对后向散射系数对比

（2）b–b′（40～70min）：油膜 b 对后向散射的衰减作用表现为两部分，前半段相对强些，后半段相对弱些，30min 后，后半程弱衰减部分衰减作用增强。在此期间，油膜扩散主轴长度减小，对比图像可以看到，这一时期的油膜宽度明显增加，已扩展为块状。这个阶段油膜对海面波的阻尼作用在持续增强。

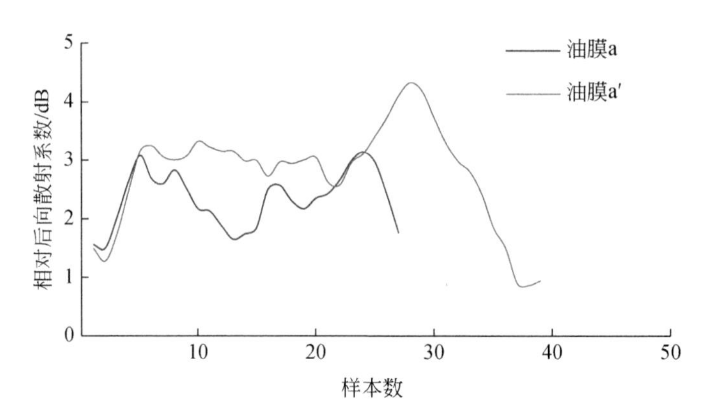

图 5-25 油膜 a、a′剖面相对后向散射系数对比

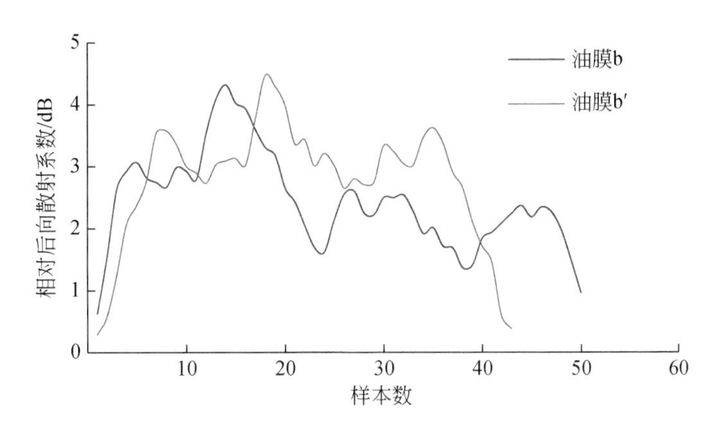

图 5-26 油膜 b、b′剖面相对后向散射系数对比

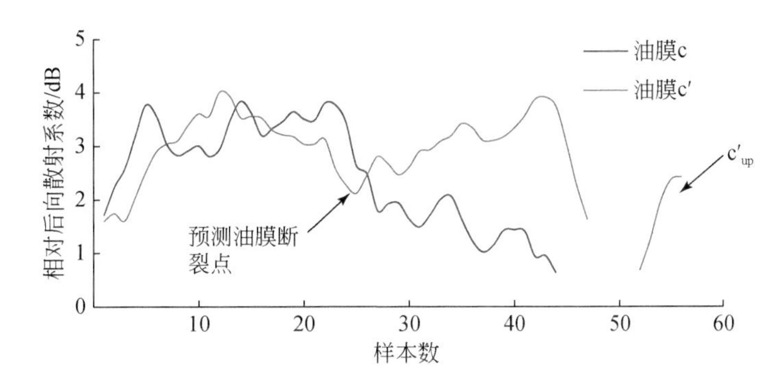

图 5-27 油膜 c、c′剖面相对后向散射系数对比

（3）c-c′（60～90min）：这个阶段油膜 c 对后向散射的衰减作用与油膜 b 类似，表现为强弱两部分，与 b–b′不同的是，后半部分的弱后向散射衰减区在 30min 后破碎断开，断开后，次生独立油膜的后向散射系数略有回升，但阻尼作用相对主体油膜 c′明显弱。研究认为油膜总是在连接最薄弱处断裂，c'_{up}为油膜 c 的弱衰减区断裂形成，分析油膜 c′的薄弱处是未来的油膜破碎发生点，预测扩散主轴首先发生破碎的位置如图 5-27 所示。这个阶段油膜对海面波的阻尼作用逐渐减弱，可以预见次生独立油膜对海面波的阻尼作用也将遵循上述变化规律：增强、减弱和破碎。

计算试验油膜主轴剖面的相对后向散射系数平均值$\overline{\Delta\sigma^0_{\text{oil-sea}}}$，根据 SAR 测量结果定量分析油膜对雷达后向散射衰减随时间的变化。由于油膜 b 和油膜 c 的后向散射剖面表现为强、弱两部分，以油膜强弱变化中心点为分区点（图 5-28），将两块油膜分别分为 $b_{前}$、$b_{后}$、$c_{前}$和 $c_{后}$。研究主要分析试验油膜的主体变化规律，考虑到油膜 b 中 $b_{后}$对整体的影响较大，分别对考虑 $b_{后}$与没有考虑 $b_{后}$的 b 和 $b_{前}$进行统计分析。此外，研究认为 c'_{up}是 c 后破碎形成，因此，定量分析中没有考虑 $c_{后}$的影响。统计结果见表 5-13。

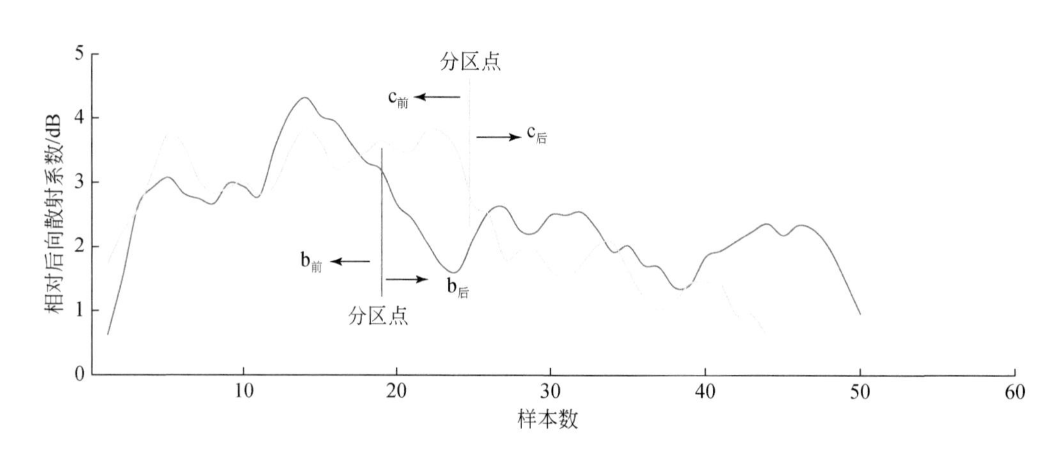

图 5-28　油膜 b、c 的分区示意

表 5-13　试验油膜扩散主轴后向散射系数衰减统计

目标油膜	a	a′	b前	b	b′	c前	c′
油膜年龄/min	20	50	40	40	70	60	90
$\overline{\Delta\sigma^0_{\text{oil-sea}}}$/dB	2.41	3.16	3.03	2.55	3.27	3.38	3.15

选择两个时间序列：

（1）时间序列 1：a—b前—a′—c前—b′—c′；

（2）时间序列 2：a—b—a′—c前—b′—c′。

两个时间序列的差别在于是否考虑油膜 b 中 b后 的影响。根据 SAR 测量结果定量拟合油膜对雷达后向散射系数衰减随时间变化的关系，如图 5-29 所示，时间序列 1 中只考虑 b前 的拟合结果为

$$y=-0.0004x^2+0.0539x+1.493 \tag{5-19}$$

式中，y 为油膜相对周边海水的后向散射系数衰减量 $\overline{\Delta\sigma^0_{\text{oil-sea}}}$；$x$ 为油膜年龄。拟合精度 $R^2=0.9811$，根据拟合结果分析油膜对雷达后向散射的最大衰减发生在油膜生成 67min 左右。

时间序列 2 中考虑了油膜 b 中 b后 的影响，利用 b 拟合的结果为

$$y=-0.0003x^2+0.0479x+1.4749 \tag{5-20}$$

拟合精度 $R^2=0.8002$，拟合分析最大衰减发生在油膜生成 80min 左右。

拟合结果显示，如果不考虑 b后 的影响，拟合变化关系与 SAR 测量结果具有很高的吻合性。研究认为油膜 b 中的弱后向散射区是在扩散作用下逐渐扩展形成的油膜区域，新扩展区域在扩散增强作用下，对海面波的阻尼作用增加，可以将 b后 -b′理解为扩散过程中不断生成的新扩散油膜的变化过程。因此，油膜在海面的运动过程是不断生成的新扩展油膜的子变化过程叠加在整体的增强、减弱和破碎主过程的综合作用过程。时间序列 1 相当于去除部分子过程影响的主过程变化，研究认为更能反映主体油膜的变化规律。

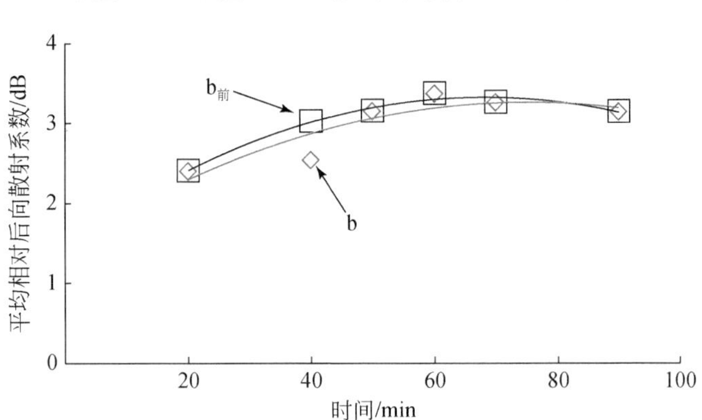

图 5-29　油膜对后向散射系数衰减随时间的变化

无论是否考虑油膜 b 中的弱衰减区，定量分析结果都表明海面油膜对雷达后向散射的衰减随时间的变化表现为由增强到减弱的变化规律，在稳定海况下，油膜的消波作用随时间的变化服从二次函数关系，其持续时间以及变化时间与形成油膜的油品、油量以及海况相关，还需要更深入的分析。

5.3.3.4　海面油膜漂移特征

研究根据油膜后向散射系数变化提取油膜边界。考虑到实际记录点与卫星数据之间存在匹配误差，因两景数据均为 Cosmo 数据，相同的系统误差可以在相对运算中得以部分消除。为了减少并统一误差来源，提取各油膜的中心点坐标，分别计算油膜 a、b、c、a′、b′、c′中心点相对油膜 a 中心点的距离，利用油膜漂移的相对距离分析油膜漂移与时间的变化关系，统计信息见表 5-14。油膜 c'_{up}是油膜 c 裂变生成的次生油膜，不是原生油膜，漂移分析时没有考虑它的影响。

表 5-14　SAR 测量试验油膜漂移相对距离统计

相对目标	b—a	a′—a	c—a	b′—a	c′—a
时间间隔/min	20	30	40	50	70
相对漂移距离/m	229. 86	472. 51	581. 2	741. 70	1115. 46

根据 SAR 统计信息拟合变化关系如图 5-30 所示。拟合结果显示当外部条件及油膜性质稳定不变时，油膜的漂移距离与漂移时间具有很好的线性关系。

拟合结果为

$$y = 15.261x \tag{5-21}$$

式中，y 为油膜的相对漂移距离；x 为油膜漂移时间。拟合精度 R^2 = 0. 97。根据式（5-17）可得式（5-22），其中的参量描述见式（5-17）。

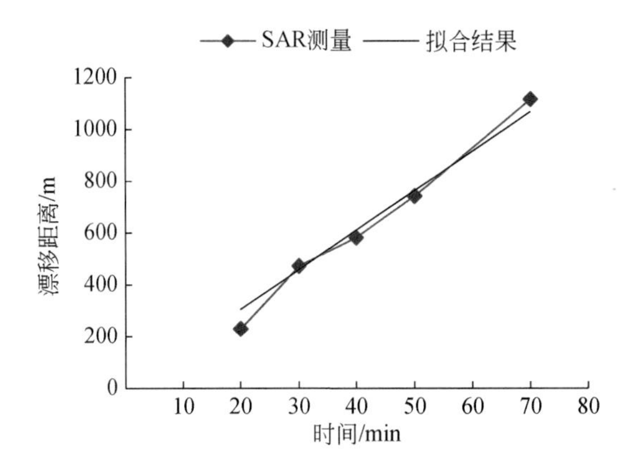

图 5-30　测量油膜漂移距离随时间的变化

$$\boldsymbol{S}-\boldsymbol{S}_0=\int_{t_0}^{t_0+\Delta t}\boldsymbol{v}\mathrm{d}t \tag{5-22}$$

因此，利用油膜团中心的相对漂移距离与时间的关系计算油膜的漂移速度为 0.25m/s。试验期间海面平均风速 3m/s，漂移速度相当于当时海面风速的 8.3%。SAR 测量油膜漂移速度与海面风速的比例关系远大于油膜漂速与风速的经验关系 3%~4%，可见流速对油膜漂移的影响。试验表明稳定海况下，油膜在海面具有稳定的漂移速度，低风速条件下海流对漂移速度的影响相对更大。

5.3.3.5　海面油膜厚度的演变

根据 SAR 测量统计油膜面积，由于 c'_{up} 是由油膜 c′分裂生成，分析扩散面积随时间变化时，合并统计为油膜 c′的总扩散面积，计算试验油膜的平均厚度（表 5-15）。

表 5-15　SAR 测量油膜扩散面积与平均厚度

目标油膜	a	b	c	a′	b′	c′
面积/m^2	1362.50	3518.75	5081.25	5300.00	10443.75	12493.75
平均厚度/μm	3.67	1.42	0.94	0.98	0.48	0.40
油膜年龄/min	20	40	60	50	70	90

对比 a→a′、b→b′、c→c′的面积变化（图 5-31），三块油膜面积都呈明显增加趋势，油膜 a 相对油膜 b 和油膜 c 的增加幅度略低。但油膜增加面积与基础面积的关系（图 5-32）却表明，油膜在扩散早期的面积增加效率高于后期的增加效率。表明油膜面积在初期快速增长，后期由于表面张力减弱，面积增长趋于缓慢。SAR 测量油膜厚度随时间的变化反映出与之相应的变化趋势（图 5-33），在海面初期，油膜厚度有一个迅速减小的时期，之后，减小速度趋缓，逐渐减小至一定厚度趋于稳定。

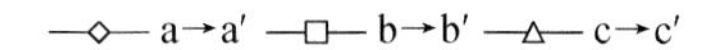

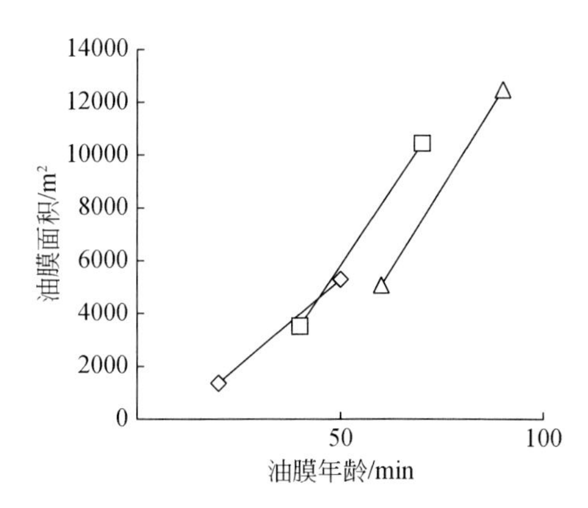

图 5-31　油膜 a、b、c 扩散面积随时间的变化

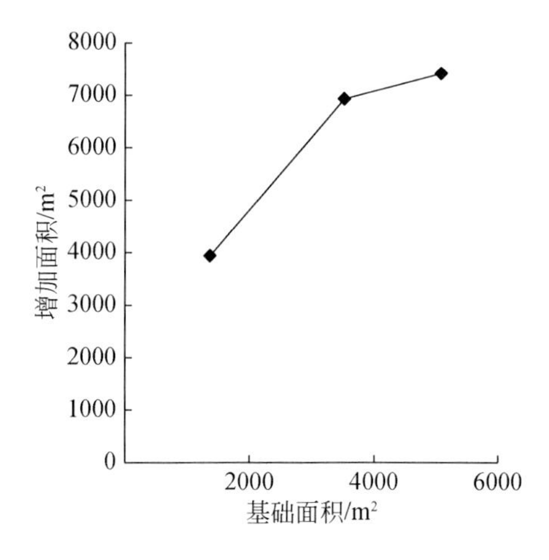

图 5-32　油膜增加面积与基础面积的关系

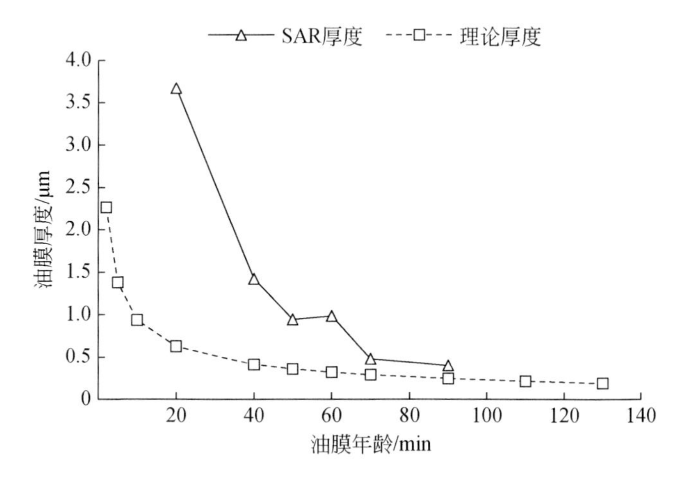

图 5-33　油膜厚度随时间的变化

研究基于 Lehr 等的 Fay 改进扩展模型对油膜厚度进行理论模拟。在油膜扩展的三个阶段中，重力-惯性力阶段持续时间比较短，最后的表面张力-黏性力阶段，大部分油膜已经在风化作用下开始分散或破裂成碎片。试验 SAR 数据中试验油膜生成时间不长，只有油膜 c 出现一次分裂。因此，试验油膜面积的理论模拟不考虑第三阶段扩展。

理论模拟针对 $T=20℃$ 时，$\rho_w=999.23\text{kg/m}^3$，$\nu=1.006\times10^{-6}\text{m}^2/\text{s}$，润滑油 $\rho_o=905\text{kg/m}^3$，$W=3\text{m/s}$。根据 Fay 的三阶段扩展理论，利用式（5-12）和式（5-13）得到油膜第一阶段自身扩展时间 t_f 为

$$t_f=(k_2/k_1)^4(\Delta g)^{-1/3}(\nu\cdot V_0)_0^{1/3} \tag{5-23}$$

计算试验油量的第一阶段扩展持续时间约 7.7min，据此利用式（5-2）计算油膜短轴，式（5-15）计算油膜长轴，根据油膜扩展的椭圆模型计算油膜的扩散面积 S

$$S=\frac{\pi}{4}D\cdot l \tag{5-24}$$

根据理论模拟油膜面积得到油膜厚度理论值，其随时间的变化如图 5-33 所示。虽然理论模拟值与 SAR 测量值之间存在很大差异，但二者表现出的油膜厚度随时间变化的趋势是一致的，在开始阶段快速减小，随后衰减速度趋缓，而且，SAR 测量的扩散油膜厚度的稳定值与理论值趋于接近。

理论模拟的油膜厚度明显低于 SAR 测量值，表明油膜面积的理论模拟值大于实际 SAR 测量值，分析这与两方面因素有关：一方面，理论模拟油膜扩散面积值偏大；另一方面，SAR 的检测能力还不足以检测到更薄的海面油膜。

5.3.4 海面油膜扩散趋势实例分析

5.3.4.1 概况

2006 年 3 月 23 日，在渤海乐亭附近海域发生一起海底溢油事件，事发海域位于 118°~120°E，38°~40°N，此次海底溢油规模较大，海面溢油油膜在较长时间内持续存在。

收集溢油期间三期 30m 空间分辨率的 Envisat ASAR 数据（图 5-34）：2006 年 3 月 23 日、4 月 1 日和 4 月 11 日，VV 极化方式。研究中数据时间均为 UTC 时间。2006 年 3 月 23 日、4 月 1 日和 4 月 11 日数据接收时间分别为 2:17、13:49 和 2:20。

风场数据利用 QuickSCAT 卫星的风速和风向矢量，风场数据的空间分辨率为 25km，时间间隔为 12h，每天升轨过境（记为 A）时间为 21:00~22:00，降轨过境（记为 D）时间为 10:00~11:00。虽然风场数据空间分辨率不是很高，但对于分析风场变化与油膜运动之间的关系是有益的。研究获取 3 月 15 日~4 月 12 日期间的连续风场数据。

图 5-35 和图 5-36 反映 3 月 15 日~4 月 12 日期间溢油海域风场信息。横轴为时间轴，“3.21D”代表 3 月 21 日降轨数据，“A”代表升轨数据，纵轴分别代表溢油海域的平均风向与平均风速。风向角度为从北顺时针旋转至风向的角度，正南风风向 0°，正西风风向 90°。

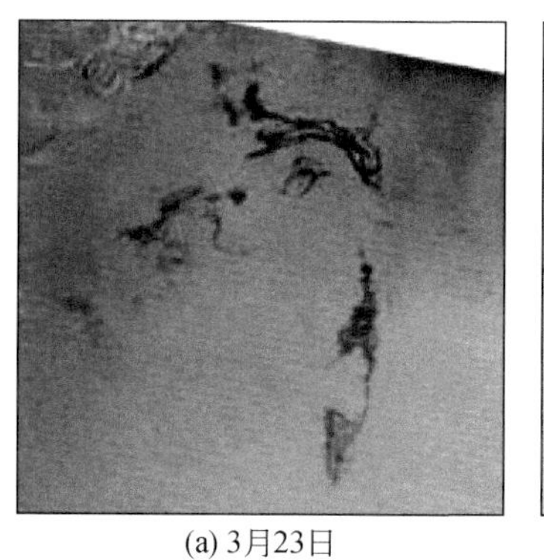
(a) 3月23日

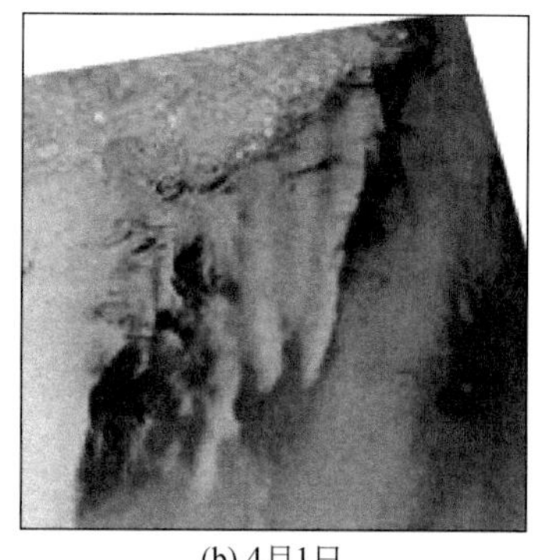
(b) 4月1日

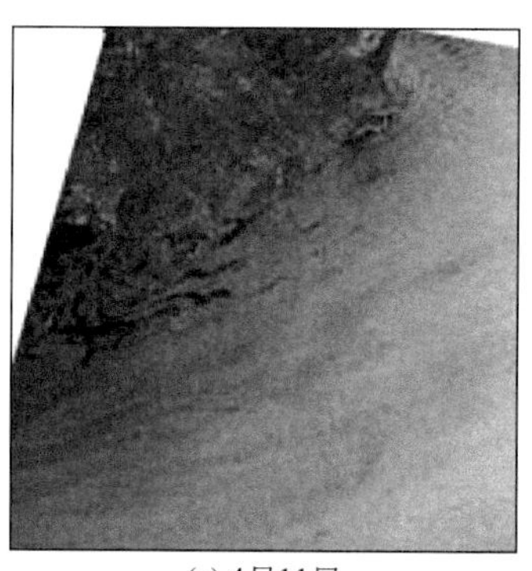
(c) 4月11日

图 5-34　溢油海域三期 Envisat 的 ASAR 检测数据

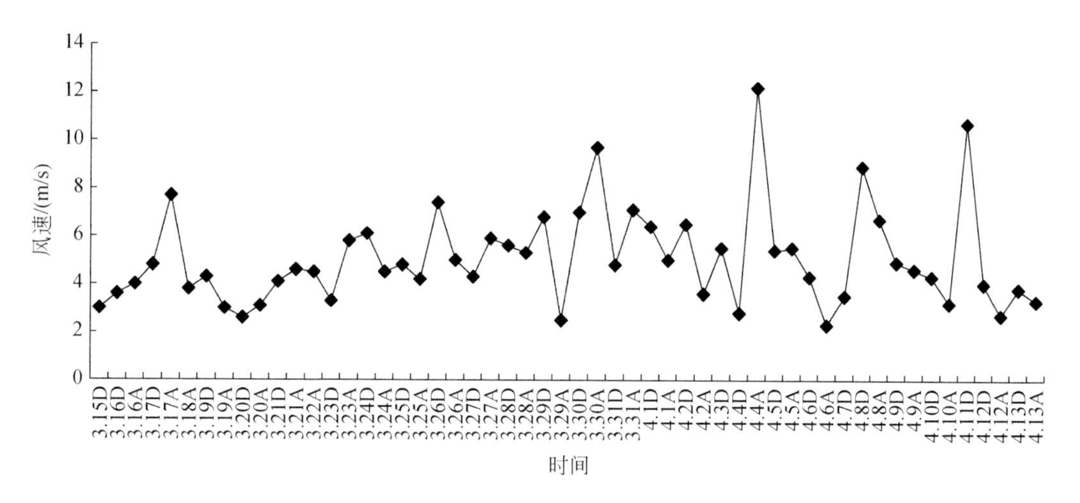

图 5-35　3 月 15 日 ~4 月 12 日溢油海域平均风速

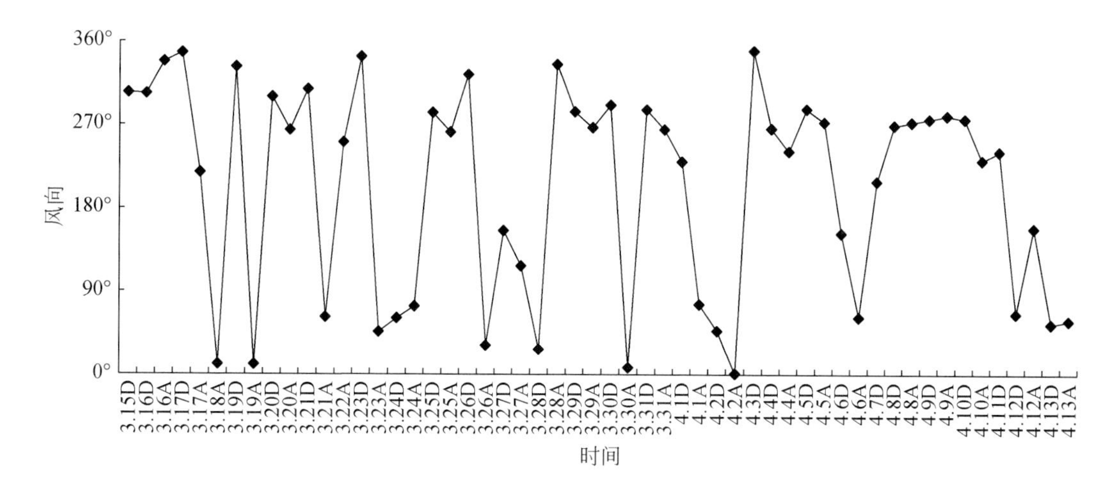

图 5-36　3 月 15 日 ~4 月 12 日溢油海域平均风向

5.3.4.2 油膜雷达后向散射特征分析

3月23日SAR数据距离溢油初始发生时间最近，海况稳定，油膜扩展充分，基于此景数据通过海面油膜的雷达后向散射特征分析溢油源分布大致海域。SAR数据经辐射定标和滤波处理后，利用面向对象提取方法提取油膜矢量，计算油膜分布海域相对周边无油膜海域的雷达后向散射系数衰减值 $\Delta\sigma^0_{\text{oil-sea}}$。根据油膜对雷达后向散射系数衰减程度由高到低将油膜海域分为红、黄、绿三个等级，其衰减信息分布如图5-37所示。

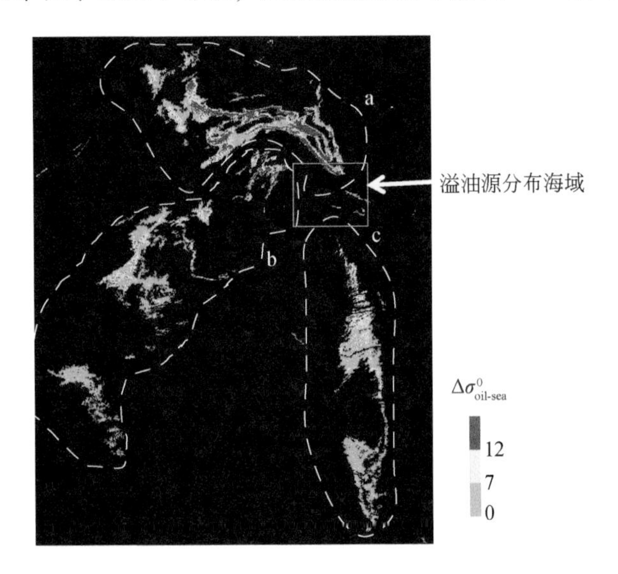

图5-37　3月23日油膜海域雷达后向散射系数衰减分布图

根据油膜展布空间分布特征，将油膜分为a、b、c三块。a块油膜对海面波的整体抑制作用明显大于b块油膜和c块油膜，三块油膜后向散射系数的衰减作用具有从a、b、c聚合处分别向另一侧减小的趋势。在海洋溢油初期，随着离溢油源点距离的增加，表面油膜的扩散速度降低，油膜厚度逐渐变薄。离溢油源点越近，形成的油膜越厚，对海面波的抑制作用越强。根据三块油膜后向散射特征变化的方向性规律分析溢油源大致分布海域位于三块油膜交汇处。

在相同海况、相同油种情况下，同次成因形成油膜的雷达后向散射特征变化与油膜厚度具有相关性。因此，对于具有一定面积的污染油膜，可以通过其雷达散射特征分析溢油源分布，但这种分析方法只适用于油膜扩散的重力扩展和剪切扩展阶段。而随流漂移阶段的油膜由于破碎、分散，其后向散射特征只能反映零散油膜自身的变化，且因随流漂移，已不能客观反映溢油发生时油膜的整体信息。

5.3.4.3 扩散趋势分析

三期SAR数据提取海面油膜矢量空间分布如图5-38（a）～（c）所示，结合3月15

日~4月13日期间的连续风场数据，分析溢油期间海面油膜的扩散与漂移。

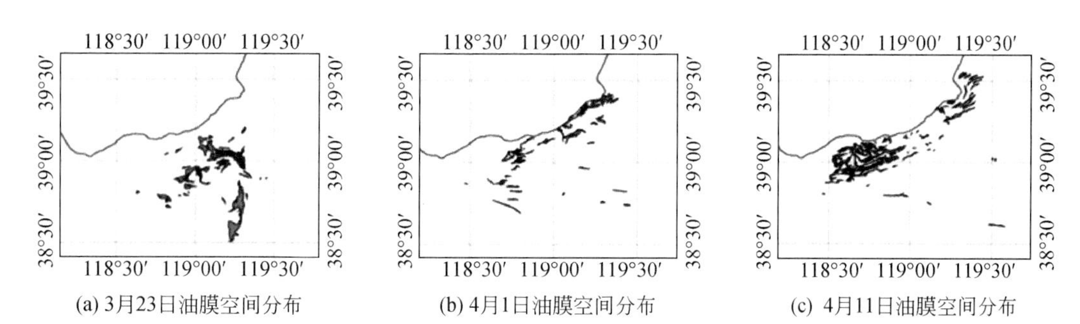

图5-38 Envisat数据提取油膜信息分布图

3月15日~23日期间，溢油海域风速处于3~8m/s，风向以南风（西南风或东南风）为主。只有3月17日晚和22日晚刮东北风，3月23日上午风向转为东南风。图5-37中三块油膜以溢油源为中心向南、向北的空间展布特征与风向由东北风转为南风的变化规律相吻合。

3月23日~4月1日期间，海域内风速主要在3~8m/s，在3月30日晚达9.7m/s。海域内除3月27日刮西北风外，以东风和南风为主。这段时间风场条件支持油膜主要向北漂移的运动趋势。距离3月23日检测数据已有9天时间间隔，SAR数据［图5-38(b)］显示在北部沿岸附近海域可见大量小型油膜，溢油油膜已经进入随流漂移阶段。

4月2日~4月11日期间，海域内仍以东风和南风为主，只有6、7日上午刮西北风和东北风，4月10日晚至11日，海域内盛行东北风，风速在11日时达10.7m。风场条件分析这段时间油膜继续向西及北漂移为主。又经过10天，SAR图像中［图5-38(c)］油膜已大量集中于北部沿岸海域。

图5-38清晰显示溢油油膜在近20天时间里由南向北、由东向西、由海洋向陆地扩散漂移的运动规律。油膜在运动过程中遇到陆地阻挡后，分为两部分，小部分油膜沿陆地岸边向北运动，由于沿途阻碍小，有继续向北漂移的趋势；大部分油膜沿陆地岸边向西运动，遇到岛礁等地形阻碍，在局部海流系统作用下，围绕地形障碍物呈汇集趋势。

溢油油膜在海面上主要经历重力扩展、剪切扩展和随流漂移三个阶段，不同阶段油膜在海上的形态、分布特点不尽相同，具有不同的SAR图像特征。第一阶段油膜由于形成时间短，受风、流影响小，离溢油源最近，油膜形态比较完整，没有分散；第二阶段油膜与第一阶段油膜很难有明确的界限划分，相比较而言，油膜扩展更充分，受风、流影响大，在风、流作用下，可能会分散为相对完整的大块油膜，油膜分布与风、流变化具有相关性；第三阶段油膜最典型的特征就是油膜已被完全打散，破碎度高。溢油扩散在海上经历的具体阶段不完全统一，根据实际海况而定。根据SAR数据中溢油油膜的完整性及展布方式，结合风场信息有助于分析溢油所处扩散阶段，推算溢油发生的时间，分析油膜的运动趋势。

参考文献

邓运华，李建平，2008. 浅层油气藏的形成机理. 北京：石油工业出版社.

黄晓霞，1998. 海洋油气遥感综合探查方法研究 . 北京：中国科学院大学 .
刘栋，林卫青，钟宝昌，等，2006. 感潮河道溢油扩展、漂移特性实验 . 水动力学研究与进展，21（6）：744-751.
刘杨，2010. 海面烃渗漏信息 SAR 探测方法研究 . 北京：中国科学院大学 .
张训华，等，2008. 中国海域构造地质学 . 北京：海洋出版社 .
朱伟林，米立军，龚再升，等，2009. 渤海海域油气成藏与勘探 . 北京：科学出版社 .
Abrams M，1992. Geophysical and geochemical evidence for subsurface hydrocarbon leakage in the Bering Sea，Alska. Marine and Petroleum Geology，9：208-221.
Abrams M，1996. Distribution of subsurface hydrocarbon seepage in near-surface marine sediments. Hydrocarbon Migration and Its Near-Surface Expression：AAPG Memoir，66：1-14.
Abrams M，2004. Evaluating petroleum systems in frontier exploration areas using seabed geochemistry. World Oil，225（6）：53-60.
Abrams M，2005. Significance of hydrocarbon seepage relative to petroleum generation and entrapment. Marine and Petroleum Geology，22：457-477.
Alan K W，2000. The role of satellite exploration in the search for new petroleum reserves in South Asia. NPAPaper，SPE-PAPG Annual Conference，Islamabad：9-10.
Alpers W，Huhnerfuss H，1988. Radar signatures of oil films floating on the sea surface and the Marangoni effect. Journal of Geophysical Research，94：6251-6265.
Alpers W，Huhnerfuss H，1989. The damping of ocean waves by surface films：a new look at an old problem. Journal of Geophysical Research，93：3642-3648.
Alpers W，Ingo H，1984. A theory of the imaging mechanism of underwater bottom topography by real and synthetic aperture radar. Journal of Geophysical Research：Oceans，89：10529-10546.
Alpers W，Ross D B，Rufenach C L，1981. On the detectability of ocean surface waves byreal and synthetic aperture radar. Journal of Geophysical Research：Atmospheres，86：6481-6498.
Barthold M，2005. Surface and subsurface expressions of gas seepage to the seabed-examples from the Southern North Sea. Marine and Petroleum Geology，22：499-515.
Bedborough D R，1996. The use of satellites to detect oil slicks at sea. Spill Science & Technology Bulletin，3（1/2）：3-10.
Bertacca M，Berizzi F，Mese E D，2005. A farima-based technique for oil slick and low-wind areas discrimination in sea SAR imagery. IEEE Transactions on Geoscience and Remote Sensing，43（11）：2484-2493.
Beukelaer S M，MaCdonald I R，Guinnasso N L，et al.，2003. Distinct side-scan sonar，RADARSAT SAR，and acoustic profiler signatures of gas and oil seeps on the Gulf of Mexico slope. Geo-Marine Letters，23：177-186.
Calabresi G，Del Frate F，Petrocchi A，et al.，1999. Neural network for the oil spill detection using ERS-SAR data. Proceedings of IGARSS’99 Workshop，1：215-217.
Casas D，Ercilla G，Baraza J，2003. Acoustic evidences of gas in the continental slope sediment of the Gulf of Cadiz（E Atlantic）. Geo-Mar Lett，23：300-310.
Cox C，Munk W，1954. Statistics of the sea surface derived from sun glitter. Journal of Marine Reserach，13：198-227.
Daling P S，Johanse O，Lewis A，et al.，2003. Norwegian testing of emulsion properties at sea—the importance of oil type and release conditions. Spill Science & Technology Bulletin，8（2）：123-136.
Elachi C，Walter E B，1977. Models of radar imaging of the ocean surface waves. IEEE Transactions on Antennas and Propagation，25（1）：84-95.

Espedal H A, Johannessen O M, 2000. Detection of oil spills near offshore installations using synthetic aperature radar (SAR). International Journal of Remote Sensing, 21 (11): 2141-2144.

Espedal H A, Wahl T, 1999. Satellite SAR oil spill detection using wind history information. International Journal of Remote Sensing, 20 (1): 49-65.

Fay J A, 1971. Physical processes in the spread of oil on a water surface. Proceedings of the Joint Conference on Prevention and Control of Oil Spills, (1): 463-367.

Fiscella B, Gaincaspro F, Nirchio P, et al., 2000. Oil spill detection using marine SAR images. International Journal of Remote Sensing, 21 (18): 3561-3566.

Gade M, Ufermann S, 1998. Using ERS-2 SAR images for routine observation of marine pollution in European coastal waters. IEEE, IGARSS Proceedings, 2: 757-759.

Gade M, Alpers W, Huhnerfuss H, et al., 1998a. Imaging of biogenic and anthropogenic ocean surface films by the multifrequency/multipolarization SIR-C/X_ SAR. Journal of Geophysical Research, 103: 18851-18866.

Gade M, Alpers W, Huhnerfuss H, et al., 1998b. On the reduction of the radar backscatter by oceanic surface films: scatterometer measurements and their theoretical interpretation. Remote Sensing of Environment, 66: 52-70.

Gade M, Hühnerfuss H, Korenowski G M, 2006. Marine surface films. Berlin: Springer.

Girard-Ardhuin F, Mercier G, Garello R, 2003. Oil slick detection by SAR imagery: potential and limitation. OCEANS Proceedings, (1): 164-169.

Gudio F, Dario T, Alois S, et al., 2006. Marine surface films. Berlin Heidelberg: Springer-Verlag.

Huang B, Li H, Huang X, 2005. A level set method for oil slick segmentation in SAR images. International Journal of Remote Sensing, 26 (6): 1145-1156.

Huhnerfuss H, Alpers W, Witte F, 1989. Layers of different thickness in mineral oil spills detected by grey level textures of real aperture radar images. International Journal of Remote Sensing, 10 (6): 1093-1099.

Huhnerfuss H, Alpers W, Dannhauer H, et al., 1996. Natural and man-made sea slicks in the North Sea investigated by a helicopter-borne 5-frequency radar scatterometer. International Journal of Remote Sensing, 17: 1567-1582.

Jeong K S, 2004. Geophysical and geochemical observations on actively seeping hydrocarbon gases on the south-eastern Yellow Sea continental shelf. Geo-Marine Letters, 24: 53-62.

Jones B, 1986. A comparison of visual observations of surface oil with Synthetic Aperture Radar imagery of the sea empress oil spill. International Journal of Remote Sensing, 7 (8): 1001-1013.

Jones B, Mitchelson-Jacob E G, 1998. On the interpretation of SAR imagery from the sea empress oil spill. International Journal of Remote Sensing, 19 (4): 789-795.

Joye S B, 2004. The anaerobic oxidation of methane and sulfate reduction in sediments from Gulf of Mexico cold seep. Chemical Geology, 205: 239-251.

Kaluza M J, Doyle E H, 1996. Detecting fluid migration in shallow sediments: continental slope environment, Gulf of Mexico. Hydrocarbon Migration and Its Near-Surface Expression, AAPG Memoir, 66: 15-26.

Klusman R W, 1993. Soil gas and related methods for natural resource exploration. Chichester John Wiley & Sons Ltd, 127-162.

Kontoes C C, Sykioti O, Paronis D, et al., 2005. Evaluating the performance of the space-borne SAR sensor systems for oil spill detection and sea monitoring over the south-eastern Mediterranean Sea. International Journal of Remote Sensing, 26 (18): 4029-4044.

Kvenvolden K A, Cooper C K, 2003. Natural seepage of crude oil into the marine environment. Geo-Marine

Letters, 23: 140-146.

Leifer I, MacDonald I, 2003. Dynamics of the gas flux from shallow gas hydrate deposits: interaction between oily hydrate bubbles and the oceanic environment. Earth and Planetary Science Lettes, 210: 411-424.

MacDonald I R, 2000. Pulsed oil discharge from a mud volcano. Geology, 28 (10): 907-910.

MacDonald I R, Leifer I, 2002. Transfer of hydrocarbons from natural seeps to the water column and atmosphere. Geogluids, 2: 95-107.

MacDonald I R, Guinasso N L, Ackleson S G, et al., 1993. Natural oil slicks in the Gulf of Mexico visible from space. Journal of Geophysical Research, (98-C9): 16351-16364.

MacDonald I R, Reilly J F, Best S E, et al., 1996. Remote sensing inventory of active oil seeps and chemosynthetic communities in the northern Gulf of Mexico. Hydrocarbon Migration and Its Near-surface Expression, AAPG Memoir, 66: 27-37.

Macgregor D S, 1993. Relationships between seepage, tectonics and subsurface petroleum reserves. Marine and Petroleum Geology, 10 (6): 606-619.

Mervin F F, Carl E B, 1997. Review of oil spill remote sensing. Spill Science & Technology Bulletin, 4 (4): 199-208.

Milkon A V, 2000. Worldwide distribution of submarine mud volcanos and associated gas hydrates. Marine Geology, 167: 29-42.

Nirchio F, Sorgente M, Giancaspro A, et al., 2005. Automatic detection of oil spills from SAR images. International Journal of Remote Sensing, 26 (6): 1157-1174.

O'Brien G E, 2005. Yampi shelf, browse basin, north-west shelf, Australia: a test-bed for constraining hydrocarbon migration and seepage rates using combinations of 2D and 3D seismic data and multiple, independent remote sensing technologies. Marine and Petroleum Geology, 22: 517-549.

Quigley D, 1999. Decrease in natural marine hydrocarbon seepage near Coal Oil Point, California, associated with offshore oil production. Geology, 27 (11): 1047-1050.

Quintero-Marmol A M, Pedroso E C, Beisl C H, et al., 2003. Operational applications of RADARSAT-1 for the monitoring of natural oil seeps in the South Gulf of Mexico. IEEE, IGARSS Proceedings, 4: 2744-2746.

Reed M, Johansen O, Brandvik P J, et al., 1999. Oil spill modeling towards the close of the 20th century: overview of the state of the art. Spill Science & Technology Bulletin, 5 (1): 3-16.

Rew P J, Gallagher P, Deaves D M, 1995. Dispersion of subsea releases: review of prediction methodologies. Health and Safety Executive-offshore Technology Report.

Roberts H, Carney R S, 1997. Evidence of episodic fluid, gas, and sediment venting on the northern Gulf of Mexico continental slope. Economic Geology, 92: 863-879.

Rollet N, 2006. Characterisation and correlation of active hydrocarbon seepage using geophysical data sets: an example from the tropical, carbonate Yampi Shelf, Northwest Ausralia. Marine and Petroleum Geology, 23: 145-164.

Rollet N, Logan G A, Ryan G, et al., 2009. Shallow gas and fluid migration in the northern Arafure Sea (offshore Northern Australia) . Marine and Petroleum Geology, 26: 129-147.

Rye H, Brandvik P J, Reed M, 1996. Subsurface oil release experiment-observations and modeling of subsurface plume behavior. Proc. 19th Arctic and Marine Oil Spill Program (AMOP) Technical Seminar, 2: 1417-1435.

Topouzelis K, Karathanassi V, Pavlakis P, et al., 2007. Detection and discrimination between oil spills and look-alike phenomena through neural networks. ISPRS Journal of Photogrammetry & Remote Sensing, 62: 264-270.

Trivero P, Fiscella B, Gomez F, et al., 1998. SAR detection and characterization of sea surface slicks. International Journal of Remote Sensing, 19 (3): 543-548.

Wernecke G, 1994. First measurements of the methane concentration in the North Sea with a new in situ device. Bulletin of the Geological Society of Denmark, 41 (1): 5-11.

Williams A K, 2000. The role of satellite exploration in the search for new petroleum reserves in South Asia. NPA Paper, SPE-PAPG Annual Conference, Islamabad: 9-10.

Williams A, Lawrence G, 2002. The role of satellite seep detection in exploring the South Atlantic's ultradeep wate//Schumacher D, LeSchack L A. Surface exploration case histories: applications of geochemistry, magnetics, and remote sensing. AAPG Studies in Geology No. 48 and SEG Geophysical References Series No. 11: 327-344.

Wismann V, Gade M, Alpers W, et al., 1998. Radar Signatures of marine mineral oil spills measured by an airborne multi-frequency radar. International Journal of Remote Sensing, 1 (18): 3607-3623.

Witte F, 1991. The Archimedes IIa experiment: remote sensing of oil spills in the North Sea. International Journal of Remote Sensing, 12 (4): 809-821.

Wu S Y, Liu A K, 2003. Towards an automated ocean feature detection, extraction and classification scheme for SAR imagery. International Journal of Remote Sensing, 24 (5): 935-951.

Yapa P D, Chen F H, 2004. Behavior of oil and gas from deepwater blowouts. Journal of Hydraulic Engineering, 130 (6): 540-552.

第 6 章　浅海水下地形雷达遥感探测

6.1　SAR 浅海水下地形探测概述

SAR 电磁波穿透海水的深度仅为厘米的量级，无法直接穿透海水探测到浅海水下地形（Jackson and Apel，2004）。主动成像的合成孔径雷达提供的高分辨率 SAR 遥感图像中包含了丰富的图像特征信息，国内外众多学者利用 SAR 遥感图像开展了浅海水下地形探测理论与应用研究（黄韦艮等，2000；Calkoen et al.，2001；Jackson and Apel，2004；Zheng et al.，2006；Li et al.，2009；Brusch et al.，2011），主要可以分为两大类：①基于 SAR 图像后向散射强度变化的浅海水下地形探测方法；②基于 SAR 图像海浪特征的浅海水下地形探测方法。本章主要以基于海浪特征的浅海水下地形探测方法为例介绍浅海水下地形雷达遥感探测方法与应用。

6.2　SAR 浅海水下地形探测机理

6.2.1　基于 SAR 图像后向散射强度变化的浅海水下地形探测

基于 SAR 图像后向散射强度变化的浅海水下地形探测方法利用雷达海面后向散射强度的变化与地形变化的关系及其 SAR 遥感图像明暗条纹特征定量获取浅海海底地形信息，相应的水深范围一般不超过 50m。最早在 1969 年，由 Loor 等在荷兰近海区域利用 X 波段雷达图像调查海浪方向时发现图像上具有明暗条纹的特征（Loor and Hulten，1978；Loor，1981；Hennings，1998；Jackson and Apel，2004）。由于此类图像特征通常出现在潮流较强的海域，并受当时整体认知水平的限制，这种发现并未引起科学家足够的重视，起初被认为是利用雷达观测其他海洋现象时的干扰因素，随后才被意识到这些特征与海底地形变化密切相关。

1984 年，Alpers 与 Hennings 在已有的研究基础上（Alpers et al.，1981）首次通过理论模型（以下简称 AH 模型）解释了雷达浅海水下地形的成像过程（Alpers and Ingo，1984），该模型为以后的水下地形 SAR 成像理论奠定了基础。AH 模型采用了准一维连续方程来描述水下地形和海流的相互作用，并使用作用量谱平衡方程描述波流相互作用

(Alpers and Ingo, 1984)。尽管AH模型可以定性解释SAR图像中部分地形特征，但由于其物理过程的近似与简化（作用量谱平衡方程采用一阶近似和恒定的弛豫时间，忽略风生流场的影响），无法定量解释复杂的水下地形信息（Hennings, 1990, 1998; Hennings et al., 1998）。随后，各国专家学者相继开展了大量的水下地形成像机理、数值模拟和反演的理论与应用研究（Valenzuela et al., 1983; Hasselmann et al., 1985; Hennings, 1990; Romeiser and Alpers, 1997; Ouchi, 2000; Kudryavtsev et al., 2003a, 2003b; Zheng et al., 2006; Li et al., 2009, 2010; Renga et al., 2014; Stewart et al., 2016; Zhang et al., 2017）。目前，普遍认为其成像机理主要包含三个物理过程组成（Alpers and Ingo, 1984; Jackson and Apel, 2004; 范开国, 2009; 于鹏, 2017），图6-1描述了一维的水下地形雷达成像过程。

(1) 变化的水下地形与潮流的相互作用改变海表层流场；

(2) 海表面流场调制改变海表面微尺度波的分布；

(3) 海表面微尺度波与雷达波相互作用改变雷达海面后向散射强度。

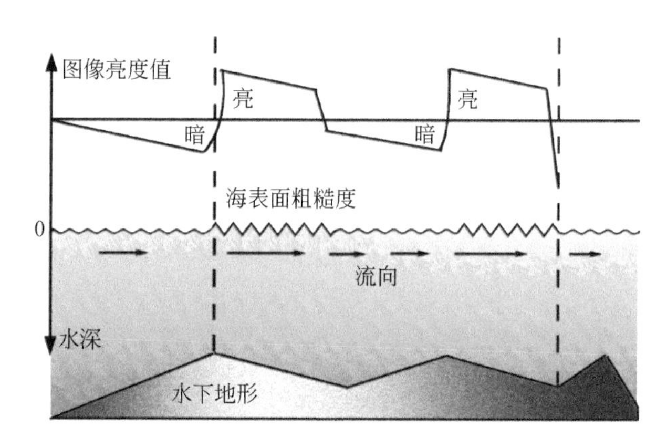

图6-1 一维浅海水下地形雷达成像机理示意图（改自Jackson and Apel, 2004）

这三个过程可以分别通过流场模型、波模型和雷达后向散射模型来模拟。其中流场模型可以分别通过一维连续方程（Alpers and Ingo, 1984），奈维-斯托克斯方程或三维的普林斯顿海洋模型（princeton ocean model, POM）表示（Bretherton, 1970; Willebrand, 1975; Mellor, 2002）；海表层流场与海表面微尺度波的相互作用通过作用量谱平衡方程表示（Longuet- Higgins and Stewart, 1964; Bretherton, 1970; Vogelzang, 1997; Vogelzang et al., 1997）；雷达波与海表面微尺度波相互作用可以通过物理光学模型（基尔霍夫法）、布拉格散射模型（小扰动法）、双尺度组合表面模型和多尺度微波散射模型等表示（Hasselmann et al., 1985; Holliday et al., 1986; Romeiser and Alpers, 1997）。适当强度的背景流场在通过变化的水下地形时会发生流速的改变，根据质量守恒定律，浅水区的流速会大于深水区的流速。海表流速的变化会引起辐聚（海表粗糙度增加，即辐聚区的波浪会受到相应的“挤压”）与辐散（海表面粗糙度下降，辐散区的波浪会受到相应的“拉伸”）现象，进而导致辐聚区布拉格波振幅的增加，增强了雷达回波信号的强度，在雷达图像上表现为亮特征；与之相对应的则是辐散区后向散射系数的减弱，降低了雷达回波信号的强度，在雷达图像上表现为暗特征。因此，变化的水下地形通过海表流场的改变在雷达图像上会呈现出亮暗条纹特征（Jackson and Apel，2004）。Li 等（2009）研究发现并进一步证明了在某些潮流与沙脊平行的情况下水下地形依然能够成像，据此分析了渤海海域的水下地形在 SAR 图像上的特征。基于 SAR 浅海水下地形成像机理的三个物理过程，发展了不同数值模型，用于浅海水下地形探测。其中，较具有规模和影响的是荷兰科学家从 1993 年开始建立的“水深估测系统”（bathymetry assessment system，BAS），其系统包括一个成像仿真模型和一个数据迭代同化模型（Calkoen et al.，2001）。

在实际应用过程中，基于 SAR 图像后向散射强度变化的浅海水下地形探测方法主要适用于大尺度地形起伏、方向性好且海流作用较强的浅海海域水下地形探测，对于复杂的水下地形需要建立二维甚至三维的更复杂的模型。此外，该方法依赖于大量常规实时或近实时数据资料（如流场、风场与初始水深等）支持。目前，相关研究工作主要集中在水深范围不超过 100m 的浅海海域，在特殊海况条件下，SAR 可以探测到水深超过 500m 的海底地形信息。

6.2.2 基于 SAR 图像海浪特征的浅海水下地形探测

基于 SAR 图像海浪特征的浅海水下地形探测是一种先通过雷达图像与海浪探测算法得到海表波浪特性，然后利用波浪的弥散关系从而计算得到水下地形信息（Young et al.，1985）。侍茂崇等（2000）和冯士筰等（1999）证明了在近岸浅海海域（水深小于一半海浪波长），随着海水水深的逐渐变浅，海水与海底结构的相互作用所呈现出的流固耦合力学效应也会逐渐显现出来，这一力学效应及其显现过程会通过海水表面重力波波浪形状的改变表现出来，同时给出了近岸海域波浪形状的线性弥散关系，即海水水深、波速与海水波浪角频率之间的表达式。当波浪由深水海域向近岸浅水海域传播过程中，如果波浪的传播方向不与等深线垂直，则波浪传播方向会逐渐发生偏转，趋向于与等深线垂直的方向，同时随着海水水深的逐渐变浅，波浪形状也会发生改变，波长会随之变短，而波高却逐渐变大，直到波浪破碎，这种现象称为浅化与折射现象（Chiang，2005；Brusch et al.，2011；Kinsman，2013）。Leu 等（1999）阐述了关于波浪角频率不变的观点，认为当海浪在浅海海域传播时，波浪波长与海水水深之间的线性弥散关系保持守恒。

基于 SAR 图像海浪特征的水深探测方法所采用的经典海浪传播理论计算水深方法，已经在国外被广泛运用于数码摄像机连续拍摄图像（Stockdon and Holman，2000；Aarninkhof et al.，2005；Yoo，2007）、光学卫星图像（Splinter and Holman，2009；Li et al.，2016）、机载雷达（Wackerman et al.，1998）、地基雷达（Trizna，2001；Bell，2001；Flampouris et al.，2008；Senet et al.，2008）水下地形探测。但直至近十年，国内外学者陆续开展基于中高分辨率星载 SAR 图像海浪特征的水深探测相关研究，与基于 SAR 图像后向散射强度变化的浅海水下地形探测方法相比，研究成果相对较少。其中，Brusch 等（2011）利用 X 波段陆地合成孔径雷达卫星（TerraSAR-X）SAR 图像高分辨率、低截止波长的特点，采用射线追踪法进行海浪追踪，利用线性弥散关系在澳大利亚菲利普港湾开展浅海水深（水深小于 50m）探测。Pleskachevsky 等（2011）提出一种利用多源遥感数据探测水深方法解决近岸水深探测范围问题，其中 SAR（TerraSAR-X SAR）图像数据主要用于探测大于 20m 水深，水深在 10～20m 采用光学快鸟（QuickBird）卫星图像与 SAR 图像联合探测，而水深小于 10m 的区域采用光学图像探测，其基于 SAR 图像探测水深在 20～60m 的精度为 15%。Boccia 等利用 L 波段对地观测卫星（ALOS PALSAR）图像开展了水深探测研究，分析了该探测方法的有效性和应用潜力，并建立了误差估计模型（Boccia，2015；Boccia et al.，2015）。国内相关研究人员也开展了基于星载 SAR 图像海浪特征的浅海水下地形探测相关研究（Fan et al.，2008）。

基于 SAR 图像海浪特征的水下地形探测方法存在两个假设：①占主导地位的海浪传播周期保持不变；②假设海浪传播过程中，水深与海浪波长的关系保持守恒，主要适用于地形起伏相对较小、波浪作用较弱的浅海海域水下地形探测。目前，相关研究工作主要集中在利用单波段、单极化 SAR 数据开展浅海水下地形探测并取得较好的效果，但探测结果易受 SAR 图像斑点噪声或其他海洋现象影响。与基于 SAR 图像后向散射强度变化的水下地形探测方法相比，基于 SAR 图像海浪特征的浅海水下地形探测理论思路非常清晰，计算过程相对简单，在合适的海况条件下，可间接探测水深小于 200m 浅海水下地形。

6.2.2.1　深水中海浪弥散与传播

海浪在深水海域传播过程中，具有波高逐渐降低，波长与周期逐渐变大，而波速变快的现象。这一现象一方面是由于实际海水存在黏性，使得海浪的能力不断消耗；而另外一方面是因为海浪在传播过程中发生的弥散和角散作用。实际海浪可以视为不同周期与振幅的波浪组合构成，在传播过程中，使原来叠加在一起的海浪分离的现象称为弥散，使海浪向不同方向分开的现象称为角散。由于上述原因，海浪的波高随着传播距离的增加而不断降低，周期大的海浪跑在前面，占据优势地位以致在海上难以看到。

当海浪离开生产区后，由于弥散作用使得频谱逐渐变窄，海浪与海浪之间的相互作用与海浪水质点黏性阻尼使低频海浪保持下来，高频海浪逐渐消失，最后使得杂乱无章的风浪逐渐转化为较为规则的涌浪。斯托克斯指出，水质点运动时内部阻尼所引起的波高衰减为

$$\frac{H_t}{H_0}=\exp(-2\nu k^2 t) \tag{6-1}$$

式中，H_t 为传播 t 时间后的波高；H_0 为 $t=0$ 时刻的初始波高；ν 为水运动的黏性系数。

海浪运动中的角频率（ω），波数（k）与水深（d）之间不是互相独立的，而是存在一定的制约关系及弥散关系。有限水深海浪的线性弥散关系如下。

$$\omega^2=gk\tanh(kd) \tag{6-2}$$

海浪的线性弥散关系表明海浪的传播与水深相关，水深变化，波长（波速）也随之变化。当水深极深或极浅的时候，线性海浪存在两种极限情况：深水海浪与浅水海浪。

1. 深水海浪

深水海浪是指当水深远大于海浪波长时，不受海底地形影响或影响较小的海浪。因此，有限深水海浪的弥散关系可以做如下简化：

$$\omega^2 = gk \tag{6-3}$$

理论上讲，式（6-3）仅在 kd 趋向于无穷大时才成立，但在水深大于一半波长（$d/L > 1/2$）时，即 $\tanh(kd) \approx 1$ 时也近似成立。

2. 浅水海浪

浅水海浪是指水深远小于波长的海浪。当 $\tanh(kd) \approx kd$ 时，实际当 $d/L < 1/20$ 时，有限水深的弥散关系可以做如下简化：

$$\omega^2 = gk^2 d \tag{6-4}$$

6.2.2.2 海浪的浅水效应

当海浪由深水海域向浅水海域传播过程中，由于水深变浅而引起的海浪要素的变化，称为海浪的浅水效应［图 6-2，据 COMET（Cooperative Program for Operational Meteorology, Education and Training）计划］。当水深约为海浪波长的一半时，海浪的浅水变形开始第一次接触海底，随着水深的减小，波长与波速将逐渐减小而波高逐渐增加；同时，如果波向线与等深线斜交，即产生海浪的折射。随着水深的逐步变浅，海浪的波形受到海底地形的约束越来越明显，海浪的波陡迅速增大，由于波峰处的水深与速度均大于波谷处的水深与波速，波峰逐渐扭曲前倾，前波变陡。当波峰变得过分尖陡而不稳定时，海浪发生各种形式的破碎，这是海浪能量耗散的重要方式之一。

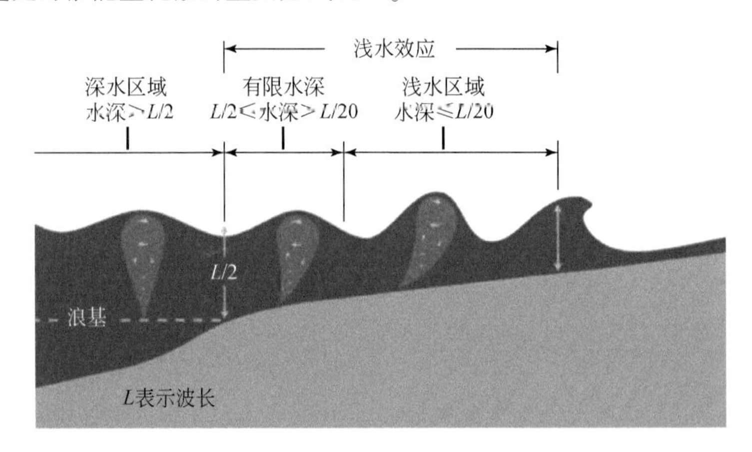

图 6-2　海浪的浅水效应示意图

1. 海浪的折射

当海浪向海岸传播过程中，海浪会因水深的变浅而产生浅水变形。海浪传播的方向通常与海岸斜交，离岸远端深水处海浪继续保持原速前进，而近岸浅水一端因受海底地形摩擦而减速，最终海浪的传播方向将发生转折而趋于垂直于海岸，这种现象称为海浪的折射（图 6-3，据 COMET 计划）。斯奈尔定律将波向的变化与波速的变化建立了如下关系：

$$\frac{\sin\alpha}{c} = \frac{\sin\alpha_0}{c_0} \tag{6-5}$$

式中，α 为波向角；c 为波速；α_0 与 c_0 分别为深水处波向角与波速。因此，斯奈尔定律通常又被称为海浪折射定律。

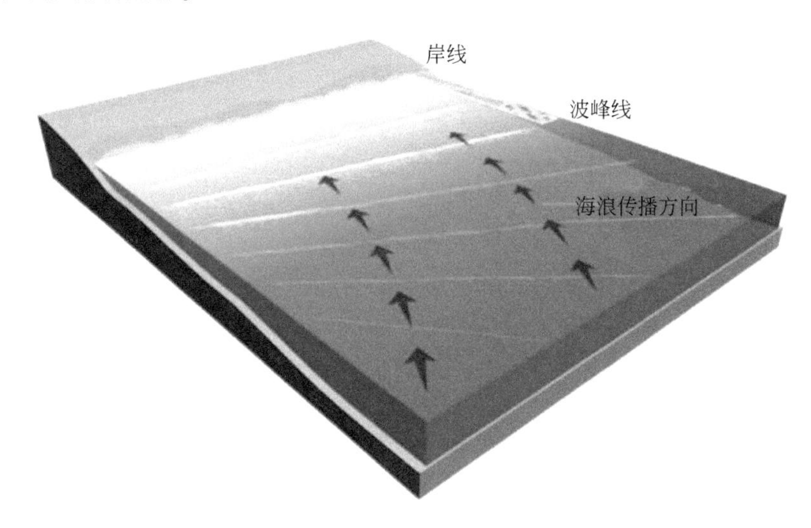

图 6-3　海浪折射示意图

2. 海浪的反射

当海浪在传播过程中遇到障碍物时，会产生反向传播的波浪，这种现象称为海浪反射。当海浪遇到理想的光滑铅直平面时，波能完全反射回原海域，则称为完全反射。此时，入射海浪与反射海浪的振幅相等，传播方向相反。入射海浪与反射海浪叠加在一起形成驻波，其振幅可以达到原入射波的振幅的两倍。

3. 海浪的绕射

海浪在传播过程中遇到障碍物时，除了可能在障碍物前形成海浪反射外，还可以绕过障碍物继续传播，并在掩蔽区域内发生海浪扩散，该现象称为海浪绕射。绕射区内的海浪通常被称为散射波。海浪绕射是波能从能量高的区域向能量低的区域进行重新分配的过程，散射波在同一波峰线上的波高不同，随着离绕射起点长度的增加，波高随之减小，但周期仍然保持不变（王树青和梁丙臣，2013）。

4. 海浪的破碎

在中高海况条件下，当波陡达到一定值时，海浪开始破碎。当海浪由深水区域传到浅水区域后，由于波长的变短，波陡迅速增加，当波峰前的坡度很大时，便发生卷倒现象，在岸边形成拍岸浪，导致破碎。通常海浪的破碎有三种类型：崩破浪、卷破浪与激破浪。

海浪的破碎类型主要取决于波陡与海底地形的坡度，可以用 Iribarren 数来判别，具体表示为

$$\xi = \frac{\tan\alpha}{\sqrt{s_0}} \tag{6-6}$$

式中，s_0 为用深水波长表示的位于破碎点的波陡。对于不同的破碎浪，崩破浪（$\xi<0.4$）一般发生在海滩坡度较平缓且波陡较大的情况；卷破浪（$0.4\leqslant\xi\leqslant2.0$）一般发生在海滩坡度中等、波陡也中等的情况；激破浪（$\xi>2.0$）在海滩坡度加大而波陡较小的时候发生。

6.3 多时相 SAR 浅海水下地形探测

海浪传播速度随着海水深度的变浅而变慢，从而导致波长变短。如果海浪的传播方向与等深线不平行时，发生折射现象，直至海浪的传播方向垂直于海岸线或者海浪破碎。如果浅海海域的 SAR 具有明显的海浪特征，则可以直接从 SAR 图像上提取海浪波长、传播方向等海浪要素。因此，基于海浪在 SAR 图像上呈现的浅水效应与折射特征和海浪传播理论，直接利用 SAR 图像计算海水深度。

由于 SAR 遥感观测的瞬时性与常规海洋观测的周期性，在相同水下地形不同时刻 SAR 图像所呈现的海浪特征都存在差异。因此，基于海浪特征反演的水下地形结果也存在差异，甚至某些反演结果只能揭示水下地形特征的部分特征，难以揭示水下地形的整体特征（杨俊钢，2007）。本章针对相同水下地形不同时刻 SAR 图像所呈现的海浪特征都存在差异问题，基于数据融合思想，介绍一种多时相 SAR 浅海水下地形探测方法，并在中国福建省宁德市霞浦县福宁湾浅海海域开展浅海水下地形探测，检验多时相 SAR 浅海水下地形探测方法的适用性与可行性。

6.3.1 海浪追踪与参数反演

海浪追踪与参数反演是基于海浪特征浅海水下地形探测的前提。由于 SAR 可以对海洋表面波浪成像，即在 SAR 图像上可以呈现出明暗相间的条纹特征，这些海浪条纹包含了海浪的波长和波向信息。通常，海浪参数可以基于 Radon 变换技术提取，也可以通过快速傅里叶变换（FFT）提取（Helgason，2011；Brusch et al.，2011）。

基于快速傅里叶变换海浪参数反演一般都基于 Hasselmann 模式（Hasselmann et al.，1985；Jackson and Apel，2004），使用单极化 SAR 数据，从海浪成像的调制传递函数出发，通过迭代法得到海浪谱，进而得到海浪信息。在 SAR 海浪成像过程中，如果非线性作用较弱，可以通过 FFT 变换快速获取近似的海浪参数（Brusch et al.，2011；Boccia et al.，2015；Bian et al.，2016）。二维海浪谱的峰值记录了主海浪波长与海浪传播方向。海浪波长与传播方向可以通过以下关系获取：

$$L=\frac{2\pi}{\sqrt{k_{\mathrm{px}}^2+k_{\mathrm{py}}^2}} \quad \eta=\arctan\left(\frac{k_{\mathrm{py}}}{k_{\mathrm{px}}}\right) \tag{6-7}$$

式中，L 为海浪波长；η 为图像中海浪可能的传播方向；k_{px} 和 k_{py} 分别为波数域空间的峰值坐标。

基于 Radon 变换海浪参数反演一般是将经过增强处理的 SAR 图像经过 Radon 变换处理，变换后新的图像空间中会出现多个明暗不同的极值点，这些亮点或暗点之间的间距表示 SAR 图像波峰或波谷之间的距离，即海浪的波长；波峰线或波谷线方向的垂直方向表示海浪可能的传播方向。Radon 变换在二维空间最常用的表达式为

$$R(\theta,\rho)=\iint f(x,y)\delta(\rho - x\cos\theta - y\sin\theta)\,\mathrm{d}x\mathrm{d}y \tag{6-8}$$

式中，$f(x,y)$ 为图像灰度值；ρ 为坐标原点到直线的距离；θ 为直线法线方向与 x 轴的夹角；δ 为狄克拉函数。

上述两种方法获取的波向均存在 180°的模糊问题，在近岸海域可以通过海浪的浅水效应与折射等特征结合人工判读解决（杨劲松等，2002）。与基于 FFT 的海浪参数反演相比，由于基于 Radon 变换海浪参数反演对 SAR 图像的质量与海浪的纹理特征要求更高，因此，本章选择使用基于 FFT 的海浪参数反演。目前，根据选择的初始海浪追踪点，获取 SAR 图像覆盖区域对应所有的海浪数据集可以通过射线追踪方法与基于网格方法实现（Monteiro，2013；Bian et al.，2016）。

然而，由于 SAR 图像自身的成像特点，基于上述海浪参数反演结果易受斑点噪声以及其他海洋现象或非海浪特征的影响，进而使得初始探测的海浪数据集可能出现异常值。因此，针对海浪参数反演结果易受斑点噪声以及其他海洋现象或非海浪特征的影响问题，基于离散卷积的运算方法优化海浪追踪数据集可以实现既保持浅海水深变化的局部趋势同时又滤掉异常值。离散卷积是两个离散序列 x 和 y 之间按照一定的规则将它们的有关序列值分别两两相乘再相加的一种特殊的运算，具体可以用如下公式表示：

$$z_i = \sum_{j=0}^{n_z-1} x_{i-j} y_j \tag{6-9}$$

式（6-9）中，z_i 为经过卷积运算以后所得到的一个新的序列，其坐标索引值 i 是一个非负整数，范围为 0 到 n_z-1，$n_z=\max(n_x,n_y)$，本章中，n_x 表示预定义的移动数组序列 x 数据元素的个数，n_y 表示输入海浪数据集序列 y 数据元素的个数。由于 FFT 将卷积映射为乘法，对应 z 的 FFT 可以表示为

$$\hat{z}(n)=\hat{x}(n)\hat{y}(n) \tag{6-10}$$

对应如下公式成立：

$$\hat{z}(n) = \sum_{m=0}^{n_z-1} z_m \mathrm{e}^{-2\pi \mathrm{i} mn/n_z} \tag{6-11}$$

6.3.2　单时相 SAR 浅海水下地形探测方法

6.3.2.1　浅海水深计算方法

当海浪由深水海区传至浅水海区或者近岸海域后，由于浅海区水深、地形的变化，海浪的波长与传播方向都会产生一系列的变化，出现波浪的折射、绕射和破碎而形成近岸波浪（Jackson and Apel，2004）。基于经典海浪传播理论，利用海浪波数 k 与海浪波长 L 之间的关系 $k=2\pi/L$，有限深水域的海面重力波弥散关系可以推导出海水深度 d，表示为（Bian et al.，2016）：

$$d=\frac{L}{4\pi}\ln\left(\frac{2\pi g+\omega^2 L}{2\pi g-\omega^2 L}\right) \tag{6-12}$$

式中，g 为重力加速度；$\omega=2\pi/T$；T 为海浪峰值周期。海浪峰值角频率计算需要输入初

始水深，可以通过查询水深、海浪资料或者估计初始水深解决。

基于海浪传播理论，利用海浪数据集反演浅海水深间接实现浅海水下地形探测。在近岸浅水变形和强海流影响时，需要考虑线性弥散关系的适用性。

6.3.2.2 浅海水深探测流程

在实际浅海水下地形探测应用中，浅海海水深度探测流程主要可以分为以下六个步骤，如图 6-4 所示。

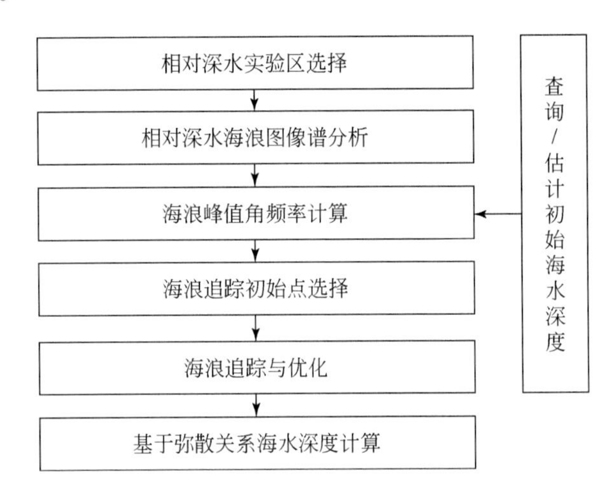

图 6-4 浅海水深探测流程图

1. 相对深水实验区选择

预处理并分析已经获取的 SAR 图像，判断 SAR 图像上是否具有海浪条纹与海浪浅水效应与折射等特征，如果具有较明显的浅海海浪特征，即可用于海水深度计算。

2. 相对深水海浪图像谱分析

从深水实验区不同区域采样选取子图，通过 FFT，利用式（6-7）计算出相对深水实验区的海浪主波波长。在分析海浪波长时，尽量选择海水深度等深处的子图，而在海浪传播方向分析时，尽量选择不同海水深度处的子图。

3. 海浪峰值角频率计算

根据计算得到深水海域海浪的主波波长，通过深水区的海浪弥散关系式（6-3）计算得到海浪峰值角频率，也可以计算出海浪传播周期。海浪峰值角频率也可以通过输入初始海水深度利用式（6-2）计算。初始海水深度可以通过查询海水深度资料或者估计初始深度解决。

4. 海浪追踪初始点选择

根据实验区的大小与海水深度覆盖尺度需求，选择海浪追踪初始点。

5. 海浪追踪与优化

从海浪追踪初始点开始，截取合适子图并做 FFT，计算海浪主波波长与传播方向，按一定的规则（如沿着海浪传播方向，按照波长的整数倍或者按照固定网格大小）移动截取子图做 FFT，直至截取子图接近海岸线或者海浪已经破碎时开始下一海浪射线追踪；然后计算得到研究区域的海浪主波波长与空间分布；最后根据海浪空间分布特征，选择海浪传播方向在水平与垂直分量中较大分量为参考，依次沿较大分量对应方向利用式（6-9）优化计算得到的一组海浪数据集，直至所有海浪数据集优化完成。

6. 基于弥散关系海水深度计算

根据浅水区的海浪弥散关系，由式（6-12）直接计算得到研究区域的浅海海水深度。如果获取多点的海水深度或者海浪传播周期，可以不断修正计算结果，进一步提高探测精度。

6.3.3　基于卡尔曼滤波的多时相SAR浅海水下地形探测方法

6.3.3.1　卡尔曼滤波方法

卡尔曼滤波方法的基本思想是利用前一时刻的状态估计值和当前时刻的观测值来获得动态系统当前时刻状态变量的最优估计，其状态空间模型的量测方程可以表示为（Kalman，1960；Sallas and Harville，1981）

$$y_k = \boldsymbol{Z}_k \boldsymbol{b}_k + e_k \quad k=1,2,\cdots \tag{6-13}$$

式中，$\boldsymbol{Z}_k$ 为一个已知矩阵；$\boldsymbol{b}_k$ 为状态矢量，随伴随状态方程改变。状态方程可以表示为

$$\boldsymbol{b}_{k+1} = \boldsymbol{T}_{k+1} \boldsymbol{b}_k + w_{k+1} \quad k=1,2,\cdots \tag{6-14}$$

式中，$\boldsymbol{T}_{k+1}$ 为状态转移矩阵，其数据元素可随时间变化，也可以是一固定值；e_k 和 w_k 分别为测量和过程的噪声，假设其分别符合均值为0，协方差矩阵分别为 $\boldsymbol{R}_k$ 与 $\boldsymbol{Q}_k$ 的多元正态分布，并且互相独立（Sallas and Harville，1981；Version，2009）。在实际使用过程中，矩阵 $\boldsymbol{Z}_k$、$\boldsymbol{T}_{k+1}$、$\boldsymbol{R}_k$ 与 $\boldsymbol{Q}_k$ 可以伴随着时间间隔或实测值的变化而变化，本研究中假设它们为常量。

卡尔曼滤波方法通过自身不断迭代计算新的测量矢量，每次仅使用上一迭代周期数值，对于每个时间点的计算主要包括四个步骤：卡尔曼增益计算、状态估计更新、协方差更新和下一时刻状态的预测。

（1）卡尔曼增益计算。从初始的预测状态估计，以及从已有信息中获得的相关协方差开始，根据测量过程噪声的协方差矩阵 $\boldsymbol{R}_k$ 计算卡尔曼增益 g_k：

$$g_k = p_{k-1} / (p_{k-1} + \boldsymbol{R}_k) \tag{6-15}$$

式中，p_k 为估计误差协方差。

（2）状态估计更新。根据之前时刻的估计值 $\hat{x}_{k-1}$，当前状态的观测值 y_k 与当前状态的卡尔曼增益 g_k 计算当前状态的估计值 $\hat{x}_k$，其计算公式如下：

$$\hat{x}_k = \hat{x}_{k-1} + g_k (y_k - \hat{x}_{k-1}) \tag{6-16}$$

（3）协方差更新。估计误差协方差p_k利用如下表达式进行更新：

$$p_k = (1 - g_k) p_{k-1} \tag{6-17}$$

（4）下一时刻状态的预测。利用如下预测方程计算更新的状态估计值 $\hat{x}_k$与对应下一时刻的协方差 p_k：

$$\hat{x}_k = \boldsymbol{T}_k \hat{x}_{k-1} \tag{6-18}$$

$$p_k = \boldsymbol{T}_k p_{k-1} + \boldsymbol{Q}_k \tag{6-19}$$

6.3.3.2 基于卡尔曼滤波的多时相 SAR 浅海水下地形探测模型

由于海洋环境复杂瞬息万变，同一区域不同时刻的合成孔径雷达图像呈现的水下地形信息存在差异，即使是同一颗雷达卫星在不同时刻探测到的浅海水下地形也不完全相同。因此，直接利用单时相 SAR 浅海水下地形探测结果不一定能完全反映探测区域内水下地形信息。此外，浅海水深的计算精度还受到非线性合成孔径雷达成像、斑点和噪声、海浪谱分析等因素的影响。因此，在水下地形基本保持不变的情况下，介绍一种利用短重访时间获取的多时相 SAR 图像进行浅海水下地形探测的方法。

基于卡尔曼滤波的多时相 SAR 浅海水下地形探测模型建立在单景 SAR 图像浅海水深反演方法的基础上，利用每景 SAR 图像对应区域水深反演结果进行融合，解决局部浅海水深估算误差较大影响整体水深反演精度问题，充分利用多时相水深信息。海洋环境复杂瞬息万变，直接基于 SAR 图像特征融合无法提高浅海水下地形探测精度，相反引入的更多来自不同海浪系统与不同尺度的海浪反而会降低基于海浪特征的浅海水下地形探测精度。用于多时相 SAR 图像浅海水深反演初始输入对应的单景结果可以通过二维数组 $\boldsymbol{d}^k$ 来表示，便于理解前面 6.3.2.2 节中海浪按行或按列追踪与优化。

$$\boldsymbol{d}^k = \begin{bmatrix} d_{0,0,k-1} & d_{1,0,k-1} & \cdots & d_{i-1,0,k-1} \\ d_{0,1,k-1} & d_{1,1,k-1} & \cdots & d_{i-1,1,k-1} \\ \cdots & \cdots & \cdots & \cdots \\ d_{0,j-1,k-1} & d_{1,j-1,k-1} & \cdots & d_{i-1,j-1,k-1} \end{bmatrix} \tag{6-20}$$

式中，下标 i 与 j 分别为水深反演结果对应的列数与行数对应的索引；k 为第 k 景用于浅海水下地形探测的 SAR 图像，不大于用于探测 SAR 图像的总景数 n（一般取 $n>2$）。

初始输入水深表达式中第 i、j 个元素表示一个 FFT 窗口对应的水深。本章介绍的利用卡尔曼滤波方法不是对整个数组进行融合处理，而是针对由每个 FFT 窗口组成一组水深 $\boldsymbol{d}_{i,j}^k$ 进行融合处理，具体可以表示为

$$\boldsymbol{d}_{i,j}^k = [\, d_{i,j}^0 \quad d_{i,j}^1 \quad \cdots \quad d_{i,j}^{k-1} \quad \cdots \quad d_{i,j}^{n-1} \,] \tag{6-21}$$

由于每景 SAR 图像中所呈现出的海浪特征各异，即间接反映出的水下地形信息也不尽相同。此外，根据卡尔曼滤波方法自身的特点，预测的结果仅使用上一迭代周期数值。因此，最终水深探测结果随初始水深数组 $\boldsymbol{d}_{i,j}^k$ 数据元素组织顺序不同而变化。如果直接按照时间序列组织用于水深计算的数组 $\boldsymbol{d}_{i,j}^k$，由于最后一迭代周期数据元素 $\boldsymbol{d}_{i,j}^{n-1}$ 存在相对较大误差，基于卡尔曼滤波方法将无法有效提高水下地形探测精度。

针对初始水深数组 $\boldsymbol{d}_{i,j}^k$ 数据元素组织顺序问题介绍一种利用所有单景 SAR 水深探测结果 $\boldsymbol{d}^k$ 组织用于多时相 SAR 探测水下地形初始水深顺序方法。该方法不依赖外部信息，具体如下：

（1）每组初始水深的平均水深计算。根据初始水深数组 $\boldsymbol{d}_{i,j}^{k}$ 计算每组初始水深的平均水深 $\bar{d}_{i,j}=\frac{1}{n}\sum_{k=0}^{n-1}d_{i,j}^{k}$。

（2）每景 SAR 图像对应水深的标准差计算。每景 SAR 图像对应的水深的标准差 std_k 可以表示为

$$\mathrm{std}_k=\sum_{i=0}^{M-1}\sum_{j=0}^{N-1}\mathrm{stdev}(d_{i,j}^{k},\bar{d}_{i,j}) \tag{6-22}$$

式中，M 和 N 分别为初始输入水深数据元素的列数和行数；函数 $\mathrm{stdev}(d_{i,j}^{k},\bar{d}_{i,j})$ 为求第 k 景中第 i、j 个元素对应的标准差。

（3）用于卡尔曼滤波的水深数据组织顺序确定。通过将每景 SAR 图像对应的水深的标准差 std_k 按照从大到小的顺序进行排序，排序后 std_k 值对应的索引顺序即为用于卡尔曼滤波的水深数据组织顺序。然后将水深数据代入式（6-21）作为式（6-16）的观测值。

6.3.3.3　多时相 SAR 浅海水下地形探测流程

基于卡尔曼滤波的多时相 SAR 浅海水下地形探测流程是对单时相 SAR 浅海水下地形探测流程的扩展，建立在单时相 SAR 图像水深探测的基础上。由于该方法利用多景 SAR 图像进行探测，在海浪追踪与参数反演之前需要将不同时相 SAR 图像统一到同一空间位置，如果空间位置不一致，需要对 SAR 图像进行配准。

由于海洋环境的差异，不同时刻海表面的潮位高度不同，对应探测的实时水深各异。因此，如果能够获取 SAR 图像成像时刻前后的潮汐信息，首先需要进行潮汐校正，将海水深度校正到潮汐对应的基准面。一般情况下，实际水深 d_{r} 与海图标记水深 d_{map} 可以通过如下关系表示：

$$d_{\mathrm{r}}=d_{\mathrm{map}}+h_{\mathrm{r}}+d_{\mathrm{local}} \tag{6-23}$$

式中，h_r 为实际潮位高度；d_{local} 为当地平均海面与潮高基准面的差值。

然后，利用卡尔曼滤波方法对一组经过校正的海水深度进行滤波，包含更新和预测两个过程，循环上述步骤直至每一组水深均优化完成得到融合后的水深信息，具体探测流程如图 6-5 所示。

6.3.4　多时相 SAR 浅海水下地形探测实例

基于多时相哨兵一号 SAR 浅海水下地形探测实例选取福建省霞浦县福宁湾近海海域为研究区域，为降低时间的变化对水下地形探测结果的影响，选择成像时间较为接近的哨兵一号 SAR 数据［数据信息如表 6-1 所示，主要采用欧空局提供的 SNAP（sentinel application platform）软件对应获取的哨兵一号 SAR 数据进行预处理，主要包含辐射定标与几何校正］，图 6-6 为 4 景用于多时相 SAR 浅海水下地形探测的子图，均包含较为明显的海浪特征。

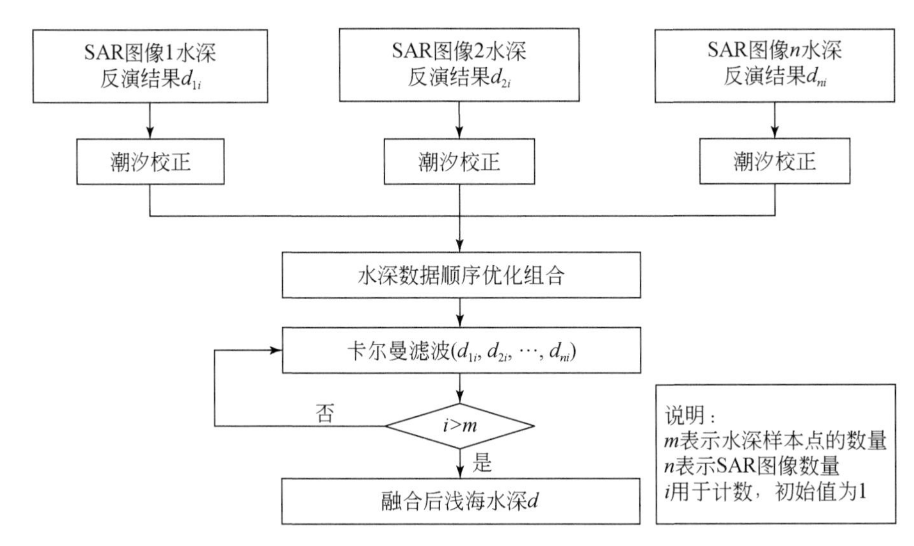

图 6-5 多时相 SAR 浅海水深探测流程

表 6-1 研究区域收集的 Sentinel-1A SAR 图像信息表

序号	采集时间（UTC）	极化方式	入射角/(°)	像元大小/m
1	2015 年 7 月 13 日 10:01	VV+VH	30.82～46.01	10
2	2015 年 7 月 25 日 10:01	VV+VH	30.85～46.26	10
3	2015 年 8 月 6 日 10:01	VV+VH	30.76～45.96	10
4	2015 年 9 月 11 日 10:01	VV+VH	30.84～46.26	10

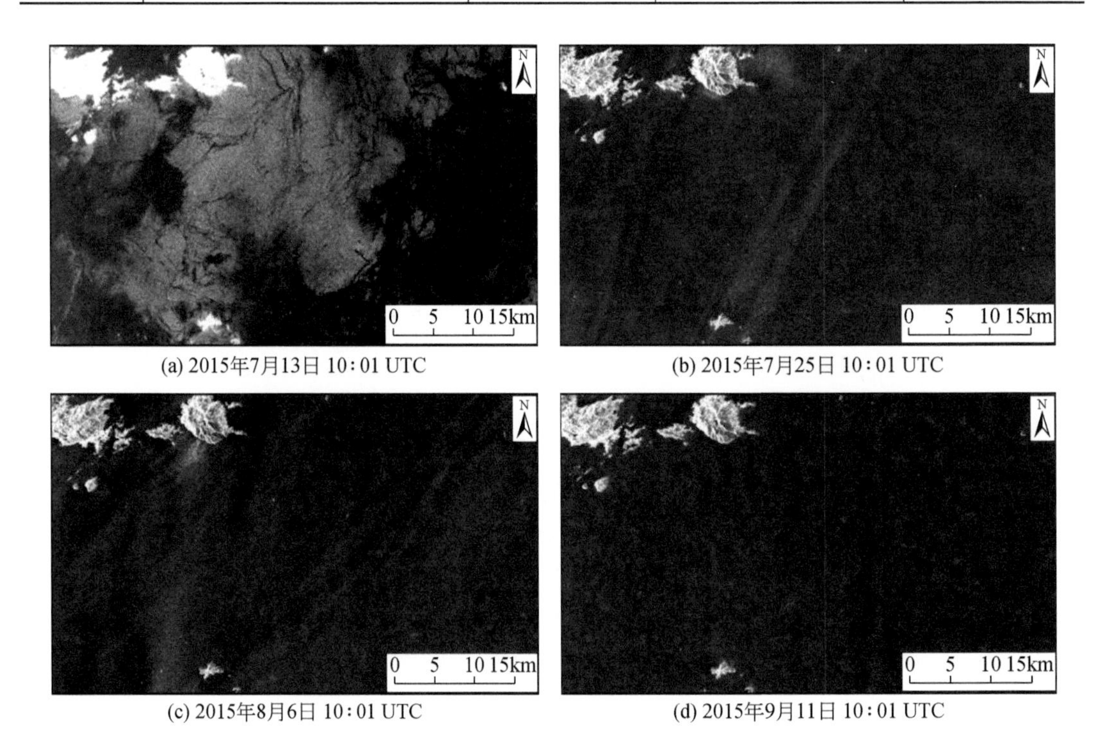

图 6-6 福宁湾近海海域哨兵一号 SAR 图像子图

图6-7为基于多时相哨兵一号SAR浅海水下地形探测的有效区域范围、潮位空间位置以及用于比较分析的海浪的空间分布。福建省宁德市霞浦县福宁湾潮位数据由国家海洋技术中心提供（表6-2），以平均海面为基准。考虑图6-6（a）中2015年7月13日SAR图像中除海浪特征外还包含部分成片较暗低风速区特征，无法用于浅海水下地形探测，因此，图6-7中红色虚线覆盖的区域为实际水下地形探测区域，另外3景图像也统一利用该区域作为实际探测区域。

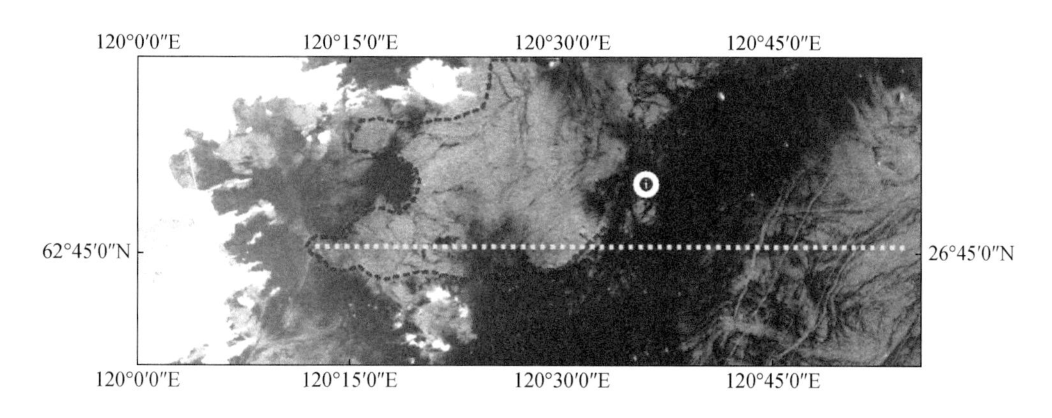

图6-7　研究区域水深探测有效区域、潮位与用于分析的海浪空间分布

红色虚线覆盖的区域为实际水下地形探测区域；黄色虚线表示用于海浪参数反演分析的空间分布

表6-2　福建福宁湾浅海海域潮位信息

编号	获取时间（UTC）	经度/(°)	纬度/(°)	潮位/m
1	2015年7月13日10:00	120.6	26.83	0.81
2	2015年7月25日10:00	120.6	26.83	0.79
3	2015年8月6日10:00	120.6	26.83	-0.59
4	2015年9月11日10:00	120.6	26.83	0.07

图6-8为2015年8月6日哨兵一号SAR图像基于固定网格法的海浪追踪示例结果。海浪矢量用带箭头的直线表示，直线长度与颜色表示海浪波长，箭头方向表示海浪的传播方向。每个1024×1024的FFT窗口对应一个海浪矢量，FFT窗口之间的间隔为512个像素。研究区域位于近岸海域，陆地与海岸线位于SAR图像左侧，海底地势较为平坦，海水深度浅于50m，水深与海浪波长比值小于0.5，属于浅水海浪，因此，根据海陆分布与水深分布情况，结合海浪传播理论，可以判断海浪从东向西传播，解决由于基于FFT计算得到的海浪传播方向存在180°模糊问题。海浪追踪结果总体自东南至西北呈现减小趋势，其传播方向也逐渐变化，呈现出浅水效应与折射特征，与对应的水深分布吻合较好，因此可以用于浅海水下地形探测，另外3景哨兵一号SAR图像海浪追踪结果也呈现相类似的浅水效应与折射特征。

图6-9为单时相哨兵一号SAR浅海水深探测结果。其中一个正方形表示一个512×512（5.12km×5.12km）的FFT窗口，基于固定网格法海浪追踪的移动窗口为32（320m）个像

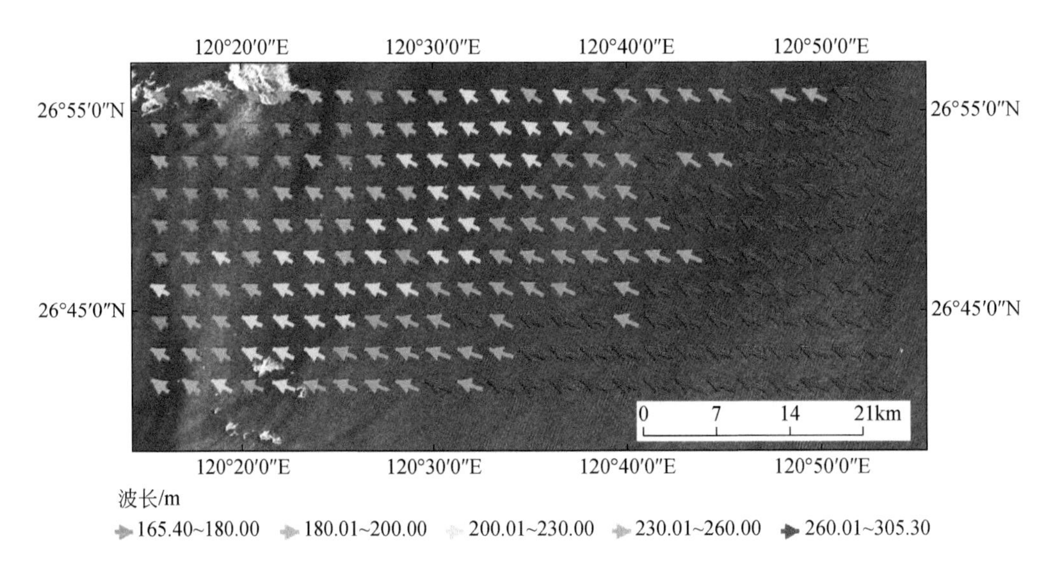

图 6-8 2015 年 8 月 6 日哨兵一号 SAR 图像海浪追踪结果

元。由于海表面存在不同尺度的海浪，在海浪参数反演过程中限制低频和高频波数，仅保留了中尺度（60～320m）的涌浪用于浅海水下地形探测。海浪主要沿东西向传播，因此按行优先的顺序追踪海浪并按行基于离散卷积优化海浪追踪结果。假设每景 SAR 图像包含的海浪均属统一海浪系统，利用由深水区域获得的海浪峰值角频率，对应海浪周期按照时间顺序分别为 14.3s、14.1s、15.2s 和 16.6s。然后根据浅水区的海浪弥散关系，利用海浪追踪获取主波波长 L，然后计算得到对应浅海海水深度。

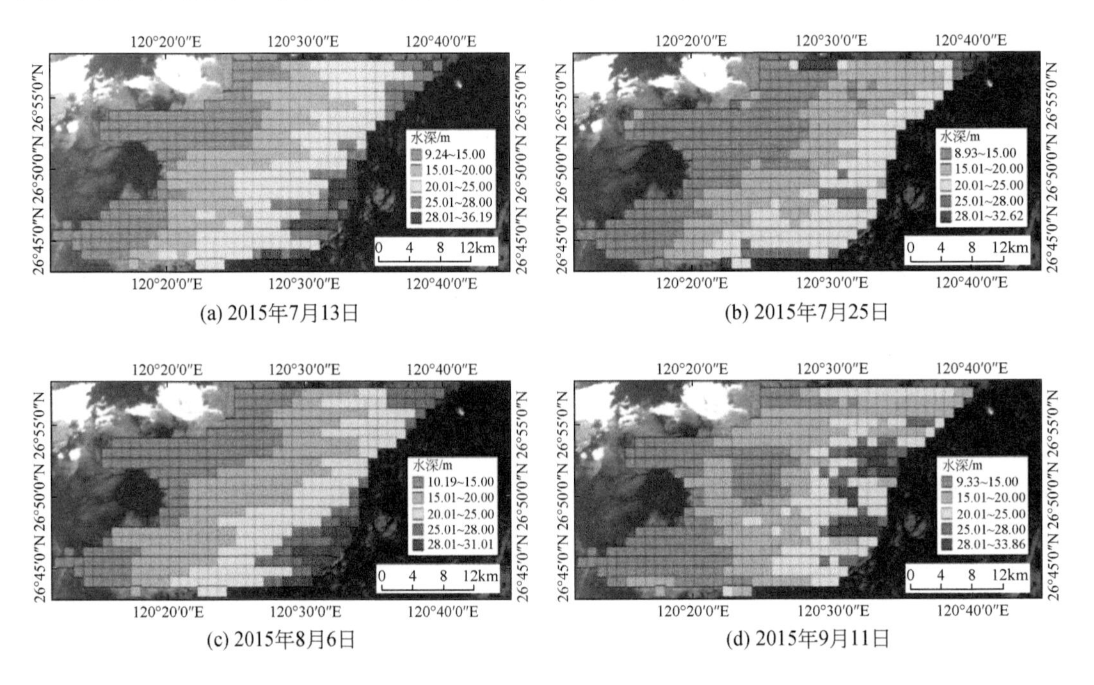

图 6-9 单时相哨兵一号 SAR 浅海水深探测结果

图6-10分别为2015年7月13日、7月25日、8月6日与9月11日连续重访周期的哨兵一号SAR图像浅海水深探测结果的融合结果与所有4景SAR图像的融合结果。根据3.3.2节基于卡尔曼滤波的多时相SAR浅海水下地形探测方法，用于融合水深组织顺序依次为9月11日、7月25日、7月13日和8月6日，对应图6-10（a）的组织顺序依次为7月25日、7月13日和8月6日。对比图6-9与图6-10，尽管其变化趋势基本一致，但又略有不同。以第一行水深为例，对应海图总体呈现水深变浅的趋势，9月11日、7月25日、7月13日对应的水深则出现异常值，尽管8月6日对应的趋势一致，但其水深值与电子海图水深相比，经过融合优化后的水深更接近海图水深，与实际海图对应水深吻合较

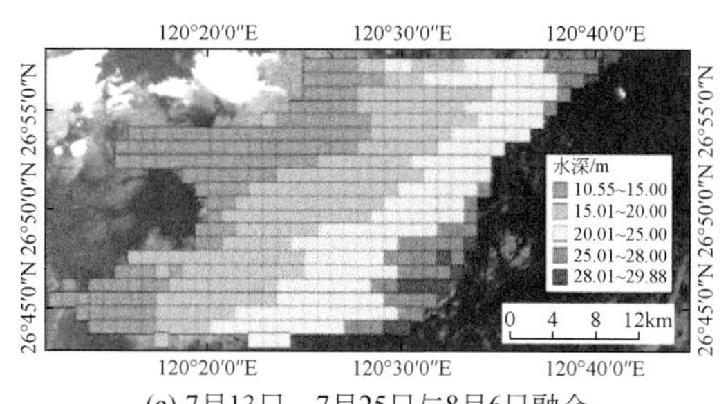

(a) 7月13日、7月25日与8月6日融合

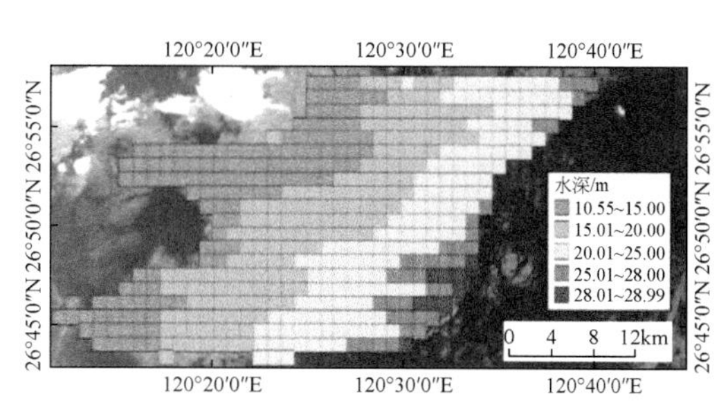

(b) 7月13日、7月25日、8月6日与9月11日融合

图6-10 多时相哨兵一号SAR浅海水深融合结果

好，其水深的变化与分布更为稳定与均匀。为了定量化分析基于多时相SAR浅海水下地形探测方法，本章利用1：100000对应的互联网电子海图水深数据（共计206个点位）结合潮位数据（表6-2），使用平均绝对误差与平均相对误差为指标比较分析与评价探测结果。其中平均绝对误差MAE与相对误差MRE分别表示为

$$
\begin{aligned}
\mathrm{MAE} &= \frac{1}{n}\sum_{i=1}^{n}\left| d^{i}_{\text{estimated}} - d^{i}_{\text{map}} \right| \\
\mathrm{MRE} &= \frac{1}{n}\sum_{i=1}^{n}\left| \frac{d^{i}_{\text{estimated}} - d^{i}_{\text{map}}}{d^{i}_{\text{map}}} \right| \times 100\%
\end{aligned}
\tag{6-24}
$$

式中，n为用于比较分析的海图水深的点位数；$d^{i}_{\text{estimated}}$为第i个点位对应估算的水深值；d^{i}_{map}为第i个点位对应海图水深值。如果在浅海水下探测之前能够获得水深数据，也可以根据平均绝对误差或者平均相对误差的大小顺序确定卡尔曼滤波输入水深数据的组织顺序。

表6-3为基于哨兵一号SAR图像单时相探测结果误差分析结果，其对应的海浪传播周期根据哨兵一号SAR数据的获取时间顺序依次分别为14.3s、14.1s，15.2s和16.6s。在福建省宁德市霞浦县福宁湾浅海海域（约938.05km^2），直接利用所获取的单时相SAR图像开展浅海水下地形探测最差（2015年9月11日），可以获得平均相对误差小于20%的探测精度，基于所介绍的离散卷积优化后的平均相对误差小于15%。如果SAR图像海浪特征比较明显（如2015年7月13日与8月6日），可以获得平均相对误差小于10%的探测精度，经过优化后可以获得平均相对误差约7%的探测精度。结果表明，基于离散卷积的海浪优化方法可以有效提高浅海水深的估算精度。

表 6-3 哨兵一号 SAR 数据单时相水深探测结果误差分析

	2015 年 7 月 13 日		2015 年 7 月 25 日		2015 年 8 月 6 日		2015 年 9 月 11 日	
	初始	卷积	初始	卷积	初始	卷积	初始	卷积
平均绝对误差/m	2.35	1.35	3.26	2.87	1.84	1.32	3.91	2.73
平均相对误差/%	12.04	7.09	16.71	14.75	9.59	6.95	19.72	13.72

为了进一步定量分析基于卡尔曼滤波的多时相 SAR 浅海水下地形探测方法的有效性，同样利用海图水深数据和潮位数据与浅海水深探测结果进行比较，并分别与取平均值法、基于时相顺序卡尔曼滤波方法与本章所介绍的卡尔曼滤波方法进行比较分析。所有分析基于浅海水下地形不变或者影响较小的假设开展，因此利用重返周期与时间间隔相对较短的哨兵一号 SAR 数据，尽量降低浅海水下地形变化对探测结果的影响。

表 6-4 为基于卡尔曼滤波的多时相哨兵一号 SAR 图像浅海水下地形探测结果误差分析结果。对比上述三种方法的结果，基于 3 景 SAR 图像还是基于 4 景 SAR 图像的探测结果进行数据融合时，本章所介绍的基于卡尔曼滤波的优化方法无论平均绝对误差还是平均相对误差均优于取平均值法和基于时相顺序卡尔曼滤波方法对应的平均绝对误差与平均相对误差。基于卡尔曼滤波的优化方法可以获得平均绝对误差小于 1.5m 与平均相对误差小于 7.5% 的探测精度，最优的情况下可以获得平均相对误差小于 6.3% 的浅海水下地形探测精度。根据多时相哨兵一号 SAR 图像浅海水下地形探测与分析结果，可以得出如下结论：

（1）本章所介绍的基于卡尔曼滤波的优化方法、取平均值法与基于时相顺序卡尔曼滤波方法均可以适当提升浅海水深估算的精度，随着参与融合的 SAR 图像景数的增加，其探测精度有所提升并趋于稳定，但受参与融合数据质量的影响（如 2015 年 7 月 25 日、8 月 6 日与 9 月 11 日融合结果，其中 7 月 25 日与 9 月 11 日的探测结果误差均相对较大），并非所有的融合结果均优于单时相 SAR 探测结果。

（2）根据卡尔曼滤波自身的特点，基于时间序列的卡尔曼滤波算法最符合实际情况，但其预测的探测结果主要受最后一观测状态结果影响，因此探测结果随机性变动较大，不稳定。取平均值法最简单，融合结果不受融合数据顺序的影响，但是其用于融合的水深数据的权重均一样大小，与实际情况又不相符合。

（3）本章所介绍的基于卡尔曼滤波的优化方法结合卡尔曼滤波与取平均值法的优点，当使用 3 景或 3 景以上 SAR 图像探测结果进行数据融合时，对应探测结果的误差变化相对比较稳定，优于取平均值法与基于时相顺序卡尔曼滤波方法。

（4）研究结果表明所介绍的基于卡尔曼滤波的多时相 SAR 浅海水下地形探测方法是有效的，可以进一步提高浅海水下地形的探测精度，由单时相对应最优的平均相对误差 7.0% 降低至多时相对应的 6.2%。研究结果进一步表明基于海浪传播理论的浅海水下地形探测方法具有一定探测精度，同时表明 C 波段哨兵一号 SAR 具有浅海水下地形探测能力，可以用于大范围浅海水下地形探测。

表 6-4　哨兵一号 SAR 数据多时相水深融合探测结果误差分析

	2015年7月13日、2015年7月25日、2015年8月6日			2015年7月25日、2015年8月6日、2015年9月11日			2015年7月13日、2015年7月25日、2015年8月6日、2015年9月11日		
	均值	顺序	优化	均值	顺序	优化	均值	顺序	优化
平均绝对误差/m	1.4	1.4	1.3	1.6	1.7	1.4	1.3	1.6	1.2
平均相对误差/%	7.2	7.2	6.6	8.0	8.6	7.4	6.7	8.3	6.2

6.4　极化 SAR 浅海水下地形探测

全极化合成孔径雷达获取的回波信号相对完整地描述了地物目标的电磁散射特性。极化目标分解理论为理解地物目标和提取目标参数信息丰富了遥感信息提取的手段，利用极化分解得到的参数信息与散射机制结合可以更好地辅助地物目标的解译。星载 SAR 一般工作在中等入射角（20°~70°）范围内，在中等风速海况条件下，海面散射机制以布拉格散射（面散射）为主。利用极化分解将目标的散射特征分解为若干个简单散射体的叠加，并通过简单的散射体响应及其贡献率来提取和解译海浪的物理特性。

6.4.1　极化目标分解

极化分解有助于利用极化散射矩阵揭示地物目标散射的物理机制，促进极化信息的充分利用，因此受到国内外专家学者的重视（Cloude and Pottier，1996）。极化 SAR 通过测量地面分辨单元内的回波信号，进而获取极化散射矩阵（也称为 Sinclair 矩阵）、Stokes 矩阵等。极化散射矩阵将地物目标散射的能量特性、相位特性以及极化特性统一起来，相对完整地描述了地物目标电磁散射特性。

根据地物目标散射特性的变化与否，极化分解方法主要可以分为两类：一类是基于电磁波矢量特性，对接收的目标散射矩阵的分解，要求目标的散射特征相对稳定，散射回波是相干的，称为相干目标分解；另外一类是基于功率，对接收的功率参数即协方差矩阵、相干矩阵、Muller 矩阵和 Stokes 矩阵等进行分解，此时目标可以是非确定的，回波是非相干的，称为非相干分解（Cloude and Pottier，1996；王超等，2008；Lee and Pottier，2009）。其中，相干分解方法独立计算每个像元，能够保持图像原有分辨率不变，主要包括 Pauli 分解、SDH 分解、Cameron 分解和 SSCM 分解（又称 Touzi 分解）等（Cameron and Leung，1990；Krogager，1990；Touzi and Charbonneau，2002）；非相干分解需要进行集合平均运算，这个过程会损失一些信息，主要包括 Huynen 分解、Freeman-Durden 分解、Yamaguchi 分解和 Cloude-Pottier 分解等（Huynen，1970；Cloude，1985；Cloude and Pottier，1996，1997；Freeman and Durden，1998；Yamaguchi et al.，2005，2011）。

6.4.1.1 目标散射的极化描述

完全极化波可以用极化椭圆或 Jones 矢量表示，部分极化波则可以用 Stokes 矢量或 Poincaré 球表征（Lee and Pottier，2009）。

1. 极化散射矩阵

极化散射矩阵（也称为 Sinclair 矩阵），反映入射电磁波电场矢量与散射回波电场矢量之间的关系。如果散射体被一平面波照射，入射波表示为 $\boldsymbol{E}^{\mathrm{r}}$，在远场情况下，散射波 $\boldsymbol{E}^{\mathrm{t}}$ 也可视为一平面波，整个散射过程可看成一个线性转换过程，用极化散射矩阵［$\boldsymbol{S}$］来描述：

$$\boldsymbol{E}^{\mathrm{r}}=[\boldsymbol{S}]\boldsymbol{E}^{\mathrm{t}}=\frac{\mathrm{e}^{ik_0r}}{r}\begin{bmatrix}\boldsymbol{S}_{\mathrm{HH}} & \boldsymbol{S}_{\mathrm{HV}}\\ \boldsymbol{S}_{\mathrm{VH}} & \boldsymbol{S}_{\mathrm{VV}}\end{bmatrix}\begin{bmatrix}\boldsymbol{E}_{\mathrm{H}}^{\mathrm{t}}\\ \boldsymbol{E}_{\mathrm{V}}^{\mathrm{t}}\end{bmatrix} \tag{6-25}$$

式中，r 为天线与散射目标之间的距离；k_0 为电磁波的波数。散射矩阵［$\boldsymbol{S}$］是一个复的 2×2 矩阵，它包含了散射体的信息。$\boldsymbol{S}_{\mathrm{HH}}$ 和 $\boldsymbol{S}_{\mathrm{VV}}$ 称为同极化分量，$\boldsymbol{S}_{\mathrm{HV}}$ 和 $\boldsymbol{S}_{\mathrm{VH}}$ 称为交叉极化分量。根据单基系统以及天线互易定理，交叉极化分量是相等的，即 $\boldsymbol{S}_{\mathrm{HV}}=\boldsymbol{S}_{\mathrm{VH}}$。

散射矩阵是极化 SAR 的基本记录单元。HH、HV、VH 和 VV 四个极化通道分别记录经过定标处理和数据压缩后的单视复数据。由于极化散射矩阵描述的是一种完全极化过程，无法描述部分极化过程，因此，在分析部分极化与地物的相互作用时，需要引入 Stokes 矩阵。

2. Stokes 矩阵

Stokes 矩阵又称为 Kennaugh 矩阵，在前向散射中又称为 Muller 矩阵（Ulaby and Elachi，1990；Guissard，1994），用 Stokes 矢量法分析部分极化波与地物间相互作用，既可以描述全极化波，也可以描述部分极化波。散射波的 Stokes 矢量 $\boldsymbol{g}^{\mathrm{s}}$ 可以表示为

$$\boldsymbol{g}^{\mathrm{s}}=\frac{1}{r^2}[\boldsymbol{k}]\boldsymbol{g}^{\mathrm{t}}=\frac{1}{\boldsymbol{r}^2}[\boldsymbol{R}][\boldsymbol{W}][\boldsymbol{R}]^{-1}\boldsymbol{g}^{\mathrm{t}} \tag{6-26}$$

式中，$\boldsymbol{g}^{\mathrm{t}}$ 为入射波的矢量；$[\boldsymbol{R}]^{-1}$ 为矩阵［$\boldsymbol{R}$］的逆矩阵，矩阵［$\boldsymbol{R}$］和矩阵［$\boldsymbol{W}$］分别表示如下：

$$[\boldsymbol{R}]=\begin{bmatrix}1 & 1 & 0 & 0\\ 1 & -1 & 0 & 0\\ 0 & 0 & 1 & 1\\ 0 & 0 & -i & i\end{bmatrix} \tag{6-27}$$

$$[\boldsymbol{W}]=\begin{bmatrix}\boldsymbol{S}_{\mathrm{VV}}^{*}\boldsymbol{S}_{\mathrm{VV}} & \boldsymbol{S}_{\mathrm{VH}}^{*}\boldsymbol{S}_{\mathrm{VH}} & \boldsymbol{S}_{\mathrm{VH}}^{*}\boldsymbol{S}_{\mathrm{VV}} & \boldsymbol{S}_{\mathrm{VV}}^{*}\boldsymbol{S}_{\mathrm{VH}}\\ \boldsymbol{S}_{\mathrm{HV}}^{*}\boldsymbol{S}_{\mathrm{HV}} & \boldsymbol{S}_{\mathrm{HH}}^{*}\boldsymbol{S}_{\mathrm{HH}} & \boldsymbol{S}_{\mathrm{HH}}^{*}\boldsymbol{S}_{\mathrm{HV}} & \boldsymbol{S}_{\mathrm{HV}}^{*}\boldsymbol{S}_{\mathrm{HH}}\\ \boldsymbol{S}_{\mathrm{HH}}^{*}\boldsymbol{S}_{\mathrm{VV}} & \boldsymbol{S}_{\mathrm{HV}}^{*}\boldsymbol{S}_{\mathrm{VH}} & \boldsymbol{S}_{\mathrm{HH}}^{*}\boldsymbol{S}_{\mathrm{VV}} & \boldsymbol{S}_{\mathrm{HV}}^{*}\boldsymbol{S}_{\mathrm{VH}}\\ \boldsymbol{S}_{\mathrm{VV}}^{*}\boldsymbol{S}_{\mathrm{HV}} & \boldsymbol{S}_{\mathrm{VH}}^{*}\boldsymbol{S}_{\mathrm{HH}} & \boldsymbol{S}_{\mathrm{VH}}^{*}\boldsymbol{S}_{\mathrm{HV}} & \boldsymbol{S}_{\mathrm{VV}}^{*}\boldsymbol{S}_{\mathrm{HH}}\end{bmatrix} \tag{6-28}$$

3. 极化协方差矩阵与极化相干矩阵

对于 SAR 而言，在单个像元内所记录的信息包含着多个具有一定空间分布的散射中

心，多个散射中心的 $[\boldsymbol{S}]_i$ 矩阵的相干叠加成一个分辨单元的散射测量值 $[S]$。在实际的遥感应用中，纯粹的确定性散射体的假设是不成立的。为了统计散射效应和局部散射体，引入极化协方差矩阵 $[\boldsymbol{C}]$ 和极化相干矩阵 $[\boldsymbol{T}]$。

在单站后向散射体制下，因为互易性有 $\boldsymbol{S}_{\mathrm{HV}}=\boldsymbol{S}_{\mathrm{VH}}$，可以将四维协方差矩阵 $[\boldsymbol{C}]_{4\times4}$ 和四维极化相干矩阵 $[\boldsymbol{T}]_{4\times4}$ 简化为三维协方差矩阵 $[\boldsymbol{C}]_{3\times3}$：

$$
\begin{aligned}
[\boldsymbol{C}]_{3\times3} &= \langle k_{3\mathrm{L}} \cdot k_{3\mathrm{L}}^{*\,\mathrm{T}} \rangle \\
&= \begin{bmatrix} \langle |\boldsymbol{S}_{\mathrm{HH}}|^2 \rangle & \sqrt{2}\langle \boldsymbol{S}_{\mathrm{HH}}\boldsymbol{S}_{\mathrm{HV}}^* \rangle & \langle \boldsymbol{S}_{\mathrm{HH}}\boldsymbol{S}_{\mathrm{VV}}^* \rangle \\ \sqrt{2}\langle \boldsymbol{S}_{\mathrm{HV}}\boldsymbol{S}_{\mathrm{HH}}^* \rangle & 2\langle |\boldsymbol{S}_{\mathrm{HV}}|^2 \rangle & \sqrt{2}\langle \boldsymbol{S}_{\mathrm{HV}}\boldsymbol{S}_{\mathrm{VV}}^* \rangle \\ \langle \boldsymbol{S}_{\mathrm{VV}}\boldsymbol{S}_{\mathrm{HH}}^* \rangle & \sqrt{2}\langle \boldsymbol{S}_{\mathrm{VV}}\boldsymbol{S}_{\mathrm{HV}}^* \rangle & \langle |\boldsymbol{S}_{\mathrm{VV}}|^2 \rangle \end{bmatrix}
\end{aligned} \tag{6-29}
$$

和三维相干矩阵 $[\boldsymbol{T}]_{3\times3}$：

$$
\begin{aligned}
[\boldsymbol{T}]_{3\times3} &= \langle \boldsymbol{k}_{3\mathrm{P}} \cdot \boldsymbol{k}_{3\mathrm{P}}^{*\,\mathrm{T}} \rangle \\
&= \frac{1}{2}\begin{bmatrix} \langle |\boldsymbol{S}_{\mathrm{HH}}+\boldsymbol{S}_{\mathrm{VV}}|^2 \rangle & \langle (\boldsymbol{S}_{\mathrm{HH}}+\boldsymbol{S}_{\mathrm{VV}})(\boldsymbol{S}_{\mathrm{HH}}-\boldsymbol{S}_{\mathrm{VV}})^* \rangle & 2\langle (\boldsymbol{S}_{\mathrm{HH}}+\boldsymbol{S}_{\mathrm{VV}})\boldsymbol{S}_{\mathrm{HV}}^* \rangle \\ \langle (\boldsymbol{S}_{\mathrm{HH}}-\boldsymbol{S}_{\mathrm{VV}})(\boldsymbol{S}_{\mathrm{HH}}+\boldsymbol{S}_{\mathrm{VV}})^* \rangle & \langle |\boldsymbol{S}_{\mathrm{HH}}-\boldsymbol{S}_{\mathrm{VV}}|^2 \rangle & 2\langle (\boldsymbol{S}_{\mathrm{HH}}-\boldsymbol{S}_{\mathrm{VV}})\boldsymbol{S}_{\mathrm{HV}}^* \rangle \\ 2\langle \boldsymbol{S}_{\mathrm{HV}}(\boldsymbol{S}_{\mathrm{HH}}+\boldsymbol{S}_{\mathrm{VV}})^* \rangle & 2\langle \boldsymbol{S}_{\mathrm{HV}}(\boldsymbol{S}_{\mathrm{HH}}-\boldsymbol{S}_{\mathrm{VV}})^* \rangle & 4\langle |\boldsymbol{S}_{\mathrm{HV}}^*|^2 \rangle \end{bmatrix}
\end{aligned} \tag{6-30}
$$

式中，$\langle \cdot \rangle$ 为假设随机散射介质各向同性下时间或空间统计平均；上标 $*$ 和 T 分别为复共轭和矩阵转置；$\boldsymbol{k}_{3\mathrm{L}}=[\boldsymbol{S}_{\mathrm{HH}} \quad \sqrt{2}\boldsymbol{S}_{\mathrm{HV}} \quad \boldsymbol{S}_{\mathrm{VV}}]^{\mathrm{T}}$ 为基于 Lexicographic 基 $\boldsymbol{\Psi}_{\mathrm{L}}$ 得到的散射矢量：

$$
\boldsymbol{\Psi}_{\mathrm{L}} = \left\{ 2\begin{bmatrix} 1 & 0 \\ 0 & 0 \end{bmatrix}, 2\sqrt{2}\begin{bmatrix} 0 & 1 \\ 0 & 0 \end{bmatrix}, 2\begin{bmatrix} 0 & 0 \\ 0 & 1 \end{bmatrix} \right\} \tag{6-31}
$$

$\boldsymbol{k}_{3\mathrm{P}}=\dfrac{1}{\sqrt{2}}[\boldsymbol{S}_{\mathrm{HH}}+\boldsymbol{S}_{\mathrm{VV}} \quad \boldsymbol{S}_{\mathrm{HH}}-\boldsymbol{S}_{\mathrm{VV}} \quad 2\boldsymbol{S}_{\mathrm{HV}}]^{\mathrm{T}}$ 为基于 Pauli 基 $\boldsymbol{\Psi}_{\mathrm{P}}$ 得到的散射矢量：

$$
\boldsymbol{\Psi}_{P} = \left\{ 2\begin{bmatrix} 1 & 0 \\ 0 & 0 \end{bmatrix}, 2\sqrt{2}\begin{bmatrix} 0 & 1 \\ 0 & 0 \end{bmatrix}, 2\begin{bmatrix} 0 & 0 \\ 0 & 1 \end{bmatrix} \right\} \tag{6-32}
$$

在假设随机介质各向同性的情况下，$[\boldsymbol{T}]_{3\times3}$ 包含了散射矩阵中所有元素之间的偏差和相干信息，矩阵对角线的三项分量分别表示了面散射、二次散射和多次散射三种分量的能量，非对角元素表示了它们两两之间的协方差（王超等，2008；Lee and Pottier，2009；徐茂松等，2012）。

6.4.1.2　极化目标分解

自然界中绝大多数地物可以用三种散射机制进行抽象：粗糙面散射、二面角散射和非均匀层状体散射。如水面、裸土等以面散射为主，城市中建筑物与地面、船舶与水面之间构成的二面角以二面角散射为主，各种植被，如森林、灌木丛、农作物，以及干雪、干燥粗糙的沙地等以体散射为主。由于相干分解要求目标的散射特征是确定的或稳态的，散射回波是相干的，现实世界中极少存在相干散射目标，多为分布式目标，尤其对于运动的海面。因此，结合本章的研究内容，本小节主要介绍非相干极化分解中的 Freeman-Durden

分解。

Freeman 和 Durden 以理想散射体的散射特征为基础，为极化协方差/相干矩阵建立了三种散射机制的模型：①表面散射或单次散射，其模型是一阶布拉格表面散射；②二次散射，其模型是一个二面角反射器；③体散射，把非均匀层状模型表述为一组方向随机的偶极子散射体集合，如图 6-11 所示（Freeman and Durden，1998；王超等，2008；Lee and Pottier，2009）。

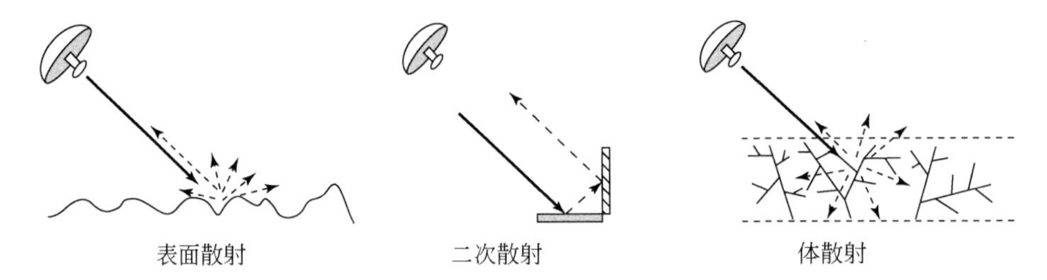

图 6-11　Freeman-Durden 分解三种散射机制模型（改自 Freeman and Durden，1998）

地表的面散射模型可以基于布拉格微粗糙度表面模型构建，即该表面回波仅在 H 和 V 同极化通道上有极化响应，没有交叉极化响应。其模型中的散射矩阵 $\boldsymbol{S}_{\text{surface}}$ 表示为

$$\boldsymbol{S}_{\text{surface}}=\begin{bmatrix} R_{\text{H}} & 0 \\ 0 & R_{\text{V}} \end{bmatrix} \tag{6-33}$$

式中，水平极化 R_{H} 与垂直极化 R_{V} 散射系数的参数如下：

$$R_{\text{H}}=\frac{\cos\theta-(\varepsilon_{\text{r}}-\sin^2\theta)^{1/2}}{\cos\theta+(\varepsilon_{\text{r}}-\sin^2\theta)^{1/2}} \tag{6-34}$$

$$R_{\text{V}}=\frac{(\varepsilon_{\text{r}}-1)[\sin^2\theta-\varepsilon_{\text{r}}(1+\sin^2\theta)]}{[\varepsilon_{\text{r}}\cos\theta+(\varepsilon_{\text{r}}-\sin^2\theta)^{1/2}]^2} \tag{6-35}$$

表面散射对应的协方差矩阵 $\boldsymbol{C}_{\text{surface}}$ 表示为

$$\boldsymbol{C}_{\text{surface}}=\begin{bmatrix} R_{\text{H}}R_{\text{H}}^* & 0 & R_{\text{H}}R_{\text{V}}^* \\ 0 & 0 & 0 \\ R_{\text{V}}R_{\text{H}}^* & 0 & R_{\text{V}}R_{\text{V}}^* \end{bmatrix}=R_{\text{V}}R_{\text{V}}^*\begin{bmatrix} |\beta|^2 & 0 & \beta \\ 0 & 0 & 0 \\ \beta^* & 0 & 1 \end{bmatrix}=f_{\text{s}}\begin{bmatrix} |\beta|^2 & 0 & \beta \\ 0 & 0 & 0 \\ \beta^* & 0 & 1 \end{bmatrix} \tag{6-36}$$

式中，$\beta=\dfrac{R_{\text{H}}}{R_{\text{V}}}$；$f_{\text{s}}=|R_{\text{V}}|^2$。

对于二面角的回波模型，其散射矩阵 $\boldsymbol{S}_{\text{dihedral}}$ 可以表示为

$$\boldsymbol{S}_{\text{dihedral}}=\begin{bmatrix} R_{g\text{H}}R_{t\text{H}} & 0 \\ 0 & -R_{g\text{V}}R_{t\text{V}} \end{bmatrix}=\begin{bmatrix} \mathrm{e}^{2\mathrm{j}\gamma_{\text{H}}}R_{g\text{H}}R_{t\text{H}} & 0 \\ 0 & \mathrm{e}^{2\mathrm{j}\gamma_{\text{V}}}R_{g\text{V}}R_{t\text{V}} \end{bmatrix} \tag{6-37}$$

式中，$\mathrm{e}^{2\mathrm{j}\gamma_{\text{H}}}$与$\mathrm{e}^{2\mathrm{j}\gamma_{\text{V}}}$为传播因子；复系数$\gamma_{\text{H}}$和$\gamma_{\text{V}}$分别为电磁波传播过程中各种衰减和相位变化的影响；$t$ 与 g 分别为垂直于水平树干表面与地面之间的反射系数。由散射矩阵可以推得对应协方差矩阵为

$$C_{\text{dihedral}}=\begin{bmatrix} |R_{gH}R_{tH}|^2 & 0 & e^{2j(\gamma_H-\gamma_V)}R_{gH}R_{tH}R_{gV}^*R_{tV}^* \\ 0 & 0 & 0 \\ e^{2j(\gamma_V-\gamma_H)}R_{gV}R_{gV}R_{tH}^*R_{tH}^* & 0 & |R_{gV}R_{tV}|^2 \end{bmatrix}=f_d\begin{bmatrix} |\alpha|^2 & 0 & \alpha \\ 0 & 0 & 0 \\ \alpha^* & 0 & 1 \end{bmatrix} \tag{6-38}$$

式中，$\alpha=e^{2j(\gamma_H-\gamma_V)}\dfrac{R_{gH}R_{tH}}{R_{gV}R_{tV}}$；$f_d=|R_{gV}R_{tV}|^2$。

体散射为一组方向随机的偶极子集合，水平方位的单个偶极子散射矩阵 $\boldsymbol{S}_{\text{volume}}$ 为正交线性极化基的形式为

$$\boldsymbol{S}_{\text{volume}}=\begin{bmatrix} a & 0 \\ 0 & b \end{bmatrix} \tag{6-39}$$

式中，a 与 b 为复散射系数。

当水平取向的偶极子围绕雷达视线方向旋转角度 θ 时，散射矩阵 $\boldsymbol{S}_{\text{volume}}(\theta)$：

$$\begin{aligned}\boldsymbol{S}_{\text{volume}}(\theta)&=\begin{bmatrix} \cos\theta & -\sin\theta \\ \sin\theta & \cos\theta \end{bmatrix}\begin{bmatrix} a & 0 \\ 0 & b \end{bmatrix}\begin{bmatrix} \cos\theta & \sin\theta \\ -\sin\theta & \cos\theta \end{bmatrix} \\ &=\begin{bmatrix} a\cos^2\theta+b\sin^2\theta & (a-b)\sin\theta\cos\theta \\ (a-b)\sin\theta\cos\theta & a\sin^2\theta+b\cos^2\theta \end{bmatrix}\end{aligned} \tag{6-40}$$

一般认为体散射为倾斜的圆柱体围绕垂直方向旋转360°，此时 $a=0$，$b=1$，故 $\boldsymbol{S}_{\text{volume}}(\theta)$ 简化如下：

$$\boldsymbol{S}_{\text{volume}}(\theta)=\begin{bmatrix} \sin^2\theta & -\sin\theta\cos\theta \\ -\sin\theta\cos\theta & \cos^2\theta \end{bmatrix} \tag{6-41}$$

对 θ 在 $[0, 2\pi]$ 范围求积分取平均，然后求其协方差矩阵 $\boldsymbol{C}_{\text{volume}}$。

$$\boldsymbol{C}_{\text{volume}}=\frac{f_v}{8}\begin{bmatrix} 3 & 0 & 1 \\ 0 & 2 & 0 \\ 1 & 0 & 3 \end{bmatrix} \tag{6-42}$$

假设 Freeman-Durden 分解三个散射分量在统计上独立不相关，允许三者相加。因此，全极化 SAR 获得的总协方差矩阵可以表征三种散射机制构成之和：

$$\begin{aligned}\boldsymbol{C}&=\boldsymbol{C}_{\text{volume}}+\boldsymbol{C}_{\text{dihedral}}+\boldsymbol{C}_{\text{surface}} \\ &=\begin{bmatrix} f_s|\beta|^2+f_d|\alpha|^2+\frac{3}{8}f_v & 0 & f_s\beta+f_d\alpha+\frac{f_v}{8} \\ 0 & \frac{2}{8}f_v & 0 \\ f_s\beta^*+f_d\alpha^*+\frac{f_v}{8} & 0 & f_s+f_d+\frac{3}{8}f_v \end{bmatrix}\end{aligned} \tag{6-43}$$

$$\begin{aligned}\text{Span}&=|\boldsymbol{S}_{HH}|^2+2|\boldsymbol{S}_{HV}|^2+|\boldsymbol{S}_{VV}|^2=C_{11}+C_{22}+C_{33} \\ &=f_s(1+|\beta|^2)+f_d(1+|\alpha|^2)+f_v\end{aligned} \tag{6-44}$$

式中，$f_s(1+|\beta|^2)$ 为表面散射功率；$f_d(1+|\alpha|^2)$ 为二面角反射器散射功率；f_v 为体散射功率。求解时，首先假设散射体满足互异性和反射对称性，此时同极化和交叉极化散射

回波之间的相关性为0。

$$\langle \boldsymbol{S}_{HH}\boldsymbol{S}_{HV}^{*}\rangle = \langle \boldsymbol{S}_{HV}\boldsymbol{S}_{VV}^{*}\rangle = 0 \tag{6-45}$$

进一步假设三种散射分量相互独立，对应总的二阶统计量就是这些单个散射机制的统计量之和，从而总的后向散射模型表示如下。

$$\begin{cases} \langle |S_{HH}|^2\rangle = f_s|\beta|^2 + f_d|\alpha|^2 f_v \\ \langle |S_{VV}|^2\rangle = f_s + f_d + f_v \\ \langle S_{HH}S_{VV}^*\rangle = f_s\beta + f_d\alpha + f_v/3 \\ \langle |S_{HV}|^2\rangle = f_v/3 \end{cases} \tag{6-46}$$

综合求解上述方程可得三个散射机制的散射功率。针对上述方程的解不唯一的情况，Freeman（2007）优化了该极化分解方法，Yamaguchi 等（2005）提出了建立四种散射机制的模型。对于海洋应用，基于极化分解，分解出不同散射分量，进而可以利用散射分量探测海浪信息（Schuler et al.，2004；He et al.，2004；Zhang et al.，2010；Tao et al.，2015）或浅海水下地形信息。

6.4.2 基于主导散射机制的多极化 SAR 浅海水下地形探测

尽管高分辨率 SAR 提升了获取地物目标详细特征的能力，对于单极化 SAR 图像而言，特殊目标或结构解译与参数反演仍然存在诸多挑战。全极化 SAR 数据可以直接用于反演海浪信息，无需考虑海浪成像的调制传递函数（Schuler et al.，2004）。雷达工作的电磁波和海面微尺度波相互作用会产生两类散射：入射角较小（0°～10°）时产生的准镜面散射是第一类散射，也称基尔霍夫散射；入射角较大（20°～70°）时产生的是第二类散射，称为布拉格散射（又称为面散射）。星载 SAR 一般工作在中等入射角范围内，海面散射机制以布拉格散射为主（Jackson and Apel，2004）。

因此，基于极化分解理论，本章介绍一种基于主导散射机制的多极化 SAR 浅海水下地形探测方法，拓展极化 SAR 在海洋遥感领域的应用。基于主导散射机制的多极化 SAR 浅海水下地形探测方法利用 Freeman-Durden 分解，分解出不同散射机制对应的功率，分析得出主导散射分量，进而利用主导散射分量探测浅海水下地形。该方法与已有单极化 SAR 浅海水下地形探测方法最大的区别是充分利用了 SAR 提供的极化信息，其探测流程与基于单极化 SAR 类似，所不同的是利用主导散射分量代替原图像获取海浪信息，进而实现浅海水下地形探测，具体探测流程如图 6-12 所示。

首先，初步筛选获取的包含海浪特征的全极化 SAR 图像，主要根据是否包含明显或隐伏浅水效应与折射等海浪特征为依据选择 SAR 图像。一般情况下，不包含隐伏浅水效应与折射等海浪特征的 SAR 图像无法用于基于海浪特征的浅海水下地形探测。此外，由于 SAR 图像上呈现出的海浪特征受 SAR 系统、海况与水下地形特征等条件影响，并非所有包含海浪特征的 SAR 图像均可以用于浅海水下地形探测。

然后，对筛选后的全极化 SAR 数据进行预处理，主要包含辐射定标、几何校正和极化矩阵转换和极化分解。本章主要利用 Freeman 与 Durden 提出的三分量散射模型分解，分

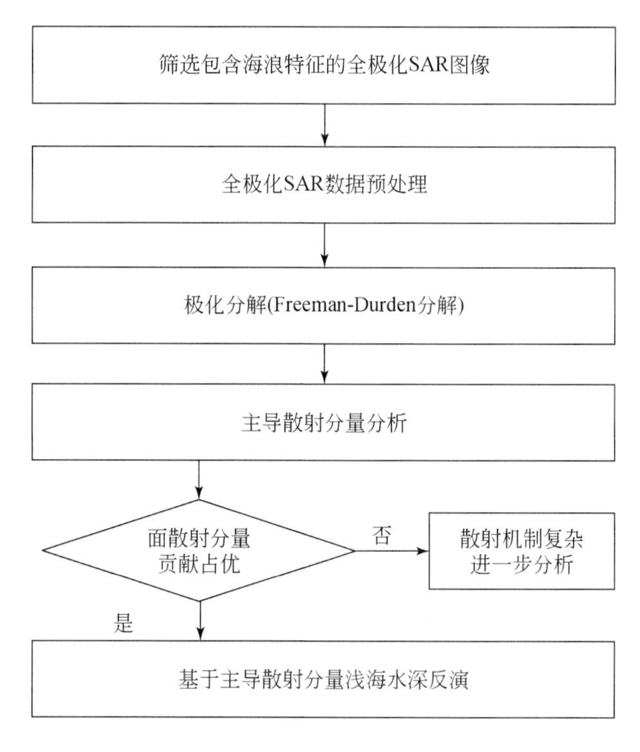

图 6-12　基于主导散射分量的浅海水深探测流程图

别计算得到面散射分量散射能量、二面角散射能量和体散射能量。分析各散射分量能量的贡献，如果相应海域对应面散射分量 f_s（$1+|\beta|^2$）贡献较大（大于 50%），则可以初步判断该散射分量可以用于浅海水下地形探测，如果对应另外两种散射分量较大，则表明海面散射机制比较复杂，需要进一步分析。

最后，根据单极化 SAR 浅海水下地形探测方法（图 6-4），利用极化分解得到的海面面散射分量 $f_s(1+|\beta|^2)$，分析 SAR 图像覆盖海域的海浪谱，计算海浪峰值角频率，追踪与优化海浪获取海浪参数（波长与传播方向），最后根据水深与海浪波长的弥散关系计算得到最终的海水深度。

6.4.3　极化 SAR 浅海水下地形探测实例

6.4.3.1　GF-3 卫星探测实例

基于高分三号极化 SAR 浅海水下地形探测实例，同样选取福建省宁德市霞浦县福宁湾近海海域为研究区域，选取 2017 年 10 月 22 日 21 时 56 分（UTC 时间，对应北京时间为 2017 年 10 月 23 日 5 时 56 分）的全极化高分三号 SAR 数据用于基于极化 SAR 浅海水下地形探测方法研究与验证，入射角范围为 36.85°～38.16°，其数据预处理主要使用欧空局提供的极化处理软件 PolSARpro（polarimetric SAR data processing and educational tool）与商业软件 ENVI（the environment for visualizing images）进行预处理（卞小林，2019）。

图 6-13 为经过几何校正的高分三号不同极化与 Freeman-Durden 极化分解三分量 RGB 组合图像，其中图 6-13（a）所示的 HH 极化 SAR 图像存在部分与距离向平行的条纹斑噪，但图像仍然包含海浪特征；图 6-13（b）所示的 HV 极化 SAR 图像目视解译几乎不包含海浪特征（根据互易性假设，未显示 VH 极化 SAR 图像）；图 6-13（c）所示的 VV 极化与图 6-13（d）所示的 Freeman-Durden 极化分解结果海浪特征较为明显。在 SAR 图像中部两个海岛附近呈现复杂的海浪特征，尤其在两个海岛之间呈现出明显的海浪绕射特征，但在图像左上角部分，由于受海岛分布的影响，在其掩蔽区内，海浪条纹特征较弱，因此本章未针对此区域开展浅海水下地形探测。

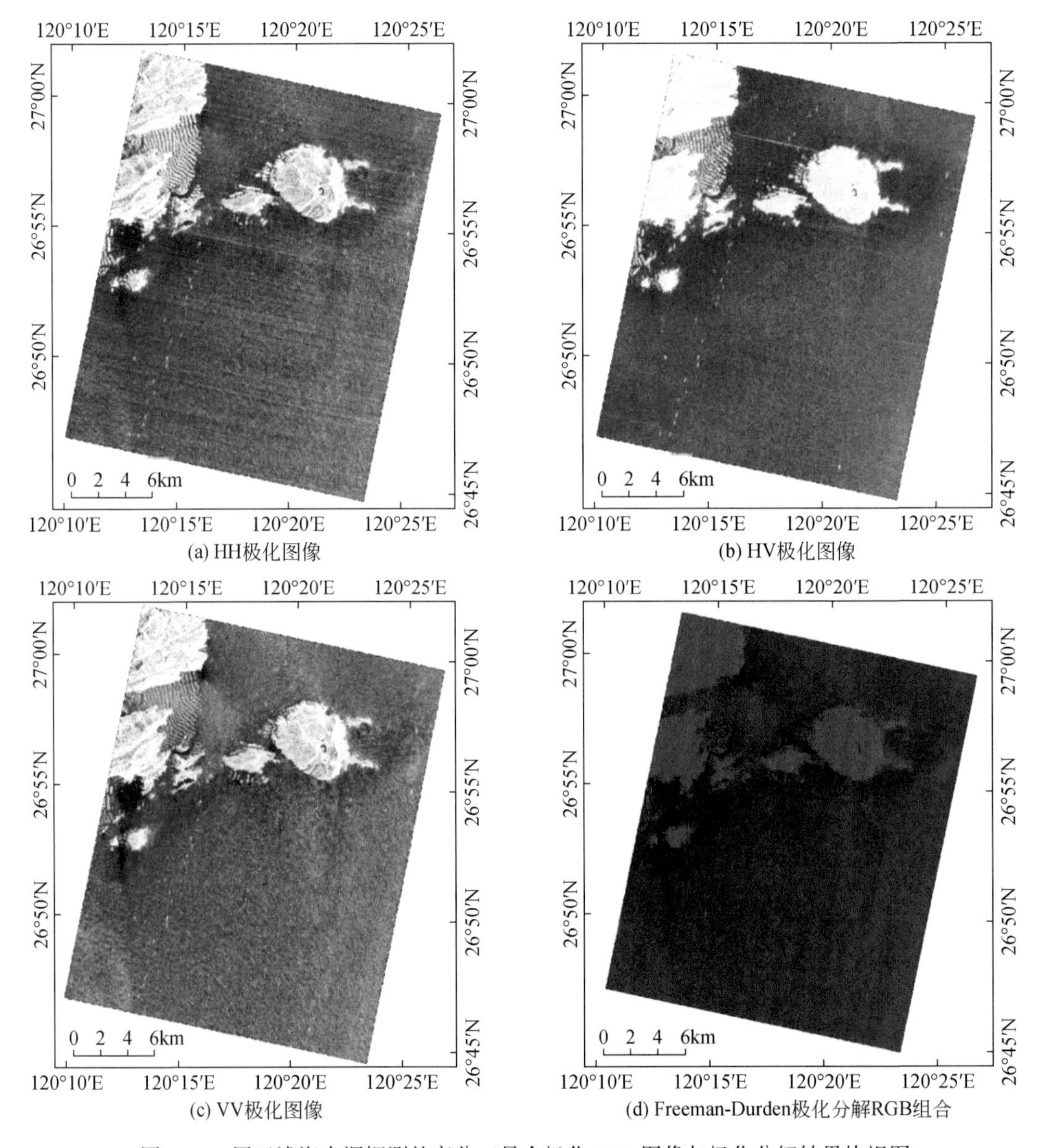

图 6-13 用于浅海水深探测的高分三号全极化 SAR 图像与极化分解结果快视图

图6-13（d）Freeman-Durden 极化分解 RGB 组合图像中，红色通道 R 表示面散射分量功率；绿色通道 G 表示二面角散射分量功率；蓝色通道 B 表示体散射分量功率。未经过图像拉伸处理的 RGB 组合图像中，海洋总体偏红色显示，由此可以定性判断，布拉格共振面散射占据主导地位，与布拉格散射理论和预期结果一致。

从 SAR 图像左侧上半部分可以清晰解译出近海渔业养殖区域，在两个岛屿之间，大量的船只沿着方位向一字排开［图6-13（b）尤为明显］，由此推断，此处很可能是航道。近海养殖区域与航道共同表明研究区域海洋经济比较发达，在此区域开展浅海水下地形探测具有重要意义。

图6-14 所示为高分三号极化 SAR 数据 Freeman-Durden 极化分解面散射分量海浪追踪结果。海浪矢量用带箭头的直线表示，直线长度与颜色表示海浪波长，箭头方向表示海浪的传播方向。每个 512×512 的 FFT 变换窗口对应一个海浪矢量，FFT 变换窗口之间的间隔为 300 个像素。研究区域位于近岸海域，陆地与海岸线位于 SAR 图像左侧，SAR 图像中上部存在岛屿，海底地势较为平坦，海水深度浅于 25m，水深与海浪波长比值小于 0. 25，属于浅水海浪。因此，根据海陆分布与水深分布情况，结合海浪传播理论，可以判断海浪从东向西传播，解决由于基于 FFT 变换计算得到的海浪传播方向存在 180°模糊问题。海浪追踪结果总体自东南至西北呈现减小趋势，其传播方向也逐渐变化，呈现出浅水效应与折射特征，与对应的水深分布吻合较好，因此可以用于浅海水下地形探测。

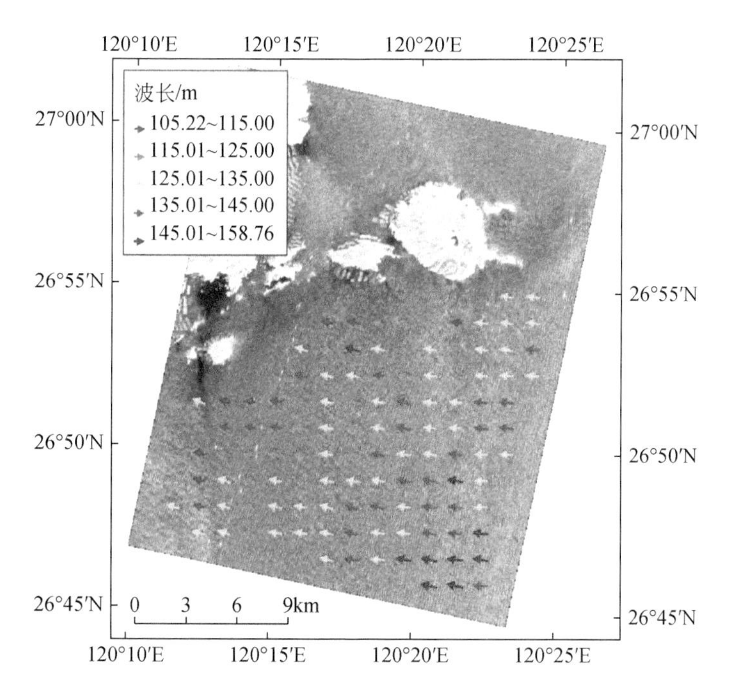

图6-14　高分三号极化 SAR 数据 Freeman-Durden 极化分解面散射分量海浪追踪结果示例

图6-15 为高分三号极化 SAR 浅海水下地形探测结果。其中一个正方形表示一个 512×512（2. 56km×2. 56km）的 FFT 变换窗口，基于固定网格法海浪追踪的移动窗口为 50（250m）个像元。海表面存在不同尺度的海浪，在海浪参数反演过程中限制低频和高频波

数，仅保留了中尺度（32～213.3m）的涌浪用于浅海水下地形探测。海浪主要沿东西向传播，因此按行优先的顺序追踪海浪并按行基于离散卷积优化海浪追踪结果。假设SAR图像中包含的海浪均属统一海浪系统，利用由深水区域获得的海浪峰值角频率，对应海浪周期为11.2s。然后根据浅水区的海浪弥散关系，利用海浪追踪获取主波波长 L，然后计算得到对应浅海海水深度。

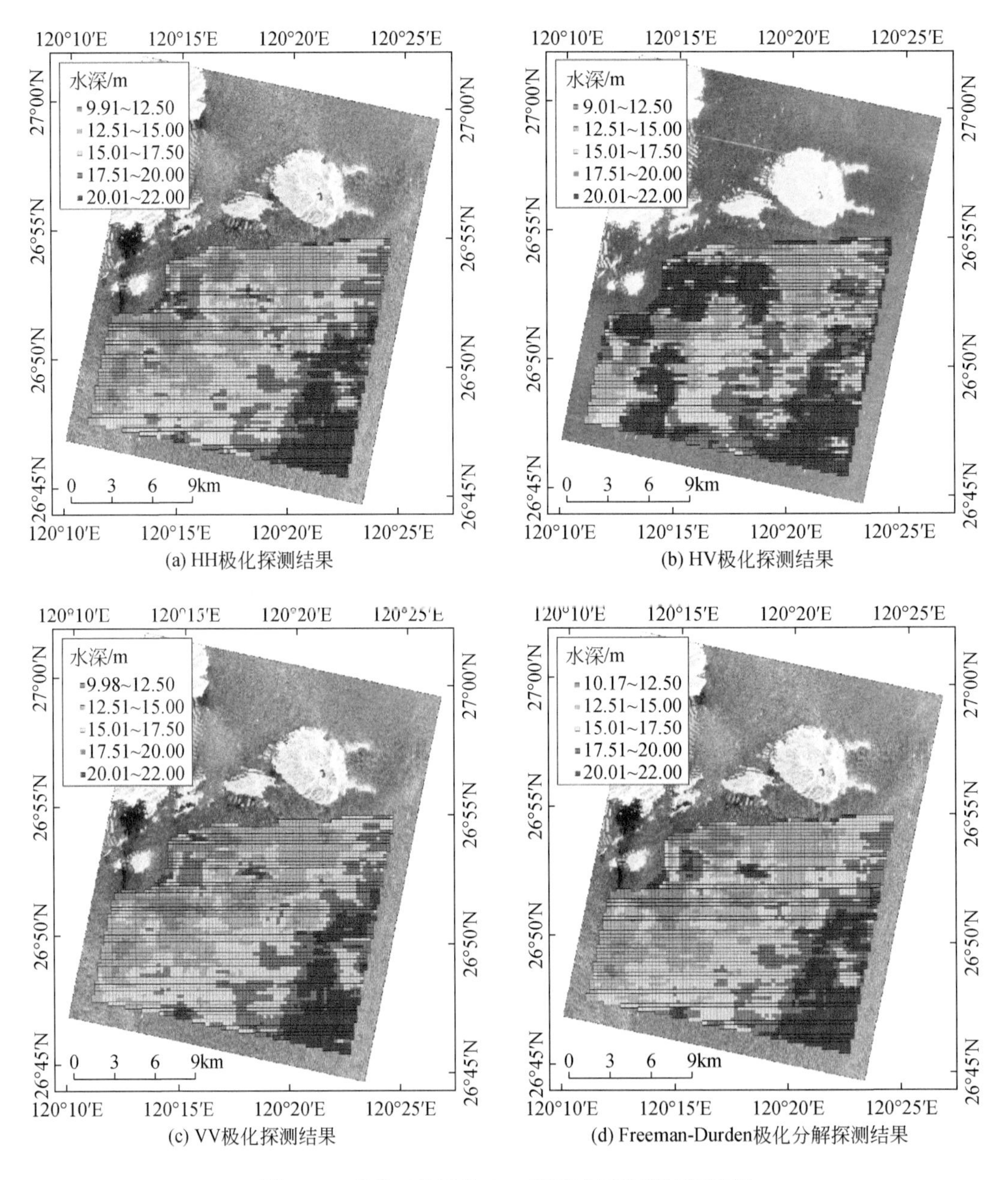

图6-15 高分三号极化SAR浅海水下地形探测结果

由图6-15中可以看出，无论是单极化SAR浅海水深探测结果还是基于主导散机制的浅海水深探测结果，水深整体变化趋势基本相同，与电子海图水深变化趋势基本一致。其中，同极化图 6-15（a）、图 6-15（c）与基于极化分解面散射分量图 6-15（d）水深探测结果基本相同，交叉极化尽管反映了水下地形的起伏变化，与同极化水深探测结果相比，部分区域存在水深高估［如图 6-15（b）浅海水下地形探测有效区域中的左上角部分与底部中间部分］。

图 6-16 为高分三号极化 SAR 浅海水下地形探测结果三维显示结果，其中部分缺失值采用克里金插值。从图 6-16 中可以看出浅海水深总体变化趋势与海图对应水深变化基本一致，呈现由东南向西北逐步变浅且变化较为平缓，但比本章用于比较与分析的海图结果呈现更丰富的浅海水下地形信息。

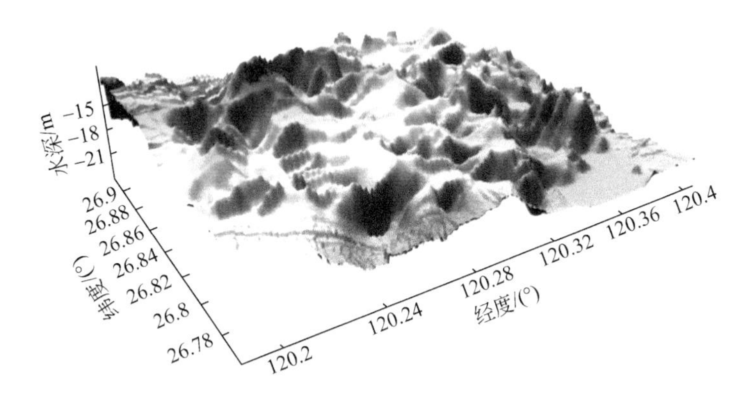

图 6-16　高分三号极化 SAR 浅海水下地形探测结果三维显示

为了定量分析海浪对应的 Freeman-Durden 极化分解三分量的贡献及其相对关系，这里利用 ENVI 提供的 ROI 工具分别统计了 SAR 数据中海洋部分区域各个分量对总的后向散射的贡献（百分比）来衡量 Freeman-Durden 分解三个分量之间的相对关系。SAR 数据中 ROI 共计包含 8428271 个像元，其中布拉格散射分量对应的均值为 0.0434，二面角散射分量对应的均值为 0.0055，体散射分量对应的均值为 0.0067，经过归一化后处理后布拉格散射分量对应的后向散射的贡献高达 78.06%，而二面角散射与体散射分量对应的后向散射的贡献分别为 9.89% 与 12.05%。结果表明 Freeman-Durden 极化分解比较客观地反映三种散射分量的贡献，布拉格散射分量的贡献占主导，体散射分量的贡献次之，二面角散射分量的贡献最小，体散射分量与二面角散射分量的贡献均相对较小，合理地解释了海浪的散射机制。

为了定量化分析基于高分三号极化 SAR 浅海水下地形探测方法，本章利用 1∶100000 对应的互联网电子海图水深数据（共计 86 个点位）与高分三号极化 SAR 探测结果进行比较，使用平均绝对误差与平均相对误差为指标比较分析与评价探测结果（表 6-5）。在福建省宁德市霞浦县福宁湾浅海海域（约 275.0km^2），直接利用所获取的交叉极化 SAR 图像开展浅海水下地形探测较差，平均相对误差小于 23%，同极化次之，其中 VV 极化 SAR 探测结果优于 HH 极化，平均绝对误差约 2m，平均相对误差小于 12.62%，基于主导散射分量（Freeman-Durden 极化分解面散射分量）探测结果最优，平均相对误差提高 1%。基于本章所介绍的离散卷积优化后的探测结果与未经优化的结论相同，基于主导散射分量探测结果最优，平均绝对误差小于 1.4m，平均相对误差小于 9%，同极化 SAR 探测结果优于交叉极化探测结果，平均相对误差小于 10%（提高约 3%），验证了本章所介绍的基于离散卷积的海浪优化方法可以提高浅海水下地形探测精度。尽管目视解译 HH 极化 SAR 图像包含周期性条纹斑噪，根据 FFT 的特点，其探测结果并未明显受条纹斑噪的影响，与 VV 极化接近。

表 6-5　基于高分三号 SAR 浅海水下地形探测结果误差分析

输入数据	1：10 万平均绝对误差/m	1：10 万平均相对误差/%
HH 极化	2.01	13.09
HV 极化	3.46	22.51
VV 极化	1.95	12.62
主导散射分量	1.80	11.62
HH 极化-循环卷积处理	1.52	9.87
HV 极化-循环卷积处理	3.05	20.16
VV 极化-循环卷积处理	1.43	9.09
主导散射分量-循环卷积处理	1.39	8.89

根据高分三号极化 SAR 图像浅海水下地形探测与分析结果，可以得出如下结论：

（1）本章所介绍的基于主导散射机制的多极化 SAR 浅海水下地形探测方法可以充分利用极化信息，提高浅海水下地形探测精度，探测结果优于单极化 SAR 探测结果。就单极化探测结果而言，同极化探测结果优于交叉极化探测结果；对于同极化而言，VV 极化优于 HH 极化。

（2）研究结果表明，我国首颗 C 波段高分三号 SAR 具有浅海水下地形探测能力，在中等风速海况与中等入射角条件下，综合基于离散卷积的海浪优化方法与基于主导散射机制的多极化 SAR 浅海水下地形探测方法可以有效提高浅海水下地形探测精度，同时验证了基于离散卷积的海浪优化方法。

6.4.3.2　RADARSAT-2 卫星探测实例

基于雷达卫星二号极化 SAR 浅海水下地形探测实例选取海南省三亚市三亚湾近海海域为研究区域，选取 2009 年 9 月 18 日 10 时 50 分（UTC 时间，对应北京时间为 2009 年 9 月 18 日 18 时 50 分）的全极化雷达卫星二号 SAR 数据用于基于极化 SAR 浅海水下地形探测方法研究与验证，入射角范围为 32.35°～34.01°，主要使用欧空局提供的极化处理软件 PolSARpro 进行数据预处理。

图 6-17 为经过几何校正的雷达卫星二号不同极化与 Freeman-Durden 极化分解 RGB 组合图像。其中，雷达卫星二号 HH 极化 SAR 图像［图 6-17（a）］、VV 极化 SAR 图像［图 6-17（c）］与 Freeman-Durden 极化分解结果［图 6-17（d）］均包含隐伏的海浪特征，而交叉极化 HV SAR 图像目视解译几乎不包含海浪特征（根据互易性假设，未显示 VH 极化 SAR 图像）。在 SAR 图像左下角存在部分生物油膜，在图像上呈现不规则较暗的图像特征；在右上角岛屿附近存在低风速区，在图像上呈现片状较暗的图像特征。因此，SAR 图

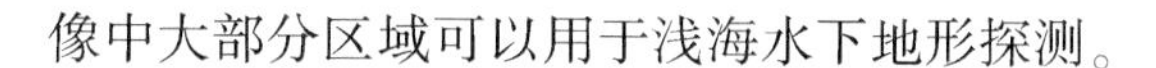

像中大部分区域可以用于浅海水下地形探测。

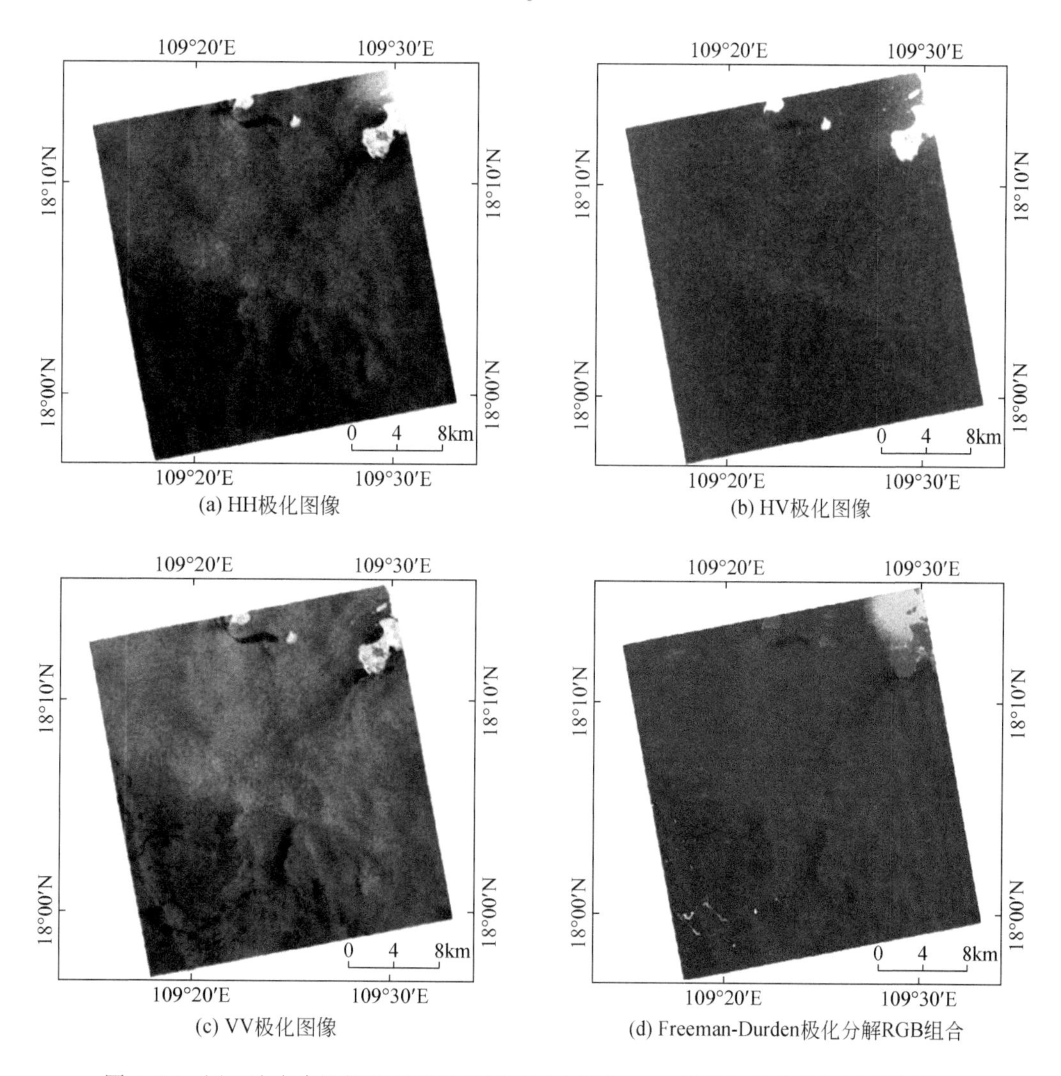

(a) HH极化图像　(b) HV极化图像

(c) VV极化图像　(d) Freeman-Durden极化分解RGB组合

图 6-17　用于浅海水深探测的雷达卫星二号全极化 SAR 图像与极化分解结果快视图

图 6-17（d）Freeman-Durden 极化分解 RGB 组合图像中，红色通道 R 表示面散射分量功率，绿色通道 G 表示二面角散射分量功率，蓝色通道 B 表示体散射分量功率。未经过图像拉伸处理的 RGB 组合图像中，海洋总体偏红色显示，由此可以定性判断，布拉格共振面散射占据主导地位，与布拉格散射理论和预期结果一致。

图 6-18 为雷达卫星二号极化 SAR 数据 Freeman-Durden 极化分解面散射分量海浪追踪示例。海浪矢量用带箭头的直线表示，直线长度与颜色表示海浪波长，箭头方向表示海浪的传播方向。每个 1024×1024 的 FFT 窗口对应一个海浪矢量，FFT 窗口之间的间隔为 320 个像素。研究区域位于近岸海域，陆地与海岸线位于 SAR 图像顶部，SAR 图像中上部存在岛屿，海底地势较为平坦，海水深度浅于 65m，水深与海浪波长比值小于 0.5，属于浅水海浪。因此，根据海陆分布与水深分布情况，结合海浪传播理论，可以判断海浪从东向

西传播，解决由于基于FFT计算得到的海浪传播方向存在180°模糊问题。海浪追踪结果总体自东南至西北呈现减小趋势，其传播方向也逐渐变化，呈现出较为明显的浅水效应与折射特征，与对应的水深分布吻合较好，可以用于浅海水下地形探测。

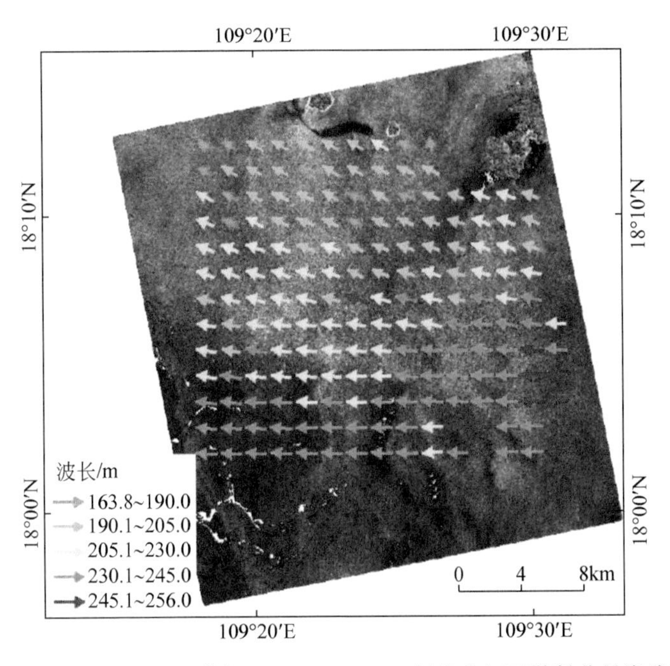

图6-18 雷达卫星二号极化SAR数据Freeman-Durden极化分解面散射分量海浪追踪结果示例

图6-19为雷达卫星二号极化SAR浅海水下地形探测结果。其中初始用于三维显示的一个1024×1025（5.12km×5.12km）的FFT窗口，基于固定网格法海浪追踪的移动窗口为50（250m）个像元。由于海表面存在不同尺度的海浪，在海浪参数反演过程中限制低频和高频波数，仅保留了中尺度（64～320m）的涌浪用于浅海水下地形探测。海浪主要沿

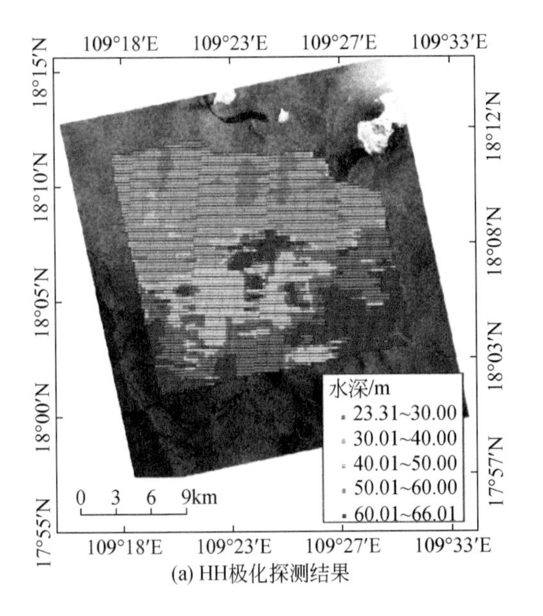

(a) HH极化探测结果

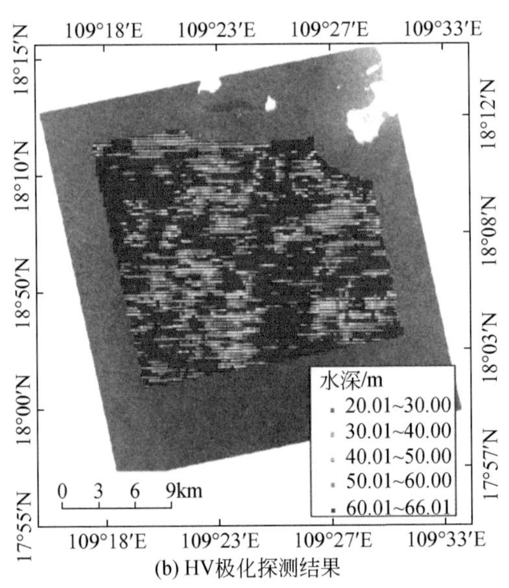

(b) HV极化探测结果

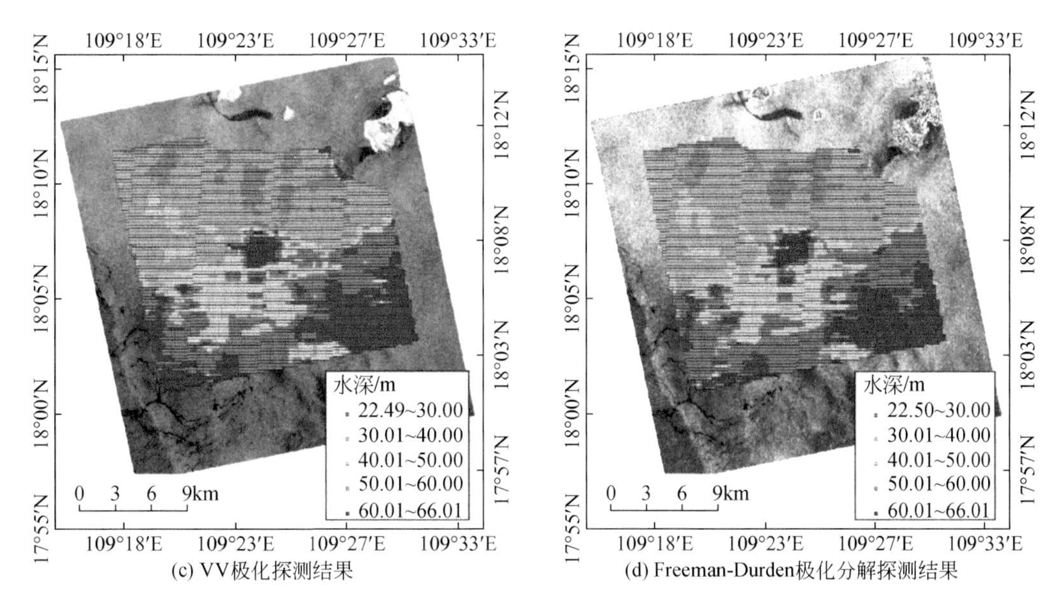

(c) VV极化探测结果　(d) Freeman-Durden极化分解探测结果

图6-19　雷达卫星二号极化SAR浅海水下地形探测结果

东西向传播，因此按行优先的顺序追踪海浪并按行基于离散卷积优化海浪追踪结果。假设SAR图像中包含的海浪均属统一海浪系统，利用由深水区域获得的海浪峰值角频率，对应海浪周期为12.9s。然后根据浅水区的海浪弥散关系，利用海浪追踪获取主波波长 L，然后计算得到对应浅海海水深度。

由图6-19中可以看出，无论是同极化［图6-19（a）与图6-19（c）］SAR浅海水深探测结果还是基于主导散射机制［图6-19（d）］SAR浅海水深探测结果，水深整体变化趋势基本相同，与电子海图水深变化趋势基本一致。在同极化SAR图像左下角边缘部分存在水深高估，主要由于该区域存在生物油膜且处于SAR图像边缘，图像相对比较模糊，与同极化SAR探测结果相比较而言，基于主导散射分量的探测结果受影响相对较小，更接近海图对应水下地形变化趋势。与电子海图水深信息相比，在同极化SAR探测结果与基于主导散射机制SAR浅海水深探测结果中间部分区域存在水深高于实际海图水深情况。由于未获取到更高比例尺的海图数据，无法直接判断实际是否高估了水深还是水深探测结果受其他海洋现象影响。从该区域对应的SAR图像中可以推断成像时刻属于低风速海况，无明显的海浪条纹特征，因此推断该区域的水深探测结果为异常值。与同极化SAR探测结果相比，交叉极化SAR探测水深大部分为异常值，结果则显得杂乱无章，未体现出浅海水深的变化趋势。

图6-20为雷达卫星二号极化SAR浅海水下地形探测结果三维显示结果，部分缺失值采用克里金插值。从图6-20中可以看出浅海水深总体变化趋势与海图对应水深变化基本一致，水深变化范围超过40m，呈现由东南向西北逐步变浅且近岸海域水深变化较为平缓。与本章用于比较与分析的海图结果相比，图6-20呈现更丰富的浅海水下地形信息。

同样，为了定量分析海浪对应的Freeman-Durden极化分解三分量的贡献及其相对关系，利用ENVI提供的ROI工具分别统计了SAR数据中海洋部分区域各个分量对总的后向

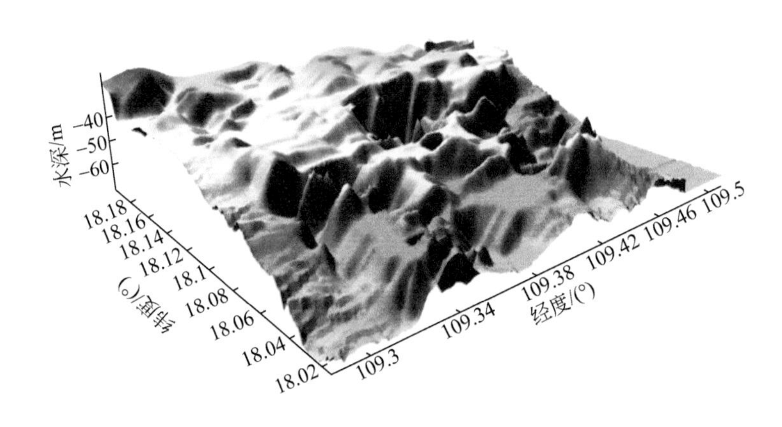

图 6-20 雷达卫星二号极化 SAR 浅海水下地形探测结果三维显示

散射的贡献（百分比）来衡量 Freeman-Durden 分解三个分量之间的相对关系。SAR 数据中 ROI 中共计包含 8723443 个像元，其中布拉格散射分量对应的均值为 0.04336，二面角散射分量对应的均值为 0.0005，体散射分量对应的均值为 0.0022，经过归一化处理后布拉格散射分量对应的后向散射的贡献高达 94.13%，而二面角散射与体散射分量对应的后向散射的贡献分别为 1.09% 与 4.78%。结果进一步表明 Freeman-Durden 极化分解比较客观地反映三种散射分量的贡献，布拉格散射分量的贡献占绝对主导，体散射分量的贡献次之，二面角散射分量的贡献最小，体散射分量与二面角散射分量的贡献之和小于 6%，合理地解释了海浪的散射机制。

为了定量化分析基于雷达卫星二号极化 SAR 浅海水下地形探测方法，本章分别利用 1：100000 和 1：25000 对应的互联网电子海图水深数据（共计 39 个点位与 164 个点位）与雷达卫星二号极化 SAR 探测结果进行比较，分别使用平均绝对误差与平均相对误差为指标比较分析与评价探测结果（表 6-6）。在海南省三亚市三亚湾浅海海域（约 360.0km^2），分别与 1：100000 和 1：25000 相比，VV 极化 SAR 探测结果优于 HH 极化，未经优化的平均相对误差分别小于 13.23% 与 10.67%，基于主导散射分量（Freeman-Durden 极化分解面散射分量）探测结果最优，平均相对误差分别提高至 11.75% 与 10.11%。由于海表面回波仅在 H 和 V 同极化通道上有极化响应，没有交叉极化响应。因此，直接利用所获取的交叉极化 SAR 图像开展浅海水下地形探测结果平均相对误差大于 40%，且水深多为异常值，表明交叉极化 SAR 图像无法直接用于浅海水下地形探测。

表 6-6 基于雷达卫星二号 SAR 浅海水下地形探测结果误差分析

输入数据	1：150000 平均绝对误差/m	1：25000 平均绝对误差/m	1：150000 平均相对误差/%	1：25000 平均相对误差/%
HH 极化	5.97	3.45	13.23	10.67
HV 极化	18.69	21.78	44.08	68.55
VV 极化	5.34	3.44	11.82	10.62
散射分量	5.31	3.24	11.75	10.11

续表

输入数据	1∶150000 平均绝对误差/m	1∶25000 平均绝对误差/m	1∶150000 平均相对误差/%	1∶25000 平均相对误差/%
HH 极化-循环卷积	5.52	3.40	12.15	10.59
HV 极化-循环卷积	19.19	18.88	45.55	59.59
VV 极化-循环卷积	4.95	3.45	10.83	10.70
散射分量-循环卷积	4.73	2.71	10.26	8.49

基于本章所介绍的离散卷积优化后的探测结果与未经优化的结论基本相同，基于主导散射分量探测结果最优，与 1∶100000 和 1∶25000 电子海图对应平均绝对误差分别为 4.73m 与 2.71m，平均相对误差分别为 10.26% 与 8.49%。尽管所获取的极化 SAR 图像上未呈现出较为明显的海浪特征，经过优化处理后的探测结果可以获得 10% 左右的相对误差。

研究结果进一步表明：本章所介绍的基于主导散射机制的多极化 SAR 浅海水下地形探测方法可以充分利用极化信息，提高浅海水下地形探测精度，探测结果优于单极化 SAR 探测结果。就单极化探测结果而言，VV 极化探测结果优于 HH 极化探测结果，交叉极化 SAR 图像无法直接用于浅海水下地形探测。在中等风速海况与中等入射角条件下，综合基于离散卷积的海浪优化方法与基于主导散射机制的多极化 SAR 浅海水下地形探测方法可以有效提高浅海水下地形探测精度，同时也表明基于离散卷积的海浪优化方法可以用于浅海水下地形探测。

参考文献

卞小林，2019. 基于海浪特征的 SAR 浅海水下地形探测方法研究. 北京：中国科学院大学.

范开国，2009. 基于海面微波成像仿真 M4S 软件的 SAR 浅海地形遥感探测. 青岛：中国海洋大学.

冯士筰，李凤岐，李少菁，1999. 海洋科学导论. 北京：高等教育出版社.

黄韦艮，傅斌，周长宝，等，2000. 星载 SAR 水下地形和水深遥感的最佳雷达系统参数模拟. 遥感学报，4：172-177.

侍茂崇，高郭平，鲍献文，2000. 海洋调查方法. 青岛：中国海洋大学出版社.

王超，张红，陈曦，等，2008. 全极化合成孔径雷达图像处理. 北京：科学出版社.

王树青，梁丙臣，2013. 海洋工程波浪力学. 青岛：中国海洋大学出版社.

徐茂松，张风丽，夏忠胜，等，2012. 植被雷达遥感方法与应用. 北京：科学出版社.

杨劲松，黄韦艮，周长宝，2002. 星载 SAR 海浪遥感中波向确定的一种新方法. 遥感学报，6：113-116.

杨俊钢，2007. 多源多时相 SAR 资料反演水下地形的同化模型. 青岛：中国科学院研究生院（海洋研究所）.

于鹏，2017. 浅海水下地形雷达成像理论研究及应用. 上海：华东师范大学.

Aarninkhof S G J, Ruessink B G, Roelvink J A, 2005. Nearshore subtidal bathymetry from time-exposure video images. Journal of Geophysical Research: Oceans, 110: 1-13.

Alpers W, Ingo H, 1984. A theory of the imaging mechanism of underwater bottom topography by real and synthetic aperture radar. Journal of Geophysical Research: Oceans, 89: 10529-10546.

Alpers W, Ross D B, Rufenach C L, 1981. On the detectability of ocean surface waves byreal and synthetic aperture radar. Journal of Geophysical Research：Atmospheres，86：6481-6498.

Bell P S，2001. Determination of bathymetry using marine radar images of waves. American Society of Civil Engineers，（273）：251-257.

Bian X，Shao Y，Tian W，et al.，2016. Estimation of shallow water depth using HJ-1C S-band SAR data. Journal of Navigation，69：113-126.

Boccia V，2015. Linear dispersion relation and depth sensitivity to swell parameters：application to synthetic aperture radar imaging and bathymetry. Scientific World Journal：1-10.

Boccia V，Renga A，Moccia A，et al.，2015. Tracking of coastal swell fields in SAR images for sea depth retrieval：application to ALOS L-Band data. IEEE Journal of Selected Topics in Applied Earth Observations and Remote Sensing，8（7）：3532-3540.

Bretherton F P，1970. Linearized theory of wave propagation. Lecture Applied Mathematics，13：61-102.

Brusch S，Held P，Lehner S，et al.，2011. Underwater bottom topography in coastal areas from TerraSAR-X data. International Journal of Remote Sensing，32：4527-4543.

Calkoen C J，Hesselmans G H F M，Wensink G J，et al.，2001. The bathymetry assessment system：efficient depth mapping in shallow seas using radar images. International Journal of Remote Sensing，22：2973-2998.

Cameron W L，Leung L K，1990. Feature motivated polarization scattering matrix decomposition. IEEE International Radar Conference，Arlington，VA，USA：549-557.

Chiang C M，2005. Theory and applications of ocean surface waves. World Scientify Publishing Co Pte Ltd.

Cloude S R，1985. Target decomposition theorems in radar scattering. Electronics Letters，21：22-24.

Cloude S R，Pottier E，1996. A review of target decomposition theorems in radar polarimetry. IEEE Transactions on Geoscience and Remote Sensing，34：498-518.

Cloude S R，Pottier E，1997. An entropy based classification scheme for land application of polarimetric SAR. IEEE Transactions on Geoscience and Remote Sensing，35：68-78.

Fan K，Huang W，He M，et al.，2008. Depth inversion in coastal water based on SAR image of waves. Chinese Journal of Oceanology and Limnology，26：434-439.

Flampouris S，Ziemer F，Seemann J，2008. Accuracy of bathymetric assessment by locally analyzing radar ocean wave imagery. IEEE Transactions on Geoscience and Remote Sensing，46：2906-2913.

Freeman A，2007. Fitting a two-component scattering model to polarimetric SAR data from forests. IEEE Transactions on Geoscience and Remote Sensing，45：2583-2592.

Freeman A，Durden S L，1998. A three-component scattering model for polarimetric SAR data. IEEE Transactions on Geoscience and Remote Sensing，36：963-973.

Guissard A，1994. Mueller and Kennaugh matrices in radar polarimetry. IEEE Transactions on Geoscience and Remote Sensing，32：590-597.

Hasselmann K，Raney R K，Plant W J，et al.，1985. Theory of synthetic aperture radar ocean imaging：a MARSEN view. Journal of Geophysical Research：Atmospheres，90：4659-4686.

He Y，Perrie W，Tao X，et al.，2004. Ocean wave spectra from a linear polarimetric SAR. IEEE Transactions on Geoscience and Remote Sensing，42：2623-2631.

Helgason S，2011. Integral geometry and radon transforms. New York：Springer.

Hennings I，1990. Radar imaging of submarine sand waves in tidal channels. Journal of Geophysical Research：Oceans，95：9713-9721.

Hennings I，1998. An historical overview of radar imagery of sea bottom topography. International Journal of Remote Sensing，19：1447-1454.

Hennings I, Metzner M, Calkoen C J, 1998. Island connected sea bed signatures observed by multi-frequency synthetic aperture radar. International Journal of Remote Sensing, 19: 1933-1951.

Holliday D, St-Cyr G, Woods N E, 1986. A radar ocean imaging model for small to moderate incidence angles. International Journal of Remote Sensing, 7: 1809-1834.

Huynen J R, 1970. Phenomenological theory of radar targets. California: Technical University.

Jackson C R, Apel J R, 2004. Synthetic aperture radar marine user's manual. NOAA, Washington, DC: 321-330.

Kalman R E, 1960. A new approach to linear filtering and prediction problems. Journal of Basic Engineering, 82 (1): 35-45.

Kinsman B, 2013. Wind waves: their generation and propagation on the ocean surface. Fungal Biology, 119: 859-869.

Krogager E, 1990. New decomposition of the radar target scattering matrix. Electronics Letters, 26: 1525-1527.

Kudryavtsev V, Hauser D, Caudal G, et al., 2003a. A semiempirical model of the normalized radar cross-section of the sea surface 1 Background model. Journal of Geophysical Research: Oceans, 108 (C3): FET-1-FET 2-24.

Kudryavtsev V, Hauser D, Caudal G, et al., 2003b. A semiempirical model of the normalized radar cross section of the sea surface, 2 Radar modulation transfer function. Journal of Geophysical Research Oceans, 108 (C3): FET-1-FET 3-16.

Lee J S, Pottier E, 2009. Polarimetric radar imaging: from basics to applications. London: CRC Press.

Leu L G, Kuo Y Y, Liu C T, 1999. Coastal bathymetry from the wave spectrum of SPOT images. Coastal Engineering Journal, 41: 21-41.

Li J, Zhang H, Hou P, et al., 2016. Mapping the bathymetry of shallow coastal water using single-frame fine-resolution optical remote sensing imagery. Acta Oceanologica Sinica, 35: 60-66.

Li X, Li C, Xu Q, et al., 2009. Sea surface manifestation of along-tidal-channel underwater ridges imaged by SAR. IEEE Transactions on Geoscience and Remote Sensing, 47: 2467-2477.

Li X, Yang X, Zheng Q, et al., 2010. Deep-water bathymetric features imaged by spaceborne SAR in the Gulf Stream region. Geophysical Research Letters, 37: 96-104.

Longuet-Higgins M S, Stewart R W, 1964. Radiation stresses in water waves; a physical discussion, with applications. Deep Sea Research & Oceanographic Abstracts, 11: 529-562.

Loor G D, 1981. The observation of tidal patterns, currents, and bathymetry with SLAR imagery of the sea. IEEE Journal of Oceanic Engineering, 6: 124-129.

Loor G P D, Hulten H W B V, 1978. Microwave measurements over the North Sea. Boundary-Layer Meteorology, 13: 119-131.

Mellor G L, 2002. Users guide for a three-dimensional, primitive equation, numerical ocean model. Princeton University.

Monteiro F, 2013. Advanced bathymetry retrieval from swell patterns in high-resolution SAR images. University of Miami.

Ouchi K, 2000. A theory on the distribution function of backscatter radar cross section from ocean waves of individual wavelength. IEEE Transactions on Geoscience and Remote Sensing, 38 (2): 811-822.

Pleskachevsky A, Lehner S, Heege T, et al., 2011. Synergy and fusion of optical and synthetic aperture radar satellite data for underwater topography estimation in coastal areas. Ocean Dynamics, 61: 2099-2120.

Renga A, Ruflno G, D'errico M, et al., 2014. SAR bathymetry in the Tyrrhenian Sea by COSMO-SkyMed Data:

a novel approach. IEEE Journal of Selected Topics in Applied Earth Observations and Remote Sensing, 7 (7): 2834-2847.

Romeiser R, Alpers W, 1997. An improved composite surface modelfor the radar backscattering cross section of the ocean surface: 2. Model response to surface roughness variations and the radar imaging of underwater bottom topography. Journal of Geophysical Research: Oceans, 102: 25, 251-225, 267.

Sallas W M, Harville D A, 1981. Best linear recursive estimation for mixed linear models. Publications of the American Statistical Association, 76: 860-869.

Schuler D L, Lee J S, Kasilingam D, et al., 2004. Measurement of ocean surface slopes and wave spectra using polarimetric SAR image data. Remote Sensing of Environment, 91: 198-211.

Senet C M, Seemann J, Flampouris S, et al., 2008. Determination of bathymetric and current maps by the method DiSC based on the analysis of nautical X-Band radar image sequences of the Sea Surface (November 2007). IEEE Transactions on Geoscience and Remote Sensing, 46: 2267-2279.

Splinter K D, Holman R A, 2009. Bathymetry estimation from single-frame images of nearshore waves. IEEE Transactions on Geoscience and Remote Sensing, 47: 3151-3160.

Stewart C, Renga A, Gaffney V, et al., 2016. Sentinel-1 bathymetry for North Sea palaeolandscape analysis. International Journal of Remote Sensing, 37: 471-491.

Stockdon H F, Holman R A, 2000. Estimation of wave phase speed and nearshore bathymetry from video imagery. Journal of Geophysical Research: Oceans, 105: 22015-22033.

Tao X, Perrie W, He Y J, et al., 2015. Ocean surface wave measurements from fully polarimetric SAR imagery. Science China Earth Sciences, 58: 1849-1861.

Touzi R, Charbonneau F, 2002. Characterization of symmetric scattering using polarimetric SARs. IEEE Transactions on Geoscience and Remote Sensing, 40: 2507-2516.

Trizna D B, 2001. Errors in bathymetric retrievals using linear dispersion in 3-D FFT analysis of marine radar ocean wave imagery. IEEE Transactions on Geoscience and Remote Sensing, 39: 2465-2469.

Ulaby F T, Elachi C, 1990. Radar polarimetry for geoscience applications. Norwood, MA: Artech House Inc, 5: 38.

Valenzuela G R, Chen D T, Garrett W D, et al., 1983. Shallow water bottom topography from radar imagery. Nature, 303: 687-689.

Version I D L, 2009. IDL advanced math and statistics [cited 2017 Oct. 26]; Available from: http://www.geo. mtu. edu/geoschem/docs/IDL_Manuals/ADV%20MATH%20&%20STATIS TICS. pdf.

Vogelzang J, 1997. Mapping submarine sand waves with multiband imaging radar: 1. Model development and sensitivity analysis. Journal of Geophysical Research: Oceans, 102: 1163-1181.

Vogelzang J, Wensink G J, Calkoen C J, et al., 1997. Mapping submarine sand waves with multiband imaging radar: 2. Experimental results and model comparison. Journal of Geophysical Research: Atmospheres, 102: 1183-1192.

Wackerman C, Lyzenga D, Ericson E, et al., 1998. Estimating near-shore bathymetry using SAR, 1998 IEEE International Geoscience and Remote Sensing. Symposium Proceedings. (Cat. No. 98CH36174), Seattle, WA, USA. 1668-1670 vol. 3.

Willebrand J, 1975. Energy transport in a nonlinear and inhomogeneous random gravity wave field. Journal of Fluid Mechanics, 70 (1): 113-126.

Yamaguchi Y, Moriyama T, Ishido M, et al., 2005. Four-component scattering model for polarimetric SAR image decomposition. Technical Report of Ieice Sane, 104: 1699-1706.

Yamaguchi Y, Sato A, Boerner W M, et al., 2011. Four-component scattering power decomposition with rotation of coherency matrix. IEEE Transactions on Geoscience and Remote Sensing, 49: 2251-2258.

Yoo J, 2007. Nonlinear bathymetry inversion based on wave property estimation from nearshore video imagery. Georgia Institute of Technology.

Young I R, Rosenthal W, Ziemer F, 1985. A three-dimensional analysis of marine radar images for the determination of ocean wave directionality and surface currents. Journal of Geophysical Research: Oceans, 90: 1049-1059.

Zhang B, Perrie W, He Y, 2010. Validation of RADARSAT-2 fully polarimetric SAR measurements of ocean surface waves. Journal of Geophysical Research: Oceans, 115: 1-11.

Zhang S, Xu Q, Zheng Q, et al., 2017. Mechanisms of SAR imaging of shallow water topography of the Subei Bank. Remote Sensing, 9: 1203.

Zheng Q, Li L, Guo X, et al., 2006. SAR imaging and hydrodynamic analysis of ocean bottom topographic waves. Journal of Geophysical Research: Oceans, 111: C09028.